U0396742

滨水慢行系统

Waterfront Promenade Design

[瑞典] 托尔比约恩·安德森
(Thorbjörn Andersson) / 编

贺艳飞 王丽伟 / 译

广西师范大学出版社
· 桂林 ·

images
Publishing

目 录

滨海慢行道

伴水而居

托尔比约恩·安德森

城市生活的质量取决于很多方面，如果一个城市拥有水域，那当然会得天独厚。世界上最受欢迎的城市中有许多都拥有自己的河流，或临海、或近湖，并将其视为基本的景观品质。

在威尼斯这样的建在泻湖上的城市，大运河形成了穿行于众多房屋和宫殿之间的复杂水道。新加坡之所以迷人，主要是因为它沿着新加坡河而建，拥有众多的码头，而且面临海峡。斯德哥尔摩坐落在一个由数千座小岛构成的群岛上，而群岛也反过来构建了这座斯堪的纳维亚首都的身份标志。伦敦拥有泰晤士河，而泰晤士河也成了该城的主干。纽约的曼哈顿是一个小岛，与东河或哈德逊河有着紧密的联系。而荷兰首都阿姆斯特丹的标志性特征就是众多的运河。

如果一个城市邻水而建，那么创造一个有意义的社交户外空间的机会可谓唾手而得。任何形状或形式的水域都是为城市创造一个新标识的契机。对于城市来说，拥有一段海岸或一条河流是无价之宝，需要用心呵护，给景观设计师提供打造城市景观的最好素材。其实，水域可以是一条河流、一片海洋、一个海峡、一条运河，抑或是一个湖泊。水域可被开发成一个景点，而且可能成为城市的标志性特征，而如果水域面向夕阳，那么仅仅这一点就足以激活该地的社交活动。水域还能变成一种休闲设施，可以提供游泳、游玩、划船、扬帆、钓鱼和溜冰（如果有冬季）的机会。水域的存在还能解决健康问题，例如带来新鲜空气和凉爽的风（当然这可能是一种麻烦）。水域能够刺激岸边的社交和休闲活动。

谈到滨水空间的设计，有两个方面需要提及，因为它们代表当前时代的一种趋势。第一个方面是关于水域的通道。对很多临海或临河城市来说，水域从传统上一直被视为一种交通设施，并最终发展成了一个港口。如此产生的结果是许多港口将城市和水域隔离开来。多伦多、开普敦和哥本哈根是著名的港口城市，但是矛盾的是，市民却并没有身处滨水城市的自觉，因为两者之间插入了一个港口。港口充满了各种繁忙的工业活动，而且还污染了水域本身。这种情况如今亟需改变。像巴塞罗纳、汉堡和上海这样的城市已经通过开发活动来重建公共滨水区，赫尔辛基、鹿特丹和多伦多也采取了类似措施。今天，这些城市已经在其交通便利、生机勃勃的滨水区的主要景点修建了餐厅，栽种了树木，铺设了散步道，甚至有些项目中，还配备了与水相关的便利设施，如海滩、凸式码头、船码头以及日光平台。之前的货运码头被拆除或加以重新设计，以让出空间增建所有新城市结构，包括住房、学校、商店、博物馆、办公楼、公园和广场。

第二个方面是关于我们如何利用城市。今天，我们看到了我们对城市认识的快速变化。与将优先权给予车辆和办公室相反，我们努力将城市改变成生活、居住、养家、度过休闲时间或游览的地方。这种转变极为快速地发生在过去的几十年里。它极大地改变了我们利用城市的方式，因此，也改变了我们看待和设计城市的方式。在这种转变中，我们希望建设更多的步行道和自行车道，即所谓的慢行系统，让城市生活慢下来。而滨水空间这种通常是线性的空间，尤其适合修建成与慢行道有关的公共空间，供人们散步、锻炼、骑行或者休闲。

这正是景观设计师应该介入的地方。过去十年里，许多优秀的景观项目都受益于临水的地理位置。我们能够了解设计师如何改善、利用、开发和提升这个重要资源的众多案例。景观设计应该利用智慧、同感能力、创造力、幽默、知识、社会意识以及设计师的技能，但最重要的是掌握如何充分利用已经存在的东西。当我们想要形成一种新城市文化的时候，水域当然是有益的。

该书引领我们饱览众多最新完成的滨水慢行系统项目。它们展示了众多不同的地理形态，如墨西哥的库克斯科马蒂、法国的里昂、沙特阿拉伯的吉达、荷兰的奥特霍伦、美国的芝加哥以及西班牙的马德里等。该书还包括一个设计导则，论述滨水区设计相关的一些常见问题，如平台、道路和与生态及技术相关的话题。这些对景观设计师来说都具有极其重要的参考价值。

滨水慢行系统
设计导则

本导则是在一系列由政府机构、非盈利组织、技术专家和其他滨水空间利益相关方制定的报告和文件的基础上提出的，包括《生态滨河景观：恢复河流、连接社群》《连接社区》《打造滨水空间：如何改善滨水地区的可达性、可持续性和生态环境》《韦斯切斯特滨河步道：绿道设计》。基于自愿采用的原则，本导则旨在提供有益生态、执行性高、容易理解、成本效益高且能满足规范要求的设计概念和最佳方案，以指导和促进滨水慢行系统项目的设计。

这些设计原则将分成两部分：滨海设计和滨河设计。设计师们在阅读时可按需要查看相应部分。

一 滨河慢行系统设计

1 指导原则

这些原则引用自美国规划协会著述的《生态滨河景观：恢复河流、连接社群》。其概述了滨河地带的规划和设计，讨论了用于改善城市滨河区域的生态和经济健康状态的综合、全面和具体的措施。

一般原则

对一些污染极为严重、疏于照管和遭受荒弃的滨水区，各国政府已经开始采取改造措施。制定一项成功的改良规划应遵循五条一般原则。

- 生态目标和经济发展目标是互利的；
- 保护和恢复自然河流的特征和功能；
- 滨河区重建为人类领域；
- 为了达到多种目的，有必要做出一些妥协；
- 吸引人们广泛参与滨河区规划和设计。

规划原则

滨河区改建规划应考虑地区发展模式、自然和文化历史、洪水控制、公共交通、休闲和教育。下述五大原则应融入总规划，并通过项目分区和建筑规范、工程标准、总平面图、设计得以应用。

- 滨河区设计应体现城市与河流的独特关系；
- 了解生态系统并对滨河区以外的区域进行规划；
- 因为河流是动态的，所以要尽可能减少新洪泛区的产生；
- 创建公共交通、连接和休闲用途；
- 通过公共教育项目、滨河区标志和各种活动宣扬河流的环境和文化历史。

设计原则

让一条城市河流保持健康的最好方法首先是保护它最健康的状态，无论是水质、湿地还是城市森林。允许通过开发手段来干扰这些状态，然后再努力重建它们——即便采用了最佳管理方式——绝对不是保护一个完整健康的生态系统的替代性方法。

- 保护自然河流特征和功能；
- 建造敏感的自然缓冲带；
- 恢复河岸和河流栖息地；
- 采用非结构性替代措施管理水资源；
- 减少硬景观；
- 管理现场雨水并采用非结构性措施；
- 在创建休闲和公共交通设施与保护河流之间取得平衡；
- 将有关河流的自然资源和文化历史的信息融入滨河区特征、公共艺术和解说标志的设计中。

2 河岸缓冲带的类型

密集城市开发缓冲带

在密集城市开发中，缓冲带应采用将提供和改善以下方面的设计和开发技术：嵌入式绿色基础设施、雨水管理措施、改善后的道路、改善后的栖息地走廊（植物种类更多，包括草地和过渡林地，以及更大的树冠覆盖面积）、开放空间设施、结合滨水区通道和硬景观元素的整体设计、码头区以及生态系统服务的提供。

混合型工业和居住缓冲带

在居住型或混合型轻工业开发中，缓冲带应采用将提供和改善以下方面的设计和开发技术：生态系统服务的提供；嵌入式绿色基础设施；生态恢复；雨水管理实务；改善后的公共人行通道；改善和扩建后的

芝加哥滨河步道（© 凯特·乔治工作室）

马汀湖休闲中心（©Demathieu & Bard 公司）

栖息地走廊；开放空间和休闲设施，包括低影响水上（皮艇）通道；环境教育机会与相邻街区、学校、有机农业以及再生景观相结合。

生态保护和开放空间缓冲带

关于滨河开放空间，缓冲带应采用提供和改善以下方面的设计和开发技术：生态系统服务的提供、生态恢复、生态多样性的保护和改善、更大的栖息地走廊潜力、更好的公共人行通道、开放空间设施和环境教育。

3 河岸缓冲带的设计原则

河岸缓冲带越宽，它就能给野生动物栖息地、水温调控、防范不定点污染源、洪水的减少、沉积物的清除和河岸的稳固等方面带来越多利益。

- 河岸缓冲带最窄处应不少于 23 米，自河水边缘向陆地应分为三个缓冲区：
  - 第一个缓冲区应为森林，以为水域提供食物和阴凉并确保河岸的稳固；
  - 第二个缓冲区由人工管理林地构成，允许雨水渗入、沉积物和养分的过滤以及植物对养分的吸收；
  - 第三个缓冲区位于陆地一面，应包括雨水径流的片流区，以最大程度地增加植被和土壤与径流的接触。
- 河岸走廊应是连续的，能帮助减少流向水域的径流，为需要食物、遮蔽物和水源通道的鸟类和其他野生物种提供连续的栖息地。
- 树木是河岸走廊的重要元素，它能够吸收养分、稳固土壤、调节水温和为水生生物提供食物。
- 应平衡缓冲带的休闲活动对现有特征带来的影响，特别是过度的养分、污染物和化学物质，包括杀虫剂、肥料和除草剂带来的影响。

4 不同滨河空间类型的设计方法

与河流垂直的慢行系统

与河流垂直的连接可引导人们前往滨河区。人行道、公共街道、小道和散步道能够提供安全的令人愉快的通道，还能强调滨河区作为公共空间的属性。下述原则有助于确保所有连接有效地融入周边环境。

- 每 122~183 米设置一处垂直连接，将社区道路网络延伸至公园和自然系统，将城市网络与水景和景观的自然形式连接起来。
- 从建筑和行政区到河流的连接应具有公共性质，即便这些连接通道是临近私人住宅延伸的。
- 公共活动和事件，比如人行道咖啡馆、街道集市和摊贩将给这些连接注入活力，既能作为临时结构，也能作为永久建筑。
- 主要垂直连接应设计成连续场地，以建筑墙体和景观定义街道的特征。

垂直方向主干慢行道

垂直方向主干慢行道是指那些连接某个社区和某处滨河区目的地的通道。这些道路最理想的分布是每 122~183 米设置一条。它们通常为公共街道，能够提供通向河流的步行和车行通道。这些道路通常还提供与主要景点的连接，并具有其他公共用途。

- 垂直方向主干慢行道应比二级街道系统的连接更宽，目的是完全容纳行人、骑行者和绿色雨水基础设施，以抬高公共空间，创建特别空间。
- 街道应设计成适用于所有交通模式，而非主要适用于汽车。为了实现多交通模式，完整的街道设计应考虑城市设计、环境目标、优质材料、景观的美感和雨水管理。
- 将公共设施布置在地面层，与主要垂直方向慢行道路平行，这些设施包括零售商店和餐馆。
- 确保现有建筑线与主要垂直方向慢行道路相邻。零售商店和餐馆所在的区域应在合适的位置提供人行道咖啡馆座椅，设置地面层拱廊。
- 地面层的规划应容纳零售商店、餐馆和其他公共设施。
- 尽可能减少连接人行道和街道的斜坡，避免将服务入口设置在主要垂直方向慢行道路上。
- 行道树、照明设施、人行道和路缘均应遵守市政标准和规范。

与私人设施相邻的垂直方向慢行道

在很多情况下，通向滨河区的道路将与私人住宅区相邻，或穿过通常

韦莱涅市中心步行区散步道（© 米伦·卡比奇）

于默奥大学公园（© 艾克·伊森·林德曼）

不对外开放的私人住宅区，比如住宅楼和私人办公楼。在这种情况下，将这些道路清楚地定义为公共空间显得非常重要。

- 提供一条至少 3.7 米宽的步道作为垂直连接，利用地役权或公共道路权对其进行维护。所有建筑均保留一块最小宽度为 3 米的收进区，包括围栏在内，连接通道的两边各一条。
- 沿私人空间而建且与连接相邻的围栏应具有至少 50% 的不透明度，最高 1.2 米。其他屏障和围护设施应利用景观材料和高度的变化完成。
- 一般而言，对于沿路修建的私人住宅，可利用露台和走廊将建筑的地面层抬高 4.6~7.6 米。这将在私人空间和公共空间之间创造一种视觉隐私，同时也提供了保留“半公共”空间的机会，建筑主人可在那里享受比邻滨河区生活或散步的乐趣。
- 沿路安装成品路缘。
- 路面应和与它相连的道路或散步道的材料相一致。路面至少铺粉碎石灰石。
- 提供步行照明设施。
- 在垂直道路与街道相交的地方修建人行横道。
- 如可能，应将公共设施，如座椅、地图等设置在连接的两端以作为焦点，吸引人们关注滨河区，鼓励他们沿人行道行走。

与公共设施相邻的垂直方向慢行道

当垂直方向道路穿过包含公共设施如零售商店、餐馆和休闲设施等的建筑空间时，它们提供了改善建筑空间、创建额外公共开放空间并连接相邻设施的机会。与公共设施相邻的垂直道路可被设计成公共广场和通往滨河区的大门。它们可以作为居住空间，为使用者和企业所有者提供便利设施。

- 使道路具备地面层功能，努力吸引公众。
- 建筑临街面安装玻璃幕，从地面往上应至少达到 3.7 米。建筑转角的临街面也应安装玻璃幕，以为公共设施提供全方位的视觉通道。
- 地面层设施的公共入口应设置在垂直道路沿线。
- 鼓励将人行道咖啡馆设置在垂直道路沿线。
- 当垂直道路与街道相交时，应保持宽敞的人行横道。
- 提供连接人行道和街道的斜坡，方便各种行动能力的人使用，并安装可移动护柱，以防机动车进入。

设计师应对与垂直道路相连的道路上的路灯和行道树进行设计，使之与垂直道路相关联。应确保从道路对面顺着连接通道看向河流的视野，并确保其不受行道树和路灯的阻碍。

横跨并通向河流的垂直方向的慢行道

将桥的两头与滨河区人行道、散步道和车行道连接起来的步行连接非常重要。它们是否方便通行决定了滨河区是否能够获得成功。桥梁能为滨河区提供独特的体验，也可能构成一个社区和滨河区的许多主要风景。可通过修建各种垂直连接，包括台阶、缓坡和小路，来提供进入滨河区的多种通道。

- 确保主要地点修建了垂直缓坡连接。
- 保护桥梁的建筑特征和细节，同时努力达到至少 5% 的普遍通达性。
- 设计新桥梁应尊重河流景观和现场线条。设计栏杆和屏障应考虑望向河流的漂亮景观。
- 桥梁和垂直连接应提供照明设施。
- 根据《美国残疾人法案（简称 ADA）》的要求，所有垂直连接应能容纳采用不同交通模式的使用者。
- 采用精心设计且满足公园和人行道路标准的路牌，以清楚地标示从人行道和散步道进入垂直连接的入口。

库克斯科马蒂特兰码头（© 米托·科瓦卢比亚斯）

艾尔河改造工程（©Superpositions 工作室）

艾尔河改造工程（© 杰克斯·伯特）

与河流平行的慢行系统

与河边相邻的平行道路适用于不同的使用者。它们将街区和开发场地与河流连接起来，同时提供公共通道，这不仅开拓了人们的视野，还将河流再次纳入公共空间。本小节旨在为设计滨河人行道、散步道、公路和景观车道提供原则。每个部分都针对一个有关河滨通道的主要问题提出了解决办法。

- 即使毗邻私人住宅时，道路也应能用于举办公共活动。
- 道路应具有不同的特征，既提供安静、行人较少的小路，也提供活跃、有人居住的散步道。
- 散步道创造了从不同视角来欣赏河流的机会。
- 公共活动和事件，如人行道咖啡店、街道集市和小摊，它们能够给道路注入活力，既可作为临时结构，也可作为永久建筑。
- 道路应在一年四季均可用于不同规模的活动，以鼓励人们参与其中。夏天，这些道路将在滨河区沿线提供安静的阴凉处，而在冬季，太阳将透过树木，为休闲使用者和步行者提供温暖的小路和散步道路面。
- 位于码头之间的平行道路，包括人行道和沿河公路，将为城市的密集人口和活动提供一层柔软的绿色背景。
- 滨河人行道应简单，与景观融为一体，与公园的植被相协调。
- 每段人行道都提供独特的条件，满足不同的需要，创造不同的机会。每个路段都应采用合适的解决方案，并逐步实践，每次完成一个项目。

滨河休闲道

休闲道是重点服务于沿河行走较长距离的步行者、跑步者、骑行者或滑旱冰者。滨河休闲道的主要目的是为休闲用途提供滨河连接，因此在设计时必须把使用者放在心上。在考虑修建包括滨河休闲道的项目时，应考虑以下原则：

- 一般而言，休闲道的两边应种植落叶树，夏天时提供阴凉，天气寒冷时允许阳光透过树木。休闲道应穿梭于树木阴凉处，时而露出观赏河流景观的开阔处，时而隐入树荫，营造一种秘密和隐蔽感。
- 避免将树木像街道绿化一样按照均匀的距离栽种，除非想要突出一种特定的建筑特征。相反，应将树木成丛栽种，并保持不同的密度。
- 在开阔的场地，应在河流对岸的休闲道上栽种大片密集的主林木、下层木和灌木，以沿滨河区创造一个绿色背景。以成丛树木为框，对休闲道沿路的主要元素进行精选后纳入风景，以提供安全、透亮的视觉通道。如果茂密的主林木无法栽种或不符合要求，则可栽种一片当地绿草和多年生植物来创建自然草地，还可栽种灌木和下层木在滨河区营造一种封闭感。
- 在休闲道的滨河一边，树冠应时开时合，创造看向他处和看向小道本身的新景色。这还将创建面向周围滨河区的风景。
- 尽可能避免在休闲道沿线安装栏杆。如为了安全而安装，栏杆应采用适合滨河区的材料，还应将修建栏杆视为创造公共艺术的机会。
- 将照明灯具、垃圾桶、标志和其他必要设施分散地布置在休闲道景观中。提供自动饮水器、里程标志、地图和指示标志，并将其融入景观。在合适的位置按照较短的间隔安装急救电话亭，以提供额外的人身和财产安全保障。
- 在可能的地方修建双路面休闲道，碎石路面为步行者和跑步者使用，硬路面为骑行者和滑旱冰者使用。
- 合适的位置可鼓励采用创意小道设计，比如采用低影响技术的结构，像悬吊木板路和透水性走道。建议将这些设计应用在能够最大程度地减少对栖息地的干扰的地方。
- 位于滨河公园内的连接以及通向滨河公园的连接表面可考虑采用沥青以外的替代性材料。当修建临时场地要求必须采用沥青或受到预算的限制时，应采用能够提供淡色表面的沥青材料，比如通过在骨料中添加石灰石。黑色沥青是一种极其不适用于休闲道路面的材料。
- 道路沿线应安装刷有涂料、耐磨、干净的路缘，比如石材或混凝土路缘。

滨河散步道

散步道一般而言更具步行性，而不是休闲性。它们提供了从不同视点观赏河流的机会。散步道既是看风景的地方，其本身也是一道风景。它们能够扩展河流视野，将社区的特征与公园的田原特征联合起来。散步道可修建在码头平台与滨河公园沿线通道相交的地方，或修建在毗邻滨河区的城区。

马德里·里约滨河空间（© 杰罗恩·马斯）

斯特兰德恩滨海散步道（© 托马斯·马耶夫斯基）

- 散步道应采用更高质量的材料，如石材铺面。
- 对于可能干扰现有滨河休闲走廊的散步道，应考虑为骑行者另辟路线。替代性路线包括设置一条路面铺石、供行人和购物者散步的“高”散步道，以及一条路面铺设混凝土或碎石的“低”沿河散步道。其他建议包括修建沿相邻街道的独立路线。如果可能，项目应提供专用自车行道，标示与滨河休闲道重新汇合的入口。
- 滨河公园旁边的散步道应被视为公园的一部分。
- 在散步道临河一边 4.6 米内植树。
- 在散步道的前缘下方种植浓密的景观树作为画框，以风景为画，并给使用者一种坐在树顶之上观看风景的感觉。
- 考虑散步道路面的颜色问题。暖色铺面在灰色的冬季会看起来更加温暖，而冷色会在夏季看起来更加凉爽。码头平台或其他更加吸引眼球的地点采用自然色、无眩光的步行路面。
- 对于散步道两旁的建筑，在地面层提供具有公共性质的设施，包括民用、文化、零售、休闲、餐馆以及公共大厅等空间。

滨河街道

滨河区沿线街道可以变成一个体验滨河公园的令人激动的独特空间，还可以为毗邻地区的开发创造新机遇。它们将让滨河区变得更具公共性质，能向残障人群开放公园的所有区域，并改善公共安全。同时，项目必须对滨河街道进行谨慎的设计和选址，以确保滨河区的所有通道不受到当地街道的限制，并将步行者放在首要位置。滨河街道应被视为滨河公园的延伸。

- 鼓励居民利用滨河街道。
- 将主要地点和建筑入口设置在滨河街道。
- 滨河街道的宽度应不超过两条车道和一条路面停车道。滨河街道的最大宽度应为 10 米，包括两条车道和一条设置在陆地一边的路面停车道。理想宽度为 9 米。
- 关于毗邻滨河区的新街道，应保留合适的收进区，保证自然坡度和足够的空间用于在河边开展不同的活动。
- 提供 2.1~2.4 米宽的人行道和 1.2~1.5 米宽的行道树区域。在空间有限的位置，人行道可替代河边人行道。
- 应限定滨河街道为步行和轻量交通使用。货车和运输车辆不适合使用滨河街道。
- 应规定滨河街道上的最高车速为 40 公里每小时，步行区域最多每隔 122~183 米应安装减速设施。
- 最少每隔 183 米设置一处人行横道。人行横道铺面应采用不同于街道铺面的材质和颜色。
- 滨河街道应栽种密集的主林木，树下可观看河流景色。
- 街道应设计成适用于所有的交通模式，而非主要用于汽车。除了适用于多模式交通外，完整的街道设计在考虑城市设计和环境目标外，还应关注材料的精心设计和组合、景观和雨水管理。

景观车道

景观车道指位于滨河区沿线的滨河街道、公路和停车道，主要位于景观区，拥有河流和周边景观的风景。景观车道应被视为主要连接通道，保留了河流的景色和景观的风景质量，提升了沿着滨河区驾车、骑车和步行的体验。景观车道具有特别的设计特征，包括合理划分的马车道，此外，还融入了诸如标志、护栏、植物、桥梁、高架道路和其他道路等设计元素。景观车道能够呼应其所在的景观或背景，其特征亦正式亦自然。

- 通过对结构元素包括屏障地仔细选择，项目可确保从景观车道看向河谷的风景。
- 对景观道路进行绿化并栽种行道树，有助于将道路提升为穿过社区的绿色林荫道。
- 利用高质量材料改造景观车道，包括混凝土人行道。
- 考虑改造活动对看向景观车道以及从车道看到的风景的影响。还应考虑采用设计合理的屏障、路灯、挡土墙和其他结构元素。
- 街道应设计成适用于所有交通的模式，而非主要用于汽车。除了适用于多模式交通外，完整的街道设计在考虑城市设计和环境目标外，还应关注材料的精心设计和融合、景观和雨水管理。

亲水平台

当两个或更多滨水公园通道连接到一处时就产生了亲水平台。亲水平

布法罗河湾步行道（© 比尔·塔特姆）

东达北区和生态湖湖畔步道（© 大井友纪）

台为活动提供了中心点，为前往水边提供了通道。亲水平台是一种公共空间，可吸引人们前来参加特殊事件或活动，并用作目的地和地标。它们可连接不同的交通系统和活动中心。它们是人们在河边寻找不同体验的地方。亲水平台旨在提供进行设计和实际干预的机会，是人类、陆地和水相接的特别地方。

- 亲水平台应该是河岸、滨河公园和社区之间的过渡和连接点，是通向人行道、散步路、散步大道和交通站点的通道。
- 亲水平台应包括一些大小不一、功能不同的空间，服务于那些每日使用滨河公园或偶尔及一次性访问的人们。
- 亲水平台应是引人注目、活跃的公共场所，具有特点和个性。
- 亲水平台应采用优秀的设计、质量优良的材料，以用作举办活动的场地，并与滨河公园的自然元素构成对比。
- 亲水平台应为人们提供进行日常聚会和举办特别活动的机会。

大型滨河场地

本小节阐述了大型滨河场地的规划和开发的指导原则。区域规划和开发对社区和地区来说可能是一次转型的机会。开发商和规划者应极其谨慎并充分利用这些机会，以改善已建和自然环境。

- 滨河区将提供改善和提高生活、工作和休闲场所的质量的绝佳机会，因为它具有毗邻滨河公园的附加价值。
- 这些区域能够提供机会，以支持和提升公园活动，并为访问者创造目的地。
- 滨河区应作为一个前院，具有与建筑相望的绿色空间、步道、公园和水面平台。
- 每个滨河区的性质和地方感在实际上和功能上都应该是独特的。

街道网络

如今，很少能看到一直延伸到河岸的街道。随着工业用途从滨河区转移到别处以及社区出现新的开发模式，城市规划不仅出现了重建荒弃的街道网络的机会，还出现了创建连接内陆街区和河流的新街道网络的机会。

- 试图重建曾经延伸至河岸的历史街道网络。
- 在街道未延伸至河岸的区域，修建新的垂直道路以提供此类通道。新建道路网络的规模应呼应相邻街区的网络。一般而言，按照122~183 米的规律间隔将垂直道路延伸至河岸。
- 修建适合地形的街道网络。比如，网络在必要的时候应改变位置，以拓宽视野和改变视点。

与城区的视觉通道

- 建筑布局应尽可能增加视觉通道。
- 在可能的地方，维持或尽可能增加独立建筑看向河流的景色。

交通规划

应鼓励开发商和建筑所有者提供便利设施，以为那些希望使用替代性交通工具——自行车和公共交通——的居民提供便利。

- 将修建水上交通的未来规划视为与水上平台建立连接的机会。
- 提供安全的自行车库、私人储物柜、更衣室和浴室，以满足至少 5% 的建筑用地的需求。
- 尽可能增加区域内的路面停车场。
- 将停车场修建在地下或设置在可能的结构性车库中。如果不可能，则尽可能减少可见停车场，遮蔽停车场或将停车场设置在建筑内。
- 与附近建筑共用停车设施，将停车场布置在远离滨河区的地方。研究公用汽车方案，将公用停车场设置在现场，以尽可能减少沿河停车的影响。
- 确保所有新基础设施都符合地区和市政府的综合交通规划。

场地规划

- 将零售和商业空间的公共入口设置在建筑的临河一面。创建滨河立面，特别是具有公共设施的立面。
- 为了激活开放空间连接，应将面向步行者的设施设置在建筑的地面层，并提供步行便利设施。
- 利用景观而不是墙体和围栏来修建半公共和私人缓冲带。
- 不得将地面停车场修建在滨河区旁边。

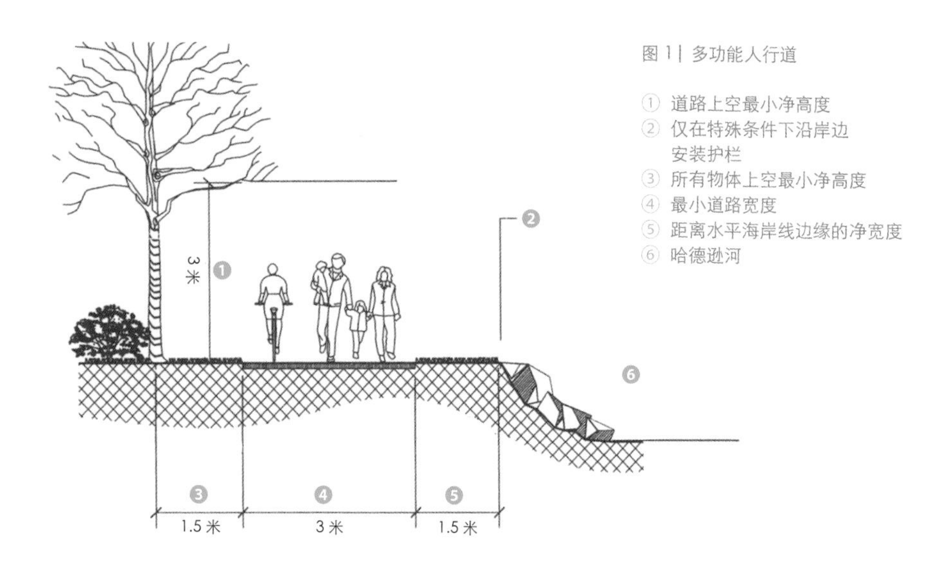

图1| 多功能人行道

① 道路上空最小净高度
② 仅在特殊条件下沿岸边安装护栏
③ 所有物体上空最小净高度
④ 最小道路宽度
⑤ 距离水平海岸线边缘的净宽度
⑥ 哈德逊河

- 利用传统城市建筑线确定建筑的位置，占用大部分街道临街带，激活人行道和其他连接。
- 如可能，不要将当地车库和建筑服务的车辆入口设置在主要垂直道路沿线。要尽可能地减少主要垂直道路沿线的进入开发场地的车辆入口斜坡。不得在街道转角30米内设置斜坡。
- 尽可能利用渗水材料和绿色基础设施。
- 尽可能减少黑色铺面，如黑色沥青，以减少场地热增加。可以接受的其他选择包括混凝土铺面、砌块铺面、添加石灰石或彩色密封胶的浅色沥青产品以及面积增加的景观和地被植物。
- 推行可持续场地规划规范，如：
  - 腐蚀和沉淀的控制；
  - 激活环境的开发密度；
  - 对棕地的重新开发；
  - 最佳雨水管理措施；
  - 采用本地植物；
  - 采用当地购买的材料；
  - 尽可能减少光污染。
- 将所有设施埋入开发场地。
- 不得将变压器和其他地面实用结构设置在公园或通向公园的垂直连接旁边。

开放空间的规划和设计

- 在设计新的开放空间时，查看周围社区的规划。公共开放空间的要求应通过创建滨河散步道、通向公园的额外垂直道路和滨河公园的其他辅助空间来满足。
- 新开放空间应位于建筑之间，而不是角落，还可设置在与滨河区相邻的区域或通向公园的垂直道路上。
- 应鼓励修建人行道咖啡店和类似设施。开放空间应24小时对外开放。
- 通过将公共设施设置在相邻建筑的地面层来激活公共空间。提供步行设施，包括座椅。

5 规划与设计详例：韦斯切斯特郡滨河步道项目

项目概况

韦斯切斯特郡滨河步道是指韦斯切斯特郡内介于纽约城和普特南郡之间的哈德逊河段沿河步道，长74公里。滨河步道将提供各种体验，具有多种功能，通过一系列人行道、散步路和木板路将哈德逊河沿岸的乡村、历史遗址、公园和河流入口连接起来。

韦斯切斯特郡行政官安德鲁·斯帕诺在地图上画了一条线，提出了修建滨河步道的想法。之后，他将它交给郡规划部去付诸实践。这个计划，即“韦斯切斯特郡景观道计划”是由该部门制作并于2003年发布的。计划描述了如何通过地方、郡和州政府和各个机构、土地所有者以及开发商合作实现这个想法——一次完成一个路段。计划实现的关键是合作。

该报告陈述了如何协调滨河步道的各个物理特征以修建一条连续的景观道。该景观道的修建成功意味着需要开展多个项目，吸引众多人们的参与，同时还需要解决每个滨河市政府面临的各种难题。

场地条件分析

在项目规划、设计和施工阶段必须考虑以下条件：

土壤条件，包括填充物

某些选定修建滨河步道的地点是由湿润和不稳定的土壤构成的，而有些地点则位于填充区。因此，基脚和铺面材料的选用必须要考虑不同的土壤条件，以提高稳定性，延长使用寿命。在特定的土壤条件下，道路本身可能需要采用土工织物。

滨水条件

沿着哈德逊河修建工程时，必须考虑其独特的滨水环境。由于河流在冬季会结冰和融化，位于水下或水上的码头、防波提和其他设施必须谨慎选址和修建。同时，还需考虑每个路段的特殊河流环境。

表 1 | 适用于多功能慢行道的滨河步道标准

特点	标准	评论
道路宽度	最小宽度 3~4.9 米	• 人流量高或 0.8 公里长以上的人行道应为 3.7~4.9 米宽
间隙宽度	慢行道的外沿距离任何物体的间隙宽度最小为 1.5 米	• 距离所有固定物体如围栏、护柱、标志、长凳、驻停车辆及河岸坡顶的间隙
特殊间隙宽度	根据具体案例以及不同的现场条件而定	• 现场限制条件包括陡坡、距离铁路的距离、邻近水边或无法设置障碍的地方
间隙高度	距离道路的竣工坡度的间隙高度为 3 米	• 距离所有高架元素如树枝、标志和灯具等的间隙
横坡度	最小或最大横坡度 2%	• 如果道路用于减缓坡度和排水，道路中心线的最大和最小坡度应为 2%
纵坡度	最大坡度 5%	• 如果毗邻道路的土地的坡度大于 5%，那么道路应采用弧形路线，以使最大纵坡度不超过 5%
表面材料	防渗材料：沥青、混凝土、混凝土或沥青铺块、石板或花岗石	• 参考《设施》（第 20 页）——也适用于水面或受限土地等特殊条件
栏杆	栏杆或其他障碍设施安装在需要的特定条件下	• 相邻斜坡或湖岸线的坡度超过 1：3 • 与相邻道路或停车场的距离少于 1.5 米 • 相邻铁路 • 不美观或存在隐含危险的条件
路缘	步道的路边不需要安装路缘，除非与山坡相邻	• 道路将与相邻土地平齐，道路和相邻土地之间应避免绊倒危险 • 路缘应只用来加固相邻斜坡
步道的边框或饰边	步道边饰应为可选项，但必须与道路表面平齐	• 边饰材料：砖、预制混凝土铺块、石板、花岗石。木饰边可用以搭配沥青 • 通道区域最少应达到 3 米宽，不包括边框或边饰

施工和维护时交通受限或非常艰难

某些地方的交通会极其不便。材料可能需要用小船运输到现场或使用小型工具运入现场。因为维修可能非常困难，所以有必要在初期选择高质量材料。

预期流量高

因为预期将得到大量使用，滨河景观道的材料必须耐用、坚固、稳定和极其耐磨。

滨水慢行道的类型

设计师需要为市政府和其他机构将要设计和修建的滨河慢行道制定不同道路类型的标准。在可行和实用的地方，步道应严格遵守《美国残疾人法案原则》的要求。

韦斯切斯特郡滨河步道被规划为一条毗邻哈德逊河的多功能慢行道。有些地方，该步道需要绕开滨河区，比如穿过市政府，利用现有慢行道连接不同的滨河景观道路段。有些时候，现有道路将用作连接路段。还有一些情况下，步道将并入公路或者穿过停车场。因场地条件的不同，所开发的步道的类型也有所不同。在某些情况下，步道仅限于步行者使用，或者可能不适用于那些身有残疾的人们或骑行者。

随着滨河步道的开发，不同类型的步道将代表其所处的不同背景环境。文中所附表格将列出每种步道的标准。此外，每种步道都用一幅插图和一个表格进行了概述。

多功能慢行道

多功能慢行道的标准适用于多种使用者——步行者、骑行者、跑步者、慢跑者、滑旱冰者、推车者以及坐轮椅或拄拐的人——使用的路段。

图 2 | 公路和停车场旁边的多功能人行道

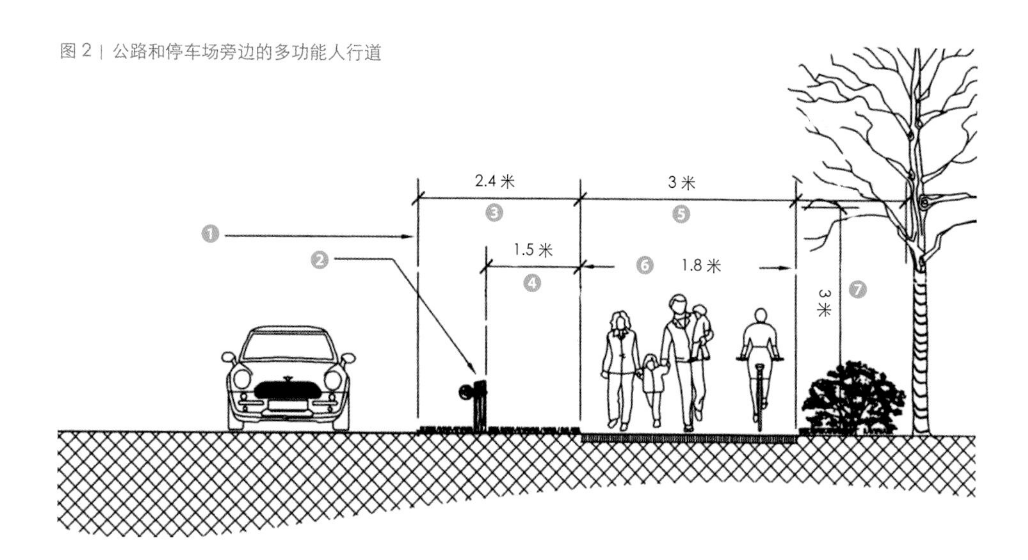

表 2 | 适用于公路和停车场旁边的多功能慢行道的滨河步道标准

特点	标准	评论
道路宽度	最小宽度 3~4.9 米	• 空间受限的地方，可修建最小宽度为 1.8 米的步行道，并竖立仅限步行者使用的标识
间隙宽度	慢行道的外沿距离任何物体的间隙宽度最小 1.5 米	• 距离所有固定物体如围栏、护柱、标志、长凳、驻停车辆及河岸坡顶的间隙
特殊间隙宽度	根据具体案例以及不同的现场条件而定	• 现场限制条件包括陡坡、距离铁路的距离、邻近水边或无法设置障碍的地方
间隙高度	距离道路竣工坡度的间隙高度为 3 米	• 距离所有高架元素如树枝、标志和灯具等的间隙
横坡度	最小或最大横坡度 2%	• 如果道路用于减缓坡度和排水，道路中心线的最大和最小坡度应为 2%
纵坡度	最大坡度 5%	• 如果毗邻道路的土地的坡度大于 5%，那么道路应采用弧形路线，以使最大纵坡度不超过 5%
表面材料	防渗材料：沥青、混凝土、混凝土铺块、青石或花岗石	• 参考《设施》(第 20 页)
栏杆	在已铺地面安装木栏杆时，道路宽度需增加 1.8~3 米	• 将人行道与公路或停车场隔离
围栏及其他障碍设施	根据具体情形，在需要实体隔离的地方安装	• 相邻斜坡或湖岸线的坡度超过 1：3 • 毗邻铁路 • 不美观或存在隐含危险的条件
路缘	步道的路边不需要安装路缘，除非与山坡相邻	• 道路将与相邻土地平齐，道路和相邻土地之间不存在绊倒危险 • 路缘应只用来加固相邻斜坡
人行道的边框或饰边	人行道边饰为可安装项，必须与道路表面平齐	• 边饰材料：砖、预制混凝土铺块、石板、花岗石，木饰边可用以搭配沥青 • 通道区域最少应达到 3 米宽，不包括边框或边饰

公路和停车场旁边的多功能慢行道

公路和停车场旁边的多功能人行道的标准主要以为使用者创造安全、悦目的体验为目的。这些标准大部分与本页描述的多功能慢行的道标准相同。如果公路或停车场旁边的空间有限，无法修建一条 3 米宽的人行道，此时，人行道就变成了一条步行道。应竖立标志来表示道路仅限步行者使用，骑行者不得进入。

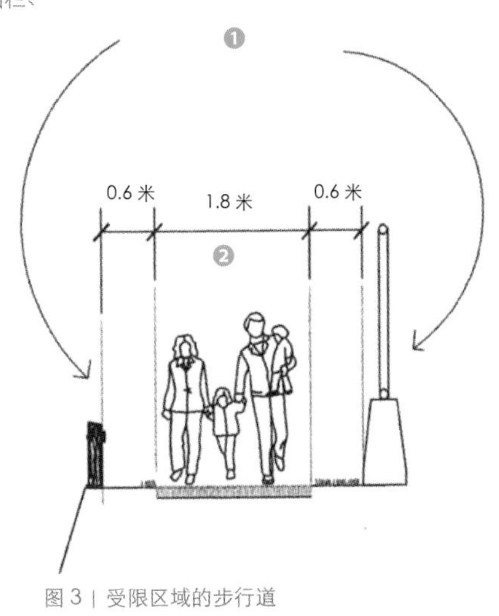

图 3 | 受限区域的步行道

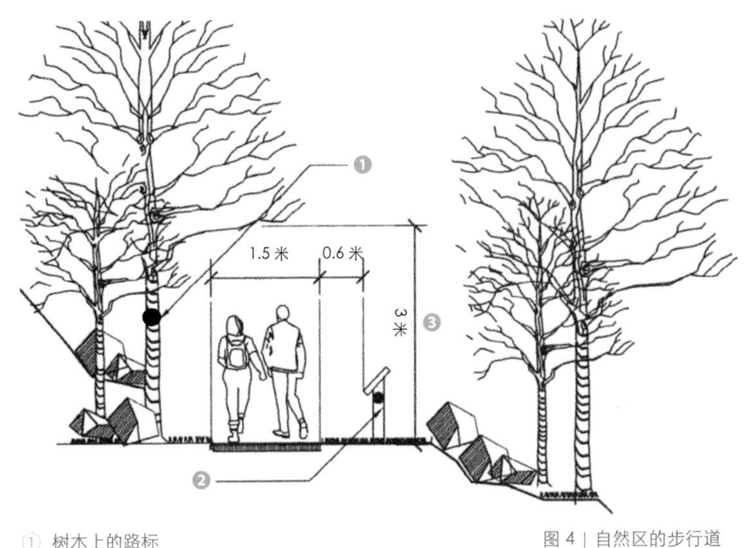

图 4 | 自然区的步行道

专用步行道

受限区域可修建两种专用步行道：位于受限区域的步行道和位于自然区的步行道。位于自然区的步行道的最佳案例是史密斯营地步行道。在该路段中，在陡坡和茂密的树林之中修建了一条狭窄的步行通道，这条道路更像登山道，而不是步行道。如果其他路段具有类似的特征，采用的标准一般需要根据具体情况确定。下述图表中的标准适用于不同专用步行道。

表 3 | 受限区域滨河步行道的标准（不与公路或停车场相邻）

特点	标准	评论
道路宽度	宽度最小为 1.8 米	• 步行道位于那些有实际障碍物或场地限制条件的地方，这些障碍或条件限制了修建更宽道路的能力
间隙宽度	人行道的外沿距离任何物体的间隙宽度最小为 0.6 米	• 距离所有固定物体如围栏、护柱、标志、长凳、驻停车辆及河岸坡顶的间隙
特殊间隙宽度	根据具体案例以及不同的现场条件而定	• 现场限制条件包括陡坡、距离铁路的距离、邻近水边或无法设置障碍的地方
间隙高度	距离道路完成面的间隙高度为 3 米	• 距离所有高架元素如树枝、标志和灯具等的间隙
横坡度	最小或最大横坡度 2%	• 如果道路用于减缓坡度和排水，道路中心线的最大和最小坡度应为 2%
纵坡度	最大坡度 5%	—
表面材料	防渗材料：沥青、混凝土、混凝土铺块、青石或花岗石	• 参考《设施》（第 20 页）
栏杆、围栏及其他障碍设施	根据具体情形，在需要实体隔离的地方安装	• 相邻斜坡或湖岸线的坡度超过 1∶3 • 毗邻铁路 • 不美观或存在隐含危险的条件
路缘	步行道的路边不需要安装路缘，除非与山坡相邻	• 道路将与相邻土地平齐 • 道路和相邻之间不存在绊倒危险 • 路缘应只用来加固相邻斜坡
人行道的边框或饰边	如果路面材料为沥青，不得采用边框或饰边。	• 边饰材料可采用砖、预制混凝土铺块、石板或花岗石 • 道路两边增加的宽度均不可超过 0.3 米；沥青铺面至少达 1.2 米

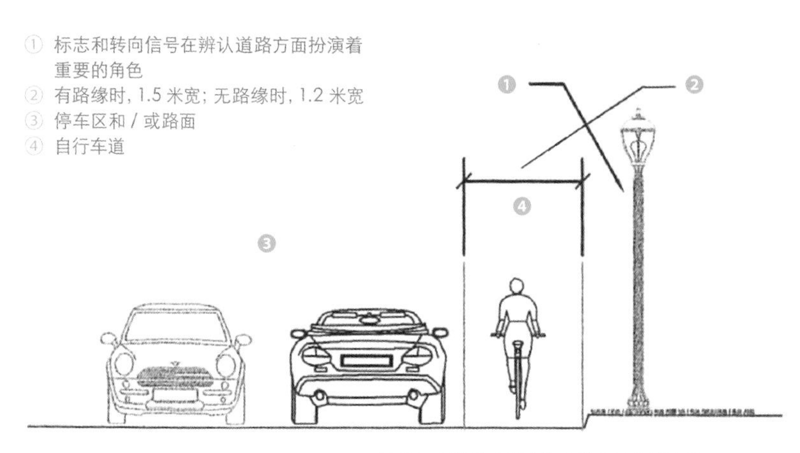

图 5 | 有路缘 / 无路缘公路旁的自行车道

表 4 | 自然区滨河步道的标准

特点	标准	评论
道路宽度	宽度最小为 1.5 米	• 修建自然区步行道的重点在于尽可能减少场地障碍
间隙宽度	人行道的外边距离任何物体的间隙宽度最小为 0.6 米	• 距离所有固定物体如树木、岩石等的间隙
特殊间隙宽度	根据具体案例以及不同的现场条件而定	• 现场限制条件包括需要更宽间隙的陡坡或无法获得间隙的地表岩石
间隙高度	距离道路完成面的间隙高度为 3 米	• 距离所有高架元素如树枝、标识等的间隙
横坡度	根据具体案例以及不同的现场条件而定	—
纵坡度	根据具体案例以及不同的现场条件而定	—
表面材料	夯实石粉、固定碎石铺面、硬木碎片	• 参考《设施》（第 20 页） • 当坡度超过 5%，考虑使用集水坑来减缓排水
扶手	根据具体案例以及不同的现场条件而定	• 所有台阶或台阶缓坡都应安装扶手
台阶或台阶缓坡	采用 15~20 厘米的刺槐木圆柱或 1.5 米长的雪松木圆柱，用 38 米长的铁棍固定到台阶上	—
人行道的边框或饰边	通常情况下，不安装边框或饰边	• 在高低不平和陡峭的地形，雪松圆木或石材边框有助于减少土壤侵蚀

表 5 | 有路缘 / 无路缘公路旁滨河自行车道的标准

特点	标准	评论
道路宽度	有路缘：最小宽度 1.5 米；无路缘，最小宽度 1.2 米	• 需要安装标示自车行道以及“共用公路”的标志
其他	道路上应刷条纹来标示自行车道	—

① 最近轨道和护栏之间的最小净宽度
② 新泽西护栏，上方带 1.8 米高镀锌装饰围栏
③ 道路上方最小净高度
④ 多功能道路，最小宽度为 10 米的步道，最小宽度为 1.8 米的散步道，根据现场条件，最小宽度为 1.8 米

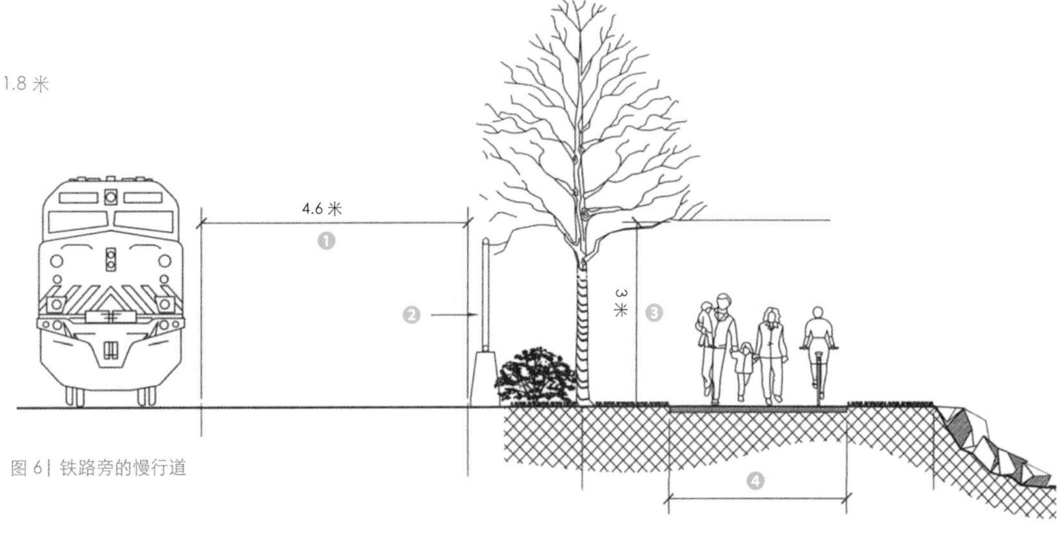

图 6 | 铁路旁的慢行道

公路旁的自行车道

关于公路旁的自行车道，参考了美国国家公路及运输协会（简称 AASHTO）标准《修建自行车设施原则》和纽约交通局《公路设计手册第 18 章——步行者和骑行者设施》。

铁路旁的慢行道

铁路旁的慢行道在宽度、材料和施工方法、用途及预算方面有所不同，取决于场地条件以及社区希望修建的道路类型。

在计划敲定和开展任何施工活动之前，项目组将所有计划提交到北方铁路公司进行审核和评论。

表 6 | 适用于铁路旁的慢行道的滨河步道标准

特点	标准	评论
道路宽度	多功能慢行道——最小 3 米；步行道——最小 1.8 米；散步路——最小 4.9 米	• 慢行道的用途将取决于现场条件允许的宽度
间隙宽度	从慢行道的外沿至任何物体的间隙宽度最小为 1.5 米	• 距离所有固定物体如围栏、护柱、标志、长凳、驻停车辆及河岸坡顶的间隙
特殊间隙宽度	最近铁轨和围栏之间的最小间距为 4.6 米	• 或根据铁路承运人的要求
间隙高度	距离道路完成面的间隙高度为 3 米	• 距离所有高架元素如树枝、标志、灯具和电线等的间隙
横坡度	最小或最大横坡度 2%	• 如果道路用于减缓坡度和排水，道路中心线的最大和最小坡度应为 2%
纵坡度	最大坡度 5%	• 如果毗邻道路的土地的坡度大于 5%，那么道路应采用弧形路线，以使最大纵坡度不超过 5%
表面材料	应采用防渗材料：沥青、混凝土、混凝土或混凝土铺块	• 参考《设施》（第 20 页）
围护设施	顶部安装镀锌篱笆的防碰撞栏杆，高 1.8 米	• 参考《设施》（第 20 页）中的围栏要求
路缘	道路的边缘无需安装路缘，除非与山坡相邻	• 道路将与相邻土地平齐；道路和相邻之间不存在绊倒危险 • 路缘应只用来加固相邻斜坡
人行道的边界或饰边	—	• 边饰材料可采用砖、预制混凝土铺块、石板或花岗石 • 通道区域的宽度最小为 3 米，不包括边框或饰边

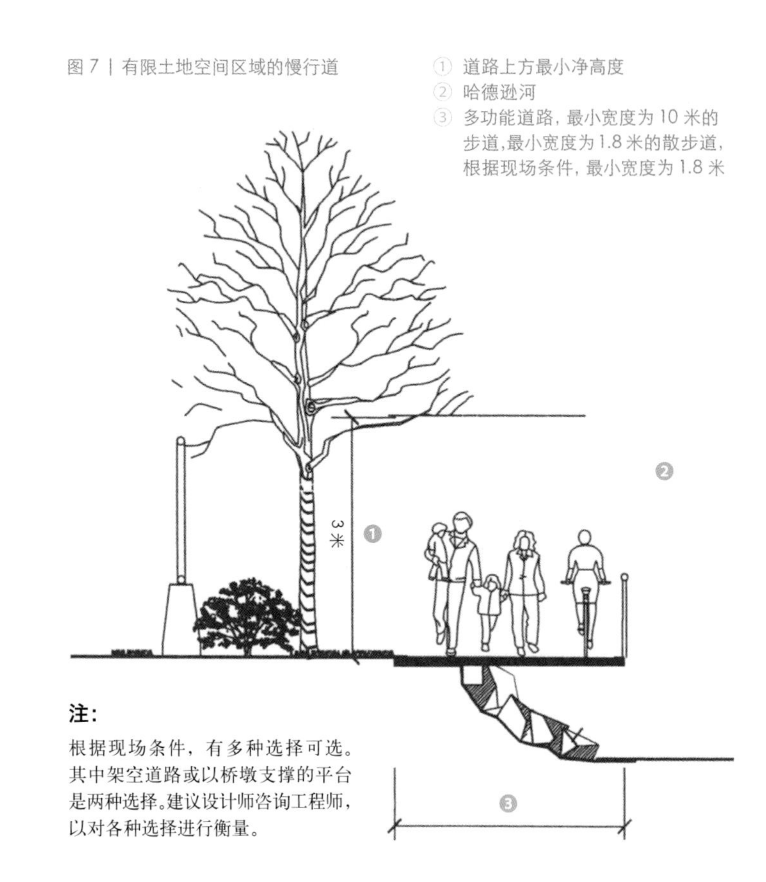

3米
注:
根据现场条件，有多种选择可选。其中架空道路或以桥墩支撑的平台是两种选择。建议设计师咨询工程师，以对各种选择进行衡量。

图 7 | 有限土地空间区域的慢行道

① 道路上方最小净高度
② 哈德逊河
③ 多功能道路，最小宽度为 10 米的步道，最小宽度为 1.8 米的散步道，根据现场条件，最小宽度为 1.8 米

有限土地空间区域的慢行道

有限土地空间区域的慢行道在宽度、材料和施工方法、用途方面有所不同，这取决于场地条件、预算以及社区希望修建的道路类型。有些慢行道可能只在空间极其有限的地方才采用 1.8 米宽的木板路。有些慢行道则变成了宽敞的架空在防冲乱石或海滩上的多功能散步道。在特殊情形下，请参考《第 19 页：特殊情况》了解更加详细的信息。

表 7 | 有限土地空间区域滨河人行道的标准

特点	标准	评论
道路宽度	步行道——最小 1.8 米；多功能慢行道——最小 3 米；散步路——最小 4.9 米	• 慢行道的用途将取决于根据现场条件、施工和费用评估决定的宽度
间隙宽度	因道路类型、场地条件和相邻区的用途而不同	
间隙高度	距离道路完成面的间隙高度为 3 米	• 距离所有高架元素如树枝、标志、灯具和电线等的间隙
横坡度	任何材料下的最小或最大横坡度 2%	• 如果道路用于减缓坡度和排水，道路中心线的最大和最小坡度应为 2%
纵坡度	最大坡度 5%	
表面材料	应采用防渗材料、木板、合成材料或钢格栅	• 参考《设施》（第 20 页）
围护设施	如人行道离地面的距离超过 45.7 厘米，则应安装栏杆	• 参考《设施》（第 20 页）
路缘	如需要安装栏杆，应根据《美国残疾人法案》要求采用木制、合成材料或钢栏杆	

散步大道

对滨河步道而言，散步大道（滨河步行区）是一段预期有大量人流使用或市政府和其他实体机构希望鼓励人们大量使用的人行道。散步道主要分布在主城区，拥有街道设施和景观支持大量人流的使用。散步道吸引大量人在特定的路段散步、骑车和聚会，以此提高对滨河步道的利用，并因此而有必要修建一处比 3 米的人行道更宽敞的场所。韦斯特切斯特郡已有一条散步道，该散步道位于市中心的扬克斯滨河区。

散步道通常通往或实际位于混合功能区，而这些地方是商店和餐馆的集中地，因此散步道能为这些企业提供展示商品的机会或室外用餐的场所。散步道可提供座椅和其他设施。大多数情况下，如果希望和预

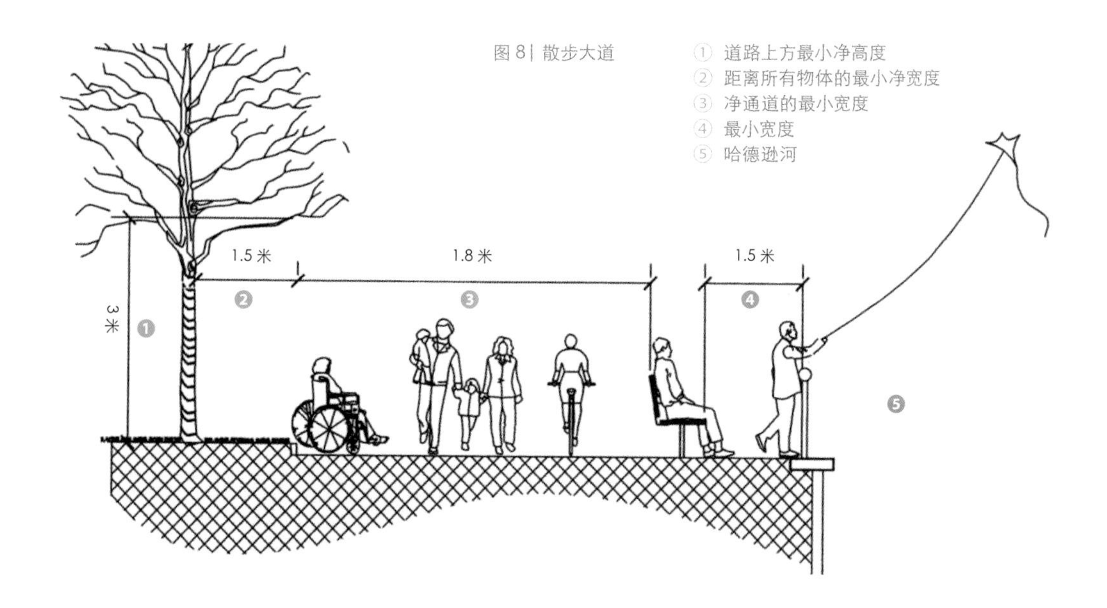

图 8 | 散步大道 ① 道路上方最小净高度 ② 距离所有物体的最小净宽度 ③ 净通道的最小宽度 ④ 最小宽度 ⑤ 哈德逊河

期人们在夜间使用它，则应安装照明设施。在那些有停船码头等设施的地点或预期开展如表演和贩卖等活动的地方，这些混合功能区则会变成迷你公园。

特殊情况

除了表中列出的材料，以下内容将明确说明一些特殊情况和相关标准。

特殊情况下的表面材料

在特定环境下，将采用以木材、合成材料或钢格栅修建的木板路。这种背景包括有限土地空间的区域，在这些地方，有必要采用高架人行道跨越岩石河岸、河滩或水体。在纽约州环境保护局具有管辖权的地方，可能需要采用木板路或桥面板加开放式格栅的结构，以避免遮蔽沿河区域的鱼类栖息地。

表 8 | 滨河散步大道的标准

特点	标准	评论
道路宽度	最小 4.9 米	• 在提供额外功能和设施的地方，道宽应相应增加，保留 4.9 米的宽度让使用者通过
间隙宽度	从人行道的外沿至任何物体的间隙宽度最小为 1.5 米	• 距离所有固定物体如围栏、护柱、标志、长凳、驻停车辆及河岸坡顶的间隙
特殊间隙宽度	根据具体案例以及不同的现场条件而定	• 场地限制条件包括陡坡、距离铁路的距离、邻近水边或无法设置障碍的地方
间隙高度	距离道路完成面的间隙高度为 3 米	• 距离所有高架元素如树枝、标志、灯具等的间隙
横坡度	最小或最大横坡度 2%	• 如果道路用于减缓坡度和排水，道路中心线的最大和最小坡度应为 2%
纵坡度	最大坡度 5%	• 如果毗邻道路的土地的坡度大于 5%，那么道路应采用弧形路线，以使最大纵坡度不超过 5%
表面材料	防渗材料：沥青、混凝土、混凝土铺块、石板、花岗石或木板	• 沥青不能用于散步道 • 参考《设施》（第 20 页）
围护设施	栏杆或其他围护设施安装在需要的特定条件下	• 相邻斜坡或湖岸线的坡度超过 1∶3 • 与相邻道路或停车场的距离少于 1.5 米 • 邻近铁路 • 存在不美观或隐含危险的条件
路缘	步行道的路边不需要安装路缘，除非与山坡相邻	• 道路将与相邻土地平齐 • 道路和相邻之间不存在绊倒危险 • 路缘应只用来加固相邻斜坡
人行道的边框或饰边	可增加边框以增添美感；所有路面均应平齐	• 参考《设施》（第 20 页）
照明设施	电线杆的高度和间距应根据具体情况确定	• 参考《设施》（第 20 页）
其他	长凳、垃圾桶、花盆等应根据具体情况确定位置	• 参考《设施》（第 20 页）

尽管根据《美国残疾人法案》原则人行道可采用夯实石粉表面，但这种表面不符合多功能人行道的标准，因为路面需要进行定期维护，还存在腐蚀的可能性。

特殊间隙宽度

在特别情况下，人行道两边的间隙宽度可能需要增加。这种情况需要负责设计和施工的实体机构根据具体情况进行处理。这些情况可能包括当斜坡非常陡峻时人行道距离河岸顶部的距离，以及当人行道与铁轨平行时距离铁路的距离。这些情况下，需要考虑安装围栏或其他围护设施，而不是增加距离。人行道距离铁路轨道的距离可参考表 5。

设施

这些原则根据人行道的类型、场地条件、设计和预算，为滨河景观道各路段的设计师们提供了一个有关大多数便利设施的选择。这些设施可能需要达到比市政工程通常要求得更高的标准，因为韦斯特切斯特郡强制规定了具体的场地条件和复杂的质量标准。

标准设施

就像针对滨河步道的宽度、收进区和其他参数制定了标准一样，为了修建统一的道路，应选择标准设施。但在标准设施范围内，设计师可根据道路类型和环境选择设施。因此，散步道可能选择某种长凳和某种自车行停放架，而人行道则可选用另一种长凳。带有标志的标牌是必要的设施。但标志的颜色是可以选择的，因此，一个路段可能仅采用指路标志，而另一个路段可能安装管制标志、指路标志和解释性标志。

标识

韦斯特切斯特郡滨河步道采用识别和标志系统来保持道路的鲜明个性，因为它穿过了各种不同的环境。它的目的是为探索该区域的游客提供易识别和友好的帮手。这些标识将为游客指引方向并引导他们沿着滨河步道行走并前往毗邻社区和地方。这些标志将告诉游客每个区域的独特之处和所包含的目的地。

表面材料

- 沥青铺面
  - 沥青面层应为 3.8 厘米厚，采用第 6 (F) 类编号为 403.7-1 的材料，应符合发布于 1990 年 1 月的《纽约交通局标准说明》和其后续附录中的《表 401-1 沥青工厂混合料的构成》的要求。
  - 底层材料应为 7.6 厘米厚，采用第 3 类编号为 403.13 的材料，应符合《纽约交通局标准说明》和其后续附录中的《表 401-1 沥青工厂混合料的构成》的要求。
  - 粘结层应采用纽约交通局编号 702.30 的材料，材料型号为 RS-1。
  - 碎石底基层应为 15.2 厘米厚，且各方面都符合这些说明以及 1990 年 1 月 2 日发布的《纽约交通局标准规范》中的《第 300 部分 基层和底基层》的要求。
  - 一些路基较差的地方可能需要采用土工织物。
- 花岗石铺块
  - 花岗石铺块应为汉诺威建筑产品公司生产的灰黑型花岗石或可接受的同等材料。铺块规格应为 30.5 厘米 ×71 厘米 ×3.8 厘米。
  - 花岗石的表面应进行热处理，以使其“防滑”。花岗石铺块应安装在 2.5 厘米厚沥青底层上。根据土壤空隙，底层下面可能采用 20.3 厘米厚的夯实底基层（第 4 项）或混凝土底基层。
- 混凝土铺块
  - 混凝土铺块应为汉诺威建筑铺块公司生产的汉诺威普雷斯特铺块，型号为 M#1064，普通规格 30.5 厘米 ×71 厘米 ×5.1 厘米，或采用得到认可的类似材料。铺块应根据生产商的建议施工。
  - 底基层应采用纽约交通局第 4 项要求的材料，最小厚度为 20.3 厘米。根据排水和土壤空隙条件，可能需要采用次表面排水材料，如土工织物。

混凝土 / 花岗石混合铺块

- 青石铺块
  - 混凝土花岗石混合铺块应采用第 2 类（直接清洗表面）铺块，型号为 #GTX2108，普通规格 0.3 米 ×0.3 米或 0.3 米 ×0.6 米，由沃索地砖或同类厂商生产。

表 9 | 绿化标准

特点	标准	评论
一般绿化	选择属于同一植物群落或能共存的植物	• 为了保证植物的存活率和健康，所选植物应适应相同的条件，如湿地土壤和阴凉或硬土和充足的阳光
植树	树木应栽种在草坪上或种植池里	
一般灌木和草本植物的栽种	灌木和草本植物应栽种在种植池里	
种在草坪上的树木的规格	草坪树木应最小为 0.9~1.1 米，带护根盘	
栽种在种植池里的树木的规格	种植池里的树木的规格不限，根据具体情况选择	
灌木和草本植物的规格	种植池里的植物的规格不限，根据具体情况选择	• 植物可选择盆栽或裸根栽植
种植池	过滤织物应加 3.8 厘米厚覆盖物	
覆盖材料	覆盖物应采用 2.5~3.8 厘米无病树木制作的碎硬木片	• 有必要保持土壤湿润，尽可能减少杂草，保持整洁的外观
照明设施	灯柱的高度和间距根据具体情况确定	• 栽种树木的位置应与照明设施的安装进行协调

- 底基层应采用纽约交通局第 4 项要求的材料，最小厚度为 20.3 厘米。根据排水和土壤空隙条件，可能需要次表面排水材料，如土工织物。

- 青石铺块：青石铺块应采用纽约州青石，无裂纹，厚 3.8 厘米；铺块最小规格 0.3 米 ×0.3 米；图案应根据具体情况选择；底基层和底层材料应根据工程师的建议选用。
- IPE 木或桃花心木桥面板：桥面板和栏杆不可采用压制木材；桃花心木和 IPE 木可用作桥面板材料。
- 复合桥面板：可替代桃花心木和 IPE 木的一种可接受材料是复合材料，如 Trex TM。
- 钢格栅：根据《国际建筑金属制造协会重型条栅手册》，钢格栅应采用具有系列格栅的镀锌重型条栅焊接钢结构。格栅规格应由工程师经过计算决定。
- 稳定碎石：当地石材可用作碎石。稳定剂应采用自然、无害、无污、无味、环保的安全粉末材料，由 95% 的洋车前草和 70% 圆苞车前子构成。该粉末材料应为 Stabilizer 公司生产的 "Stabilizer TM " 或得到认可的类似材料。
- 木覆层路面：木覆层路面应采用碎树皮覆层，厚 7.6 厘米，铺在 10.2 厘米厚碎石底基层上。

座椅

长凳的位置将根据具体情况确定。长凳间距应约为 152~304 米，根据每个路段的设计确定。应考虑为老年人、残疾人、儿童和其他需要停下来休息的人们设置休息区。休息区可由几条长凳和一些树木构成，设置在可欣赏河流风景的地方。进入滨河景观道的入口也可是设置座椅的理想地点。处于对安全的考虑，设计师可能不希望将长凳放在隐蔽的地方。

护柱

根据不同的功能和需要选择不同的护柱。低位照明设施可采用灯塔柱或金属 “Annapolis” 柱，后者可订制为灯柱。护柱还可用于安全目的，比如设置在人行道与公路相交的地方。这种情况下，可拆除护柱也许更加合适，因为有利于允许车辆或设备进入人行道。护柱还能隔离或界定具有不同用途的区域，而这些地方可能不需要围栏。木制护柱可用于一些更加简朴的地方，如用于自然人行道上。

绿化

该部分将提供绿化的标准和植物列表。这些标准将适用于所有类型的人行道，而绿化作为整体设计的一部分则将根据具体情况、场地条件和预算来确定。

所列植物主要为东北地区的本土植物。一些植物原本生长于南方，但如今随着气候的不断变化已经归化为本土植物。这些植物主要适用于地形开阔、阳光充足、土壤条件不同的开放空间。许多植物能够耐受潮湿的环境。那些受野生动物喜欢的植物用星号标记。林地植物未包括在内，因为规划修建滨河景观道的区域几乎不存在林地。

建议安装的设施

建议在人行道的不同路段安装不同的设施。这里所建议的设施也能为设计师设计不同路段提供灵感。在沿路合适的位置修建各种建筑结构、游乐场、钓鱼设施或其他提升使用者体验的设施，能让人行道更具吸引力。

建筑结构

- 遮蔽结构：遮蔽结构可采用各种材料修建。用途广泛、坚固耐用的弹性织物结构能够提供阴凉、庇护和建筑特色，而且看起来像是在哈德逊河上航行的船帆。
- 金属凉亭：金属凉亭能够提供阴凉和庇护，还通过颜色和形状展现了建筑特色。采用木结构遮蔽物并非滨河步道的统一设计要求，因为遮蔽物将主要用于城区。因此，要根据具体情况进行选择。
- 门架：进入滨河步道的门架或入口大门能突出人行道沿路一些更加偏僻的地方，还能用来指示人行道的位置，建立与市政府的联系。
- 开放式格子结构：开放式格子结构既能为座椅区提供遮挡阳光的阴凉，也能构成一处建筑特色。
- 旗杆：旗杆具有多种用途，如标示从河流和看似拥堵的城区进入滨河景观道的入口，宣扬节日、当地景点或季节性活动，还能给某段滨河路上增添一道醒目、漂亮的色彩。

桥梁

桥梁应采用简单的风格，而不是"田原式"或"印第安式"风格。它们可采用更加创新，甚至有趣的形式以突出滨河步道的水景。桥梁应强调精选的场地设施，如长凳和灯具。

河面通道 / 河岸处理

- 残障人士专用通道：钓鱼地点的设计也应考虑为残障人士提供便利。这包括钓鱼码头和其他安装栏杆的地方。
- 码头：在设计码头或河面通道区域的时候，应考虑修建用于多种船只的停靠点和卸载点。如条件允许，应提供船只停泊设施。
- 船用斜坡道：如条件允许，在改造滨河人行道时，应考虑修建公共船用斜坡道，包括独木舟和皮艇下水区，特别是当社区目前没有斜坡道的时候。

其他

- 游乐场：市政府可选择修建其他设施，如游乐场。滨河区沿线的游乐场应融合河流元素。这种元素可能是以水、划船或文化为主题，从而进一步增加和强调哈德逊河的重要性和美丽。
- 戏水台：在可行可用的地方，应将戏水台融入人行道的设计，以供步行者体验滨水区，让乘船者进入人行道。
- 防冲乱石：在有必要设置防冲乱石的地方，应遵守美国陆军工兵团标准。防冲乱石应采用当地自然石材，选用棕色和灰色石块（页岩和 / 或花岗石）。石块规格应根据现场条件和工程师的建议确定。
- 望远镜：哈德逊河沿岸的多个地区都为人们提供了观看船舶和野生动物，如鸟类、鱼类和沼泽动物的绝佳机会。应考虑在景观道沿线的合适位置设置望远镜，以增加景观道功能与河流景观资源的互动。
- 再利用：可考虑再次利用滨河区前缘现有老毛石或原有结构的其他稳定建筑特色，以营造一种历史氛围并增加不同场地的文化气息。
- 蚀刻铺面：为指引游客前往景观道以及标示沿路的重要地点，铺面材料可刻上街道、人物和事件的名称。

连接设施：停车与交通控制

该手册上文已经详述了人行道本身的标准和设施，这里将针对滨河步道的连接设施、入口和停车场提出建议。

每个市政府在决定如何连接不同的路段、如何进入景观道和在何处停车等问题时，需要考虑不同的条件，所以无法为连接设施和停车场建立标准。

连接设施

当市政府或其他实体计划修建一段滨河步道时，应考虑为步道使用者提供专门的停车设施。尽管大家都知道许多使用者将从家、工作地点和火车站步行前往步道，但其他人会驾车前往。与北郡和南郡步道沿线设置的多个小型停车场相似，步道的停车场应设置在使用者没有其他停车选择的地方。

一些现有停车场可为步道使用者利用，如周末时候的火车站、周末或

吉达北部滨海路（©Kamphans 景观建筑有限公司）

夏季夜晚活动较少的商业区。每个市政府都应对这种共用设施进行调查研究。

应提供标志指引驾车者前往步道专用停车场。如果指定为步道使用者使用的停车场不毗邻景观道，则应提供标志指引使用者前往。

入口与连接通道

步道的入口

根据具体情况，市政府或私人机构可能希望在一个或两个特定的位置修建进入步道的入口。在其他情况下，步道可从沿路任何位置进入。无论何种情况，都应竖立标志指引使用者进入步道。

与市中心的连接通道

当滨河步道邻近市中心或商业中心时，应提供一条或多条清晰的连接通道，同时利用标志指示通往步道的方向以及从步道前往市中心的方向，还应采用方向指路标志。

滨河景观道的连接路段

当滨河景观道分成多个路段时，应提供清晰的标志指引使用者从一个路段前往另一个路段。在这种情况下采用的标志应为指路标志。此外，在需要提供详细信息的时候，应采用说明性标志。

交通控制

当滨河景观道与公路相交时，市政府有责任设置所有交通设施，如人行横道、标志、车辆和行人信号灯，并应遵守美国国家公路及运输协会政策和纽约州统一交通控制设备手册。市政府还有责任遵守美国残疾人法案建筑和设施入口原则。

二 滨海慢行道设计

1 指导原则

指导原则是滨水地带最佳设计实践应用的一套核心原则。优秀的滨水区设计应将滨水道路、弹性和生态效应有机结合。尽管每个项目及其场地都具有自己的目的和特征，这些导则为设计原则的制定以及跨学科工作团队和最终的使用者建立了一个框架。

改善生态

滨水区域的设计应保护现有水生栖息地。设计师可利用合理的海岸或河岸规划及设计并选择合适的建材来改善水域的生态功能，努力达到地区生态目标。

鼓励滨海资源利用最大化

在条件允许和可行时，设计师应考虑滨水社区对商业和休闲设施的需求，从而实现滨水区资源利用的最大化并实现港口和滨水区的整合。滨水区域设计应改善赖水设施、滨水商业、滨水活动和休闲性划船活动。

采用科学的、可评估的方式进行重建

项目决策制定者应利用一切与滨水区域生态特征相关的科学。具有创新生态特征的项目应根据文献资料和项目前期基础生态条件进行监测，以确定设计的有效性。应利用监测数据来不断地完善设计。

致力于平等和社区参与

滨水设计应努力满足周边各类社区和土地利用的需要，并吸引当地社区和居民积极参与。在缺乏服务设施和滨水区通道的社区，滨水设计应着力通过广泛收集反馈意见来满足市民的需要。项目在确定——特别是在公共项目中——社区对生态、休闲、水资源、滨水道路、船只、商业、零售、教育、开放空间和风景视域的需求时，应听取社区的意见，同时还要考虑滨水区运作的需要。通过这个信息收集过程，项目能够尽量争取到该滨水空间或基础设施的潜在使用者的参与，从而确定滨水边缘的用途和最终设计。

博斯坦利步行桥及落日平台（©ZM Yasa 建筑摄影工作室）

提高可持续性

滨水设计应能承受、缓解或可适应水位的上升或海水、河水泛滥导致的后果。降水的增加可能导致雨水径流的增加，而绿色基础设施和滨水植树带的设计能够在改善水质方面扮演重要的角色。

改善公共通道，特别是船只通道

滨水设计应包括优秀的公共通道设计——能够最大限度地满足使用者包括各种类型船只的需求。在合适的地方应鼓励提供休闲设施，支持人类与水的互动。此外，设计还应考虑到滨水通道未来的发展，留出空间，不妨碍进一步改善的可能。

提高成本效益

项目成本的评估应考虑气候变化、初始融资成本、持续维护需求和其他因素隐含的风险。项目设计还应评测其将给业主和利益相关者带来的经济负担。水位上升以及海水和河水的泛滥会导致滨水环境不断变化，因此，在确定设计的成本效益时，应分析项目对这种情况的应对能力以及这种情况可能带来的后果。

适用范围和组成部分

这些原则适用于滨水景观工程，包括如下范围：

- 场地选择和规划：考虑气候变换、水位上升以及海水或河水泛滥等条件，选择更好的项目场地，采用富有弹性的策略，制定负责任的规划。
- 公共通道和互动：增加滨水区的地理、视觉和心理通道。
- 边缘弹性：设计一条富有可持续性、有益生态的滨水边缘。
- 生态和栖息地：保护现有栖息地，改善滨水边缘和场地的生态系统。
- 材料和资源：采用可持续的、环保的材料和资源，增加社会利益，进行负责任的施工。
- 运营和维护：确保项目的生命周期，包括采用可持续的维护措施，做好应对未来气候变化的准备，建立伙伴关系，提高对滨水区的科学了解。

2 选址与规划

组织跨学科项目团队进行设计

组建一支富有相关经验的跨专业团队来参与项目的设计、施工和维护。这个团队应参与过可持续的、有弹性的、有益生态的滨水开发项目。综合设计过程应包括设计前考察现场、设立滨水项目设计工作室、采用基本原则引导设计讨论、创建论坛以供各专业进行评估，以便从项目初期阶段就开始致力于创造最好的滨水设计。寻找机会与政府和监管机构进行合作，以取得与邻近社区和地区共赢的最好结果。项目组应对有关设计前现场考察、会议和参与专家，如建筑师、水生生物专家、生态学家、水环境工程师、土地测量师、园林建筑师等的资料进行归档，以表现对设计导则的遵守。

评估项目对气候变化和水面上升等影响的耐受力

由于滨水工程本质上就容易受到气候变化和环境不可预测的影响，因此，跨学科团队应采用有关当前和未来洪水危机的准确数据，详细评估水位上升高度、雨水的频繁和严重程度以及其他海水或河水泛滥对现场和项目的影响。项目组应参考现行市政规范，了解所规定的建筑标高和干舷的变化。这些分析结果将能直接告诉我们什么是最实用的滨水处理措施、水岸稳固总体策略以及洪水风险应对和减缓策略。此外，项目组还应提供总平面图及项目说明，描述现场和附近房屋（论述该项目现场所采取的行动对其产生的影响）的薄弱点，以表现对这条原则的遵守。

项目选址：现场应毗邻现有水路交通

项目的位置应选在距离现有或规划渡轮设施 0.8 公里内的地方，以为滨水区的游客提供更好的交通方式。如果渡轮设施仍处于规划阶段，则提供有关该规划设施状态的资料。提供区域地图来说明项目现场与现有或规划渡口之间的短距离，并表示对设计导则的遵守。

建筑选址：避开具有 100 年历史的泛滥平原

选址时应避开自然泛滥平原，这是避免任何有害影响的最负责、最具成本效益的举措。选择无需修建高架结构的地方能够让建筑避开危险区域。将现场的部分区域架空在洪水区是一种有效措施，但可能将潜在洪水转移到其他地方，给周边社区带来不便。提供总平面图来展现对设计导则的遵守。

抬升标高：增加建筑高出水面的高度

对那些无法避免将建筑选址在洪水区的项目，应尽可能减少洪水风险和损坏，将第一层可占用楼层抬升至超过建筑规范要求的高度。

建筑本身的防护措施

- 采取湿区防洪保护措施：采取湿区防洪保护措施将抬高最低可占用楼层和所有机械设施，尽可能减少洪水带来的损坏，同时允许洪水进入建筑的较低层。

- 采取干区洪水保护措施：采取干区洪水保护措施能密封建筑的外表面和洞口，避免洪水进入。常见的干区洪水保护技术包括加固地基、楼板和墙体以承受静水荷载和浮力，安装回流预防设施，外墙体刷防水涂料，封闭所有墙体孔洞，包括门、窗和设施进入建筑的位置。

3 公共通道与交互设计

一般设计原则

维持和提供安全公共通道

在水边修建新公共通道，或维护并改造现有公共通道。避免在通道修建墙体或其他障碍物。项目必须保护现有公共通道或增加新公共通道来满足该前提条件。通道可设置在水边（如沙滩或戏水区），或直接毗邻水体（如散步道、滨水公共步道或绿道）。

吸引当地社区和使用者参与

水是一种人类共同拥有的公共资源。探索和鼓励社区针对项目的滨水特征提供有用有益的意见：

- 确认主要利益相关者，包括个人和群体。这些人将受到未来设计和功能的影响，因此应该听取他们对公共通道设施和滨水设施的未来规划和整体设计提出的意见。对于可自主裁量的项目，可召开法律要求以外的会议，并更多地关注滨水区的设施而不是项目的所有方面。

- 在项目设计阶段最少组织两次当地社区会议，一次是在设计初期（设计完成 10% 时），一次是在末期（设计完成 75% 时），以建立群体互动性，确保公众的持续参与，并向社区利益相关者公布最终决定。

提供有关社区外展项目包括会议议程和与会名单的资料以及一份利益相关者对项目设计的影响的说明，以表示对设计导则的遵守。

对现场赖水设施进行评估

为了确定赖水设施的需求和可行性，应对水流、水深、尾流、波浪和雨水的影响、船运交通、生态问题和规范要求进行评估。该分析结果将直接告诉我们何种设施和设计策略适用于滨水建筑。对现有和潜在赖水设施的分析应努力（或试图）增加赖水设施。

道路流通设计

街道和步行连接构成的新系统将增加通往滨水区的通道，提供通向高地的连接，减轻整个滨水区的人流量。此外，人行道路系统应保护和增加现有水景走廊，提供面向滨水区的视觉通道。

滨海散步道

滨海散步道能够保证步行者和骑行者在非主干道上畅通无阻地通行，同时提供海港风景。它为人们休息、散步、滑旱冰、骑车、观景和钓鱼提供了充分的通行权和大量的机会，还为人们开展艺术演出和举办节日庆典提供了场地。此外，它更创造了让人们了解滨水区的机会。滨海大道也是展现公共艺术的主要场地之一。

在大多数地方，滨海大道将分两个区域：靠近水边的区域应主要用于提供进入水域和参加水上活动的通道；距离水边较远的区域应包括隔离的步道和骑行道、座椅区以及活动场地。滨海大道是一条独具特色的连续林荫小巷。在有些地点，两个区域利用地面高度的变化而自然分开。

里约热内卢奥林匹克大道（© 因格纳斯·列拉）

奥特霍伦滨水大道（©MTD 景观和城市设计事务所）

- 应在可能的地方修建一条连续的滨海大道。一般而言，这条路的宽度应为 9 米，但根据预期步行者和自行车的流量和特定的现场条件，宽度可以有所变化。
- 尽可能保留滨水视野。
- 在滨海大道内创造和提供多个功能区，以用途、材料和地面高度的变化加以区分。
- 滨海大道的边缘应根据需要安装栏杆或矮墙，提醒步行者注意地面高度的变化。
- 清楚地标示用于步行和骑行的道路，以区分道路的用途并提高安全性。
- 采用统一的设计和材料，以创造一种统一的通道感。
- 利用成排的棕榈树界定通路。
- 在可行的情况下，于距离水边 1.8 米的空间内采用反差较大的材料，并用木材和金属格栅结构将通路架空在水面上。
- 提供休息设施，包括长凳、座椅墙和台阶，让整条滨海大道沿线都能欣赏水面风景。
- 将道路设施，如长凳和垃圾桶，设置在统一的与大道相邻或位于大道上的区域。
- 将步道照明设施融入滨海大道的设计中。
- 将横幅与滨水照明设施结合起来，以宣传节日庆典和季节性庆祝活动。

步行道

步行道，包括人行道、小路和滨水大道，为港口设施提供了重要的连接，同时提供了有用的公共空间。慢行道路应是设计优秀的空间，附带公共设施，如座椅、照明设施、艺术品和指示标牌。这些空间将不再是障碍，反而变成了连接滨水区和相邻街区的缝合线。港口的人行道和小路将提供一种重要的共用公共资源。

- 通道将把公园和广场与其他公共空间连接起来，并将不同的路段加以区分，而且视觉元素应提供一些连接。
- 通道应尽可能与现有或规划城市和地区人行道连接起来。
- 步行道应成为城市街道沿线的主要步行连接。
- 步行道应至少达到 2.4 米宽，以允许步行者自由舒适的通行。
- 人流量较大且配备商业或综合设施的区域的人行道应更宽，最小宽度为 3.7 米。
- 街道应创建完整的多模式交通系统，使步行、骑行和交通站点设施优先于私人车辆设施。
- 对街景进行精心设计，以平衡众多功能——步行、自行车、公交站点和私家车辆的安全通行，作为公共空间，雨水管理，停车和装载要求，和急救通道。
- 为了确保人行道和小路成为活跃的公共空间，应提供如景观、照明设施、座椅和解释性展示牌等设施。这些设施应与清晰、可通行的步行设施进行平衡。
- 应划分为三个不同的区域：正面区、通行区和设施区。正面区与房产界址线相邻，是私人和公共空间的过渡区。通行区是步行人顺畅通行的区域。设施区是指定的用于栽种街道树、设置景观、公交站、照明设施和其他设施的区域。
- 为保证人行道的安全，应利用景观、场地设施或平行停车场构成步行者和通行车辆之间的缓冲带。
- 每个角落交叉口都应设置人行横道和路缘缓坡，以提供安全、可通行的街道横道。主要交叉口应设置安装了信号灯的人行横道。
- 交叉口的设计应提高步行安全和舒适度，尽可能缩短横道距离，提供最大的行人能见度并减缓车速。
- 路缘缓坡应尽可能减少，在可能的地方发挥小巷的作用和通行功能，以减少街景的中断，避免与行人和自行车的冲突。
- 商业、工业和大型住宅建筑应在可能的地方将停车场和卸载区通道连接起来，以改善车道。
- 实用设施应选择合适的位置，尽量减少对步行交通和场地设施或景观的干扰，同时保留用于维修和急救的必要通道。

自行车道

- 自行车道至少宽 1.5 米，如果有足够空间或使用量较大，宽度应增加。
- 修建专用自行车道，用防滑反光材料和符号进行标示。
- 为了增加能见度，在涂刷条纹之外，还可连续刷彩色涂料。在容易发生冲突的路段可刷彩色涂料，以提醒驾车者注意骑行者。
- 交叉路口应该采用虚线标记，以引导骑行者并提醒驾车者注意骑行者。

维特尔市斯普拉兹滨水空间（© 马蒂亚斯·冯克）

塞萨洛尼基新滨海区（© 普罗德罗莫斯·尼凯福里迪斯）

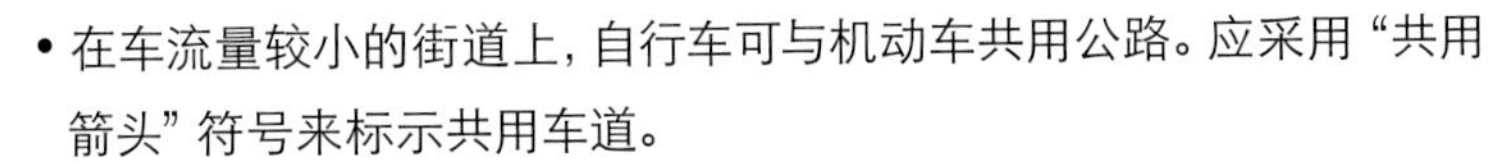

- 在车流量较小的街道上，自行车可与机动车共用公路。应采用“共用箭头”符号来标示共用车道。
- 在使用频繁的道路上，自行车流和行人流应分开，以保证安全。这些道路应用符号标示。
- 排水格栅不应设置在自行车道上，以确保自行车顺畅、持续地通行。
- 在混合功能区和商业区、公园、工作地点和公交车站提供安全、便利的短期自行车停放设施。

开放空间设计

开放空间是滨水区非常显著的特点，因为其设计质量决定公共空间的基调。开放空间系统被认为由一系列相互连接的小型露天休闲空间构成。这些空间为相邻街区提供便利设施，同时为举行区域性活动提供场所。

公园

- 所有设施都应以水为依托或与水相关。可接受的设施包括休闲、洗浴、游泳、划船设施以及栖息地、野生生物庇护所和开放空间。
- 公园应鼓励增加活动多样性（被动和主动休闲施设），以吸引各种使用者，并提供卫生间、路牌和自行车等设施。
- 公园应连接并协调周围的土地功能，同时展现整体统一的特征。
- 将公园修建成漂亮的城市开放空间，并提供绿化和连续的步行道路，整个空间沿线应具有规模合适的路缘。
- 公园应与城市、地区和州规模的道路系统相连接。
- 提供与步行和骑行系统相连接的道路。
- 允许修建合适的硬景观，以提供不同的功能。
- 提升海港景色。
- 鼓励使用附属设施，如餐馆或凉亭。
- 为一系列多功能空间的使用者设计主动休闲空间。
- 设计道路、交叉空间和座椅群以鼓励偶然的社交互动。林荫地点和有遮盖物的室外空间能够提供这种机会。
- 所有开放空间可安装监控摄像头，以提高安全性。

广场

- 广场应吸引公众，与社区有连接通道，为公开或半私人聚会提供场所。
- 特定的广场应提供举办特别活动的基础设施，包括水、电和互联网。
- 广场应通过建筑结构及 / 或树冠设置荫庇设施。
- 设置座椅时应同时考虑个人和群体。
- 广场应设置通往街道设施如垃圾桶和自行车停放架的通道，但这些设施应安放在通行道路、聚会区或可视区域之外的地方。
- 广场可安装监控摄像头，以提高安全性。

滨海景观设施设计

码头设计

码头应为使用者提供方便。设计时需考虑以下设计特征：

- 使用者体验
  - 码头的设计应保护景色，而不是过度地模糊滨水区。
  - 修建台阶式码头护板，以减少码头的视觉冲击。
  - 将码头设置在工业区或受限区域以外的地方。
  - 在码头和工业区或受限区域之间设置视觉、气味和噪音隔离屏障。
  - 采用栏杆限制人们进入恶劣的水环境、危险的船舶设施或码头距离水面较高的地方。
  - 采用尽可能减少妨碍风景或船舶通道的栏杆。
  - 提供挡风、避雨、遮光的遮蔽物。
  - 将公共步道设置在码头结构的边缘。
- 适应性
  - 对水平波浪力、垂直波浪力和波峰破坏力进行波浪荷载分析。
  - 对波峰破坏力进行分析，以预测暴风雨来临时码头将受到过度波浪冲击的关键位置。
  - 抬高码头，以减少高浪的冲击作用。
  - 在码头外围结构设置斜桩，以允许浮坞和船只直接停靠码头。
- 减少冲击
  - 在斜桩之间留出一定的间隔，以免阻碍水流。
  - 尽可能减少结构对水流的阻碍。
  - 允许灯光透射。
  - 设计应避免妨碍结构下方的栖息地、野生生物走廊或沿岸通道。
  - 采用南北布局，以尽可能减少水面阴影。
  - 将码头或码头边缘抬离水线，以减少遮阴面积。

奥特霍伦滨水大道（©MTD 景观和城市设计事务所）

施工时应至少在每个上方焦点位置融入两个设计特征。制定施工计划，突出这些设计特征，以表示对设计导则的遵守。

浮坞

修建或改造

浮坞能够支持水上活动，如划艇和划船。修建一个浮坞或改造一个面向公众开放的现有浮坞。设计时应考虑以下方面：

- 根据盛行风和盛行洋流来选址。
- 避免或修复漂浮物聚集区。
- 避免或修复危险的底部环境。
- 不得造成航行危险。

设计

- 稳固
  - 提供一个牢固、稳定的平台，以避免船只侧倾。
  - 保证安全和稳定，以：
    - △承受 7.6 厘米 / 秒的流速；
    - △承受大浪——相当于暴风雨时 3.1 秒内涌起的 91 厘米高的波浪——的冲击。
  - 采用能够耐受水、盐和紫外线的浮力材料。
- 形状
  - 设计在直射阳光下不会翘曲或保存热量的平整表面。
  - 设计不损坏水运工具或导致脚部不适的合适表面引力。
  - 创造垂直面（锥形面或圆形面不安全）。
  - 设计宽度最少 1.5 米。
  - 选址在离岸较近的地方，以尽可能减少与平均低水位可航行水域之间的距离。
- 通道
  - 至少提供两处用于下水和停靠的开放面。
  - 仅在跳板和缓坡上安装栏杆。
  - 线型浮坞每 3 米提供至少 1.5 米宽的净开口。
  - 为人力水运工具保留 10.2~20.3 厘米高的干舷。
  - 为摩托艇保留约 0.6 米的干舷。
  - 与相邻浮坞之间设置合适的收进区域，以方便船只的移动。
  - 提供登陆区，方便人们在潮落期间安全地登船或从人力船上下船。
- 适应性
  - 浮坞应设计成在发生洪水、洪流、结冰、大浪、风暴潮等事件时可拆卸。
  - 设计平台连接，以在水面较高时将浮坞抬离支柱。
  - 当跳板坡度大于 5% 时，采用过渡板（或“趾板”）；考虑跳板在低潮和高潮时的坡度。
- 减少冲击
  - 在桩之间留出一定的间隔，以免阻碍水流。
  - 浮坞之间保持合适的距离，以方便船只直接停靠在浮坞两边。
  - 安装足够高的桩，以在水面较高时保证漂浮锚固。
  - 避免使用开孔发泡聚苯乙烯浮坞。
  - 避免在低潮期托底。
  - 允许安装灯光透射。
  - 尽可能采用南北布局。
  - 避免用结构物遮盖浮坞。
  - 采用方便维护和清理的设计。
  - 采用海洋防污措施（鸟类、藻类、藤壶等）。
  - 补偿水动力改变和沉积物运移。

施工时，每个重点位置应至少结合两个上述设计特征。制定施工计划时，突出这些设计特征，以表示对设计导则的遵守。

海滩和戏水区

修建或改造

公共海滩和滨水戏水区能够提供与水直接接触的机会。修建或改建公共海滩或下水区应注意以下几点：

- 选址在流速较慢、波浪较小的地方。
- 避开受污染的场地以及污水和雨水排出口。
- 避开漂浮物聚集区。

设计

修建方便使用者的海滩或戏水区应考虑以下设计特征：

• 坡度应小于 1：2。
• 减少腐蚀和 / 或沉积物的沉积作用。
• 设计适用于所有潮汐时间的水面通道。
• 已建表面应采取防滑措施（安装扶手，采用抗藻材料和网纹表面）。
• 结合缓冲表面、圆边和圆角以及避免陡降，以提供安全道路。

施工时应至少体现三种上述设计特征。

人力船下水区

修建或改造

修建或改造一个公共人力船下水区。选址时应考虑以下几点：

• 选址在不易受到恶劣的天气或季节性条件损坏的地方。
• 选址在一处施工或运营时不会损害湿地生态系统或栖息地的地方。
• 选址应尽量缩短下水区和船库或停船场之间的距离，以缩短下水通道并提升使用者体验。
• 在可能的情况下，改造现有结构以为人力船出入提供更多便利，而不是损害自然资源。
• 选址时应优先选择那些能支持具有不同行动能力的使用者进出的地点。只有在岸线下水区不存在或当修建岸线下水区会比浮坞下水区带来更大影响时，才选择浮坞下水区。

设计

修建方便使用者的人力船下水区时应考虑以下设计特征：

• 岸线下水区
 - 为目标使用者或船只提供合适的下水区和登陆区。
 - 提供清洗设施、消毒产品或其他卫生设施。
 - 为经验较少的划船者提供软登陆区。
 - 提供进入下水区和水域的安全入口。
 - 减少下水区的硬景观，尽可能减少施工。
 - 将海岸坡度设计在 5%~8% 之间。
 - 提供合适的水下过渡区，用于下水和登陆。
 - 设计下水区在低潮和高潮期的使用。
 - 提供阻挡激烈的水流或波浪的庇护所。
 - 斜角下水区适用于大多数水流和现场条件。
 - 将雨水从下水区引开。
 - 能容纳长达 6.1 米的水上工具。
• 码头下水区
 - 为目标使用者或船只提供合适的下水区和登陆区。
 - 提供存放设施。
 - 减少下水区的硬景观，尽可能减少施工。
 - 提供清洗设施、消毒产品或其他卫生设施。
 - 相邻公共船只具有收进区域，以方便船只的快速移动。
 - 保护划船者在上下船时避开风浪。
 - 根据下水区的类型，设计应达到以下最小规格：
  △公用下水区：7.3 米长，允许多艘小船同时安全地装载、下水和登陆。
  △水道：2.4 米宽，能容纳两艘船肩并肩停靠，且留有在船只之间停留和移动的空间。
  △大船下水区：6.1 米长，可容纳大船如海上皮艇、带舷外支架的独木舟和划艇。

根据设计的下水区类型，施工时应至少体现两种上述设计特征。

公用船库

修建或改造

修建或改造一个公用船库（由一个社区团体或休闲机构运营的下水区兼存放设施，对会员要求较低，具有鼓励公众参与水上活动的计划）。考虑将船库的位置选在平均较高水位上方的陆地上（非水面上）。

设计

修建一个有益于使用者的公用船库应考虑以下几点：

• 人力船下水辅助设施（漂浮下水区、吊艇柱、载船手推车）。
• 排水和防潮控制。
• 水边地标作为助航设施。
• 为私人船只提供可租赁存放设施。
• 水力工具零售和维修设施。

贝鲁特西码头（© 法迪·查希恩）

• 带淋浴的卫生间。
• 饮用水。
• 划船者培训区。
• 救援和急救设施。

施工时应至少体现五个上述设计特征。

系泊区

修建或改造

修建或改造一个系泊区，规定免费或以折扣价提供至少 5% 的泊位以供公共机构使用。这些机构制定公共计划，遵守当地政府海岸管理规范中有关系泊区的规则。

贝鲁特西码头（© 法迪·查希恩）

设计

系泊区的设计可通过考虑下述设计特征加以改善:

• 为大小相似的船只提供系泊区，以增加密度。
• 缩短到码头或下水缓坡的系泊距离。
• 为各种规格的船只提供系泊区。
• 优化系泊安排，以容纳船只吃水深度。
• 将系泊区设置在不受天气影响的区域。
• 利用影响较小的系泊系统，以保护底栖生物环境。

施工时应至少体现三种上述设计特征。

轮渡

建造或改造对接设施

轮渡是一种快捷、舒适、有效和环保的交通方式，是促进滨水区重新开发的催化剂，能够提供更多地交通选择。

对接设施的设计

修建有益于使用者的渡轮对接设施应考虑以下设计特征:

• 优化对接方位和平台布局，以容纳最大容量的水上交通
• 采取合适的波浪衰减措施来加速对接。
• 设计跳板以容纳快速装卸。
• 所有步道均采用防滑表面和材料。
• 设计跳板连接，以在高水位时抬离支柱。
• 提供躲避自然力量的庇护所。
• 提供安全管理通道。
• 提供指示陆地连接的步行和骑行路标。
• 提供自行车通道和停车场。
• 采用渡轮在线追踪系统。
• 采用植被屏障减少渡轮噪音，且不妨碍风景。
• 对码头、乘客上船设施和附属建筑进行设计、确定方位和位置，以创造减少渡轮噪音的隔音屏障。
• 采用低排放、噪音较少的渡轮。

杰克埃文斯船港（© 西蒙·伍德）

洛克威栈道（© 阿尔伯特·维卡 / 埃斯托）

施工和运营时应至少体现五种上述设计特征。

提供水上设施和对接设施

修建或保护能够容纳各类船只如高桅横帆船、具有历史和教育意义的船只等的码头、浮坞或防水壁结构，鼓励公共水上活动和休闲。此处应具备以下设计特征：

- 采用直边，避免弧形、凹陷和奇怪的形状。
- 提供栏杆和洞口，以管理公共通道和登船过程；栏杆应与系缆墩或系船柱的边缘内侧保持距离。
- 为各种规格的船只提供间隔较小的碰垫、系船柱和系缆墩。
- 提供合适的桥墩，以抵抗系泊船只的推拉力。
- 提供坞边设施（如电、排污、水和机动车通道）。
- 提供尾波减少措施，以保护停泊的船只。
- 采用坞边安全设施和程序。

施工时应至少体现三种上述设计特征。

提供公共钓鱼设施

提供公共钓鱼设施，包括将鱼视作可持续资源进行责任管理。应考虑以下设计特征：

- 指定钓鱼地点
- 提供售卖钓鱼许可和公布监管信息的售货亭
- 提供钓鱼和鱼类零售的机会
- 提供清洗、刮鳞和切割工作台
- 提供鱼竿支架和钓鱼线回收垃圾桶
- 提供座椅区和儿童保护栏杆

制定施工计划，突出至少四个上述特征，以显示对该原则的遵守。

观景区与自然区域

增加自然区域

对现场进行设计，增加自然区域。通过集中建筑和设施，减少进入安静区域的通道。在公共通道和安静区域之间设置缓冲带，以打造高性能景观。自然区需至少占有总面积的 40%。

减少视觉阻碍

通过采用至少三种下述设计特征来减少风景和安静区域视线妨碍：

- 尽可能减少现场建筑的数量和规模。
- 保持视线走廊。
- 建筑选址应避开风景区。
- 用景观隐藏建筑外观。
- 尽可能减少步道的使用。
- 选用能和风景相配的材料。
- 将围护设施和标牌隐藏在自然区域沿线。

景观设施

景观设施与建筑、广场、步道和散步道的关系对确定设计景观的性质起着关键作用。所有这些元素融合在一起将加强设计、创造个性并营造一种场所感。

现场设施

- 所有现场设施都应支持和改善项目场地的海洋性质。
- 场地设施应根据场地说明规划进行设计或选择。
- 适用于海洋环境的合适、耐用的材料，包括石材、金属（青铜和黄铜）、混凝土和硬木，如允许自然腐蚀的 IPE 木和柚木。
- 金属应采用防锈涂层，如镀锌或刷粉末涂料，还应抗紫外线、防裂、防剥落和抗盐雾。
- 应采用防涂鸦涂料来尽可能减少维护。
- 垃圾箱应是容易辨别的回收容器，应提供足够的数量以允许按照玻璃、塑料、废纸和普通垃圾来分别回收垃圾，除非采用其他回收计划。
- 垃圾箱应具有可锁定的箱盖和可更换的内胆，以隐藏垃圾并允许简单的维修。应根据使用区域的预期使用情况确定垃圾箱的合适尺寸，以减少维护。
- 应选用座椅来提供舒适的休息处，将不同规格的座椅设置成组，以满足不同的使用要求。

博斯坦利步行桥及落日平台（©ZM Yasa 建筑摄影工作室）

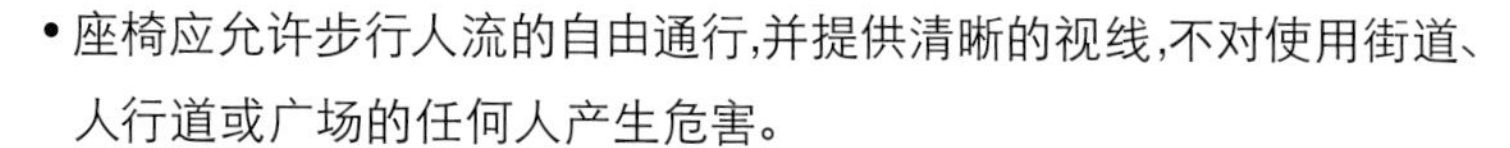

• 座椅应允许步行人流的自由通行，并提供清晰的视线，不对使用街道、人行道或广场的任何人产生危害。
• 独立可移动座椅应能够变成固定设施，除非位于采用可移动家具的地方或存放在一个安全的地点。
• 座椅材料应采用木材或其他导热性较低的材料。
• 座椅可设计成独立式、结构式挡土墙或平台式台阶。漂亮的座椅如座椅墙和台阶适用于公共广场。
• 遮蔽结构或遮阳伞应用于提供阴凉座椅区。这些结构应设计成具备抵御海风和抗紫外线的能力。

铺面

• 铺面应具有低反照率（最小系数 0.3），以减少眩光和热吸收，从而降低热岛效应。
• 应根据现场具体的土壤条件采用渗透性铺面材料，以减少雨水实用设施，增加雨水的过滤和收集。
• 铺面应将散步道连接起来。
• 铺面材料应利用回收材料，如玻璃骨料、粉煤灰或回收骨料。
• 金属网步道应用于水上区域，木桥面板应用于邻水区域。
• 因为维护问题，碎石不应用于斜坡。碎石应用在有边框的地方，以减少径流。

墙体

景观中的墙体能够保留坡度，创造抬高花坛，或分隔室外空间。它们还能将露天座椅融入景观。

• 墙体材料包括石材面板、模塑混凝土和预制混凝土。
• 防涂鸦涂层应用于预制或现场浇筑混凝土墙体，以尽可能减少维护。
• 墙体的设计应阻止在墙体边缘和表面使用滑板或直排轮滑。
• 墙体设计应在可能的时候融入座椅功能。
• 墙体应利用景观进行缓和，以减少硬景观带来的影响。

围栏

• 围栏应足够高，以屏蔽不如人意的风景，但如与步行环境相邻，则不宜过高。

斯普雷河滨河散步道（©gruppe F 景观设计事务所）

• 如可能，围栏应能攀援藤本植物。
• 围栏材料应与相邻建筑的材料、颜色和材质相匹配。
• 应采用防涂鸦涂层来尽可能减少维护。

栏杆

• 在需要的地方安装栏杆以保护步行者免受高度突然变化引起的伤害，或在楼梯和缓坡沿线用作辅助设施。
• 栏杆不应妨碍通路。
• 栏杆不应用于运营水域的边缘，因为它们将妨碍水运功能。
• 应采用防涂鸦涂层来尽可能减少维护。

4 生态设计考量

滨水弹性

评估滨水区域的条件，以确定合适的设计

分析和记录滨水区域的条件和结构，包括海岸地貌、水域、风浪区、坡度、潮差、风暴潮和波能，以确定一系列可行、合适的稳固策略的设计标准。

根据气候条件设计滨水区域

项目团队应确定滨水区域的弹性和预期接待能力，以应对预期气候变化。因为可预见的海平面上升，滨海项目面临特殊的问题，需要进行负责任的规划并采取预防措施。具体问题可能包括风暴潮和风浪的增加、海岸线的侵蚀以及每日涨潮时的潮汐泛滥。滨水区域应融入能够解决已知问题或让这种问题在未来得到有效地处理的设计元素。

• 海平面上升 28~61 厘米。
• 每年有 5 天的降水量达到 5.1 厘米或以上。
• 百年里发生率达 1.7%~3.2% 的洪水，且相关洪水高度有所增加。

采用的设计应尽可能减少与这些风险相关的后果，或展示这些风险在未来如何随着结构的改造而改变。设计师还应考虑尽可能减少对公共通道、生态和相邻房屋的影响。提供一份总平面图和说明，以示对设计导则的遵守。

邦茨环境教育和保护中心环湖慢行道（©Group Three 设计有限公司）

杰克埃文斯船港（© 西蒙·伍德）

海岸线规划

移除现有填充物，改造自然海岸线

在适合的地方，移除近岸区的人造填充物和结构，以创造一个更加有益于生态的水生环境。不得增加洪水风险或扰乱相邻区域。将目前场地的海岸线向陆地回缩至少 3 米，改造长度应至少占整条海岸线的 20% 以上或达到 15.2 米。（注：项目团队应对海岸线规划的变更进行分析，以了解风暴潮和洪水、波浪动态和流速或水流的水文影响。）提供一份总平面图和说明，以展示对设计导则的遵守。

减小坡度

坡度较缓的海岸线能够逐步分散波能，减少反射和放大效果，同时改善潮间带内的水生栖息地。改造长度应至少占整条海岸线的 20% 或达到 15.2 米，最大坡度为 1:2。（注：项目团队应对海岸线规划的变更进行分析以了解风暴潮和洪水波浪动态和流速或水流的水文影响。）提供一份总平面图和说明，以展示对设计导则的遵守。

采用曲线形状

非线性海岸线能够减缓流速，创造多样化的微栖息地，并改善更广泛的海岸区域的水文环境。修建或改造长度应至少占整条海岸线的 20% 或 15.2 米。（注：项目团队应对海岸线规划的变更进行分析，以了解风暴潮和洪水、波浪动态和流速 / 水流的水文影响）。提供一份总平面图和说明，以展示对设计导则的遵守。

避免净填充

避免在低于平均高水位的水域进行填充——填充可能对现场生态带来负面影响。填充和挖掘不应导致深水层的主动净填充。（注：项目团队应对海岸线规划的变更进行分析，以了解风暴潮和洪水、波浪动态和流速或水流的水文影响。）提供一份总平面图和说明，以展示对设计导则的遵守。

稳固技术

修复或改造人造边缘

根据滨水边缘评估报告，修复或改造年久失修的海岸，以提高结构的完整性，并将预期使用寿命延长至少 50 年。

采用弹性设计

稳固技术常用于抵抗侵蚀、暴风雨和海平面上涨。对至少占有整个海岸线长度的 25% 或不少于 15.2 米的海岸进行设计时，应体现至少两个下述特征。

- 稳定海岸底部的沉积层，以避免冲刷和腐蚀作用，即防水壁底部的防冲乱石、乱石底部的大块石材、或沉水植物。
- 增加冲流带沿线的各个转角的表面的数量，以分散波能，即利用各种尺寸的防冲乱石。
- 利用植物根系或生物栅产品来稳固松散的沉积物，锚固稳固结构，即在防冲乱石上添加植物、植物笼等。
- 在垂直表面安装倾斜结构以分散波能，即护岸、阶梯式金属笼、刻有凹槽的元素等。
- 利用沉水结构来分散波能，即护脚棱体。

体现生态多样性的设计

增加人造滨水区域和修复设施的生态多样性能够提高生态生产力和自然弹性。对至少占有整个海岸线长度的 25% 或不少于 15.2 米的海岸进行设计时，应体现至少两个下述特征。

- 采用粗糙、带有纹理和多孔的表面，以方便海洋生物吸附，即火山岩。
- 采用能够创造大小、形状不同的孔隙空间的材料，即形状和大小不同的石块构成的防冲乱石。
- 通过表面形状和特征提供阴凉、栖息地保护和波浪衰减作用，即将石板加入防冲乱石，以创造贝类庇护所。
- 利用源于自然的特征，即植物笼中的深根植物。
- 利用合适的石材规格、深度和覆层，以便避免引起自然特征的根劈作用。
- 根据控制过度生长的可用维护能力选用植物。
- 采用保水生态特征来增加生态多样性和湿润的栖息地，即潮池、防水壁上的螃蟹洞、低潮期裸露的沉水植物覆层。

杰克埃文斯船港（© 西蒙·伍德）

洛克威栈道（©WXY 建筑和城市设计工作室）

自然特征

修复或复制

在至少 25% 的海岸线或至少 15.2 米长的海岸线沿线修复或复制自然特征。自然特征能够提供许多生态功能和服务，还是一种海岸稳固措施。自然特征还能利用沉积物截留区、深根植物稳固系统和生物结构自我修复滨水边缘。

利用弹性设计

自然特征（现有、修复或复制的特征）能够带来生态效益，还能通过改善来提高它们在遭遇暴风雨和其他干扰时的弹性。对至少占有整个海岸线长度的 25% 或不少于 15.2 米的海岸进行设计时，应体现至少三个下述特征。

- 限制在附近开展人类活动，即阻止船只进入沉水植物区。
- 避免对自然栖息地边缘陡坡的侵蚀作用，即沼泽临海边缘设置门基石。
- 采用生物工程框架结构，即牡蛎礁、贻贝床等。
- 利用能够稳定和拦截沉积物的物种，即大米草、鳗草等。
- 实施放牧管理分析计划，即为沼泽草地设置防鹅围栏等措施。
- 提出两到三年生植物栽种计划，即监控养分富集、修复。
- 实施生态屏障阻止入侵物种，即利用海水淹没来阻止芦苇入侵。
- 将过滤装置融入生态系统的设计，以提高冲洗速度，减少浊度，从而提高沉水和挺水植物的健康。
- 选用能够创造结构构件和生物结构的物种，即牡蛎、贻贝、盐沼草、红树林等。
- 选用高更新率、能够在遭遇侵扰后自我修复的物种（即牡蛎、贻贝、盐沼草等）。

为湿地迁移保留陆地区域

湿地和海岸沙丘系统因为不断上升的海平面而可能向陆地迁移。如果坡度、高度和结构等海岸条件允许，湿地将后退，随着临海边缘沉入水底而使自己变成陆地。在发生暴风雨时，海岸沙丘系统因为不断被海风、海浪和其他力量推向陆地，会分散开来并被沙丘草拦截，而后随着时间的流逝而堆积起来。在至少 25% 的海岸线沿线，划定至少 6.1 米宽的被认为适合用于湿地迁移且存在湿地或正在创造湿地的陆地开放区域（12.2 米用于海岸沙丘系统）。开放空间可对外开放，但不应修建永久建筑。

近岸结构

修复或修建

近岸水下建筑能降低波能和流速。过高的波能或流速可能导致沉积物上浮、悬浮和冲刷。应将现场条件下的波高、波能和流速减少至少 15%。

结合源于自然的特征

近岸水下结构应结合以自然为基础的特征，如生物防波堤、边缘湿地、暗礁、保水特征和沉水植物，以改善环境。将源于自然的特征融入近岸结构的设计。提供现场总平面图和说明，强调将源于自然的特征融入近岸结构，以表现对设计导则的遵守。

尽可能减少对水动力的影响

滨水区域的建筑将影响水动力，特别是那些露出水面、漂浮于水面或沉入水底的近岸建筑。将下属特征融入近岸建筑的设计，以减少对水动力的负面影响。

- 利用建模来评估波浪动态和沉积物运移的变化。
- 对敏感栖息地和自然特征之外的沉积物沉积和腐蚀进行规划。
- 避免深水区的沉积物悬浮。
- 避免对水循环产生负面影响。
- 避免航道的沉积作用。
- 避免对腐蚀危险区的负面影响。

在现场创建弹性景观特征

作为地区海岸保护计划的一部分，在景观中融入弹性元素来减少沿海洪水对脆弱财产的影响。这些计划应选址在岸边的陆地，可能包括与高海拔位置连接的护堤，将防洪墙融入景观，或增加地势极低区域边缘的海拔。应考虑对公共通道和风景的影响以及相邻现场的洪水，因为这些靠近滨水区域的特征可能妨碍风景，阻塞通往水域的通道，在发生洪水期间和之后拦截或保存洪水。如果修建护堤或堤坝是一个

充满惊喜的棕榈散步道（由 Junquera 建筑所提供）

不错的选择，那么它应该具有多种功能，应结合公共通道、绿道、植物等。这些方法应被视为提高现场整体高度的另一个选择。

结合多种边缘弹性策略

利用多种边缘弹性策略来创建多层次边缘布局，以增加应对暴风雨、洪水、海平面上升和气候变化的弹性。在相同长度的海岸线应用至少两种下述边缘弹性策略：景观特征、稳固措施、自然特征或近岸结构。

可持续雨水管理措施

增加滞洪区和渗透区

雨水在流经抗渗表面时会增加流速、流量和污染物，从而危害接收水体。将雨水分流至具有更高滞洪能力的渗透区能降低这种效果。在适用于底层土壤和地下水位条件的情况下，采用将现有条件下的雨水渗透能力提高至少 60% 的设计。提供总平面图和资料，以体现对设计导则的遵守。

降低径流排放速度

滨水区沿线的雨水排放可能对接收水体的水质带来负面影响。采用将现有条件下的径流排放量减少至少 20% 的设计。考虑利用滞洪池或其他基础设施来减缓雨水的排放速度。

改善排水质量

雨水可能吸附颗粒、化学物质、垃圾、过度养分和其他污染物。水边设施是雨水进入接收水体之前接受自然或机械系统处理的最后机会。采用将现有条件下的总悬浮固体量（TSS）减少 90% 的设计。

拦截和再利用

雨水拦截和再利用具有多种效益和潜在用途。拦截的雨水可经过净化后可用作建筑运营的灰水，还可用于灌溉。设计一些水景观，以作为滞洪池用于雨水的拦截和再利用。采用能够拦截至少 10% 的雨水的设计。

分开生活用水和雨水

在很多城市中，废水和雨水径流共用污水系统，并被排入市政处理设施。在暴雨时期，当排放量超过设施的处理能力时，这些处理设施可能面临混合下水道滥流排放问题。为了减轻市政混合下水道滥流系统的负担，应将雨水径流从混合污水系统中分离出来。

现场处理污水和灰水

在现场处理大部分的污水，以减轻市政污水系统的压力。可采用各种方法，如先进的水培器、人工过滤湿地、藻皮净化装置以及生物机器，来提高现场污水的质量。这些方法只有在获得合适的规范系统认证后才能采用，而且应该包括应对系统故障的应急连接和程序。

生态和栖息地

评估自然资源

为了了解自然资源的性能和质量，应利用三等级原则对现有条件开展深度评估。该评估应对生态群体进行分类，并确认栖息地区域以及占用这些栖息地的物种。

远程评估

利用地理信息系统、航空成像等技术对项目场地和相邻区域的条件进行评估，同时还要考虑当地地区条件。远程评估一般应包括土地覆被类型、土地利用、潮差、植被密度、历史条件和其他使景观与现有人类基础设施相关联的生态信息。

快速生成评估目录

对项目场地开展现场评估，并考虑相邻区域。快速生成目录评估包括根据任何下述分类系统划分的所有生态群体。

- 纽约州的生态群体。
- 新泽西州的初步自然群体分类。
- 美国生态系统。
- 海岸和海洋生态分类标准。
- 美国湿地和深水栖息地分类。

快速生成评估目录必须辨别和确定这些生态群体的质量，详述它们的基本群体结构和构造、基本水文条件、物种多样性和丰富性、群体

钻石蒂格公园 (© 艾伦·拉斯)

的健康状态、合适的栖息地、地区参与性、区块动态、美感质素和生态生产力。采用适应于项目现场的评估工具:

- 野生生物栖息地效应评估工具包。
- 量化陆生栖息地损失和分裂协议。
- 栖息地等价分析概述。
- 湿地保护措施的生态完整性评估和性能衡量。

集约功能评估

对重要生态系统、修复项目和绿色基础设施进行深度、集约的功能评估。集约功能评估必须确认生态系统的功能和现场自然资源提供的服务的性能和价值。评估还需详细分析高等水文、养分的流动以及化学和物理过程。采用适应于项目现场的评估工具:

- 近岸(潮下带)栖息地生物完整性的底栖指数。
- 规划湿地(海岸湿地)的评估。
- 牡蛎栖息地恢复的评估与监控手册。
- 湿地保护措施的生态完整性评估和性能衡量。
- 保护措施的统一评估方法。
- 生物完整性指数。
- 生物监控和评估: 有效利用多度量指数。

保护或改善现有自然资源

利用项目团队确定如何才能取得避免影响、保护和改善现场自然资源的最佳效果。与监管机构合作,以获得对可能的生态保护或改善措施的认可,考虑场地条件(如沼泽草地的平均盐度和泛滥频率)、生物和非生物因素(如掠夺性迁徙路线的变更、气候变化和海平面上升)以及成功的可能性。

为地区的综合修复计划作出贡献

项目应对于与公共机构的目标相关的地区生态修复计划做出合理的贡献,认识维护连续自然区域以保护生态群体的联系和生存能力的重要性。对于位于城区的现场,请确定项目是否能够改善下述目标生态系统特征:

- 海岸湿地。
- 海岸线和阴影。
- 封闭和受限的水域。
- 支流连接。
- 沉积物的质量。
- 海洋森林。
- 鳗草地带。
- 牡蛎地带。
- 鱼类、螃蟹和龙虾栖息地。
- 水禽。
- 捕获。

栖息地的连续性

增加新栖息地

在辨别合适栖息地的基础上,增加滨水边缘的栖息地面积,以提供更加生态、更具生产力的环境。将现有条件下的总栖息地面积至少增加50%。如果现有条件下没有栖息地,一旦创造栖息地,且总栖息地面积超过总项目现场面积的50%,则能在这方面获得满分。增加栖息地是有益的,但栖息地区块的布局和连接则是能够创造更大的物种多样性和丰富性的良好基础。考虑增加新栖息地,以减少相邻栖息地区块之间的距离,从而改善连接性。

改善栖息地区块

在辨别合适栖息地的基础上,通过增加新栖息地或扩张现有栖息地来改善,并减少构成整个栖息地的单个栖息地区块的数量,将平均栖息地区块的面积增加到至少占有总栖息地面积的10%。在现有条件不包括栖息地的情况下,如果平均区块面积至少是总新建栖息地面积的10%,那么就可以在这方面获得满分。更大、更加连续的区块一般能够提供质量更好、种类更多的微栖息地,进而提供更高的物种多样性和丰富性。在改善栖息地区块时,应考虑栖息地的布局和连接性。

增加栖息地区块之间的连接性

在辨别合适栖息地的基础上,减少区块之间的距离,或建造结构以增加现场内的生态连接性和与相邻现场的生态连接性。生态走廊能够增加

邦茨环境教育和保护中心环湖慢行道（©Group Three 设计有限公司）

富有活力的栖息地种类，方便重要物种的移动，促进在之前侵扰区域的重新定居，还能增加整体的生物多样性和丰富性。要达到这个目标，可（a）将相邻栖息地区块之间的平均距离减少至 15.2 米以下（在现有条件不包括栖息地的情况下，如果新栖息地之间的平均距离少于 15.2 米，那么就可以在这方面获得满分），或（b）创建结构性连接，如栖息地桥梁、隧道、水道、栖息地"踏脚石"、绿色墙、防水壁，或其他基础设施。

增加栖息地多样性

融合多种类型的栖息地，包括陆地、潮间带和潮下带，以增加生物多样。项目团队应确定合适的栖息地，以提高现场的生态质量。创造多种栖息地类型有助于提高物种间的互动，加强生态群体。

栖息地的复杂性和健康状态

采用本土植物

在辨别合适栖息地的基础上，在整个项目现场种植本土植物。本土植物应占有总规划生物的 80% 或以上。

移除入侵物种

制定一个移除和预防入侵物种的五年计划，这些物种包括对规划和现有生态群体构成威胁的植物和动物。

创造弹性生态系统

设计能够耐受严峻的海岸条件、洪水和暴风雨的景观、绿色基础设施和生态系统。生态系统的设计应尽可能减少被洪水漫淹之后受到的影响，此外，它在经历暴风雨或洪水后的预期维修和改建费用不能超过初始修建成本的 25%。采用耐盐、抗洪、耐旱、耐风和耐受当地极端温度，而且适合现场日晒或遮阴条件的植物。将诸如自然恢复、快速更新和生物稳定性的生态元素融入生态系统的设计中。

保护特有、濒危和迁徙物种

复杂和健康的栖息地具有特殊、濒危或迁徙物种，这些物种只有在特定的环境下才能繁衍。在有些情况下，有必要在重要或敏感物种与人类干扰源之间创建屏障。保护栖息地，结合通过栖息地的复杂性和多样性吸引这些物种的设计特征。

提供多种生态系统功能和服务

将至少两种新生态系统功能融入现场设计。采用当地权威机构指定的生态系统服务分类，如由《美国千年生态系统评估报告》中提出的分类。

- 燃气规范
- 气候规范
- 干扰规范
- 水规范
- 土壤规范
- 养分规范
- 垃圾处理和吸收
- 授粉
- 生物控制
- 植物的屏障作用
- 辅助栖息地
- 土壤形成
- 食物供应
- 原材料供应
- 供水
- 基因资源
- 阴凉和庇护所的提供
- 药物资源
- 观景机会
- 生物集聚

高级保护行动

避免对环境的影响

通过环境审查程序，避免采用会对开放空间、自然资源、危险材料、供水和排水基础设施或温室气体排放等产生严重消极影响的设计。与监管机构合作寻找合适的设施设计，以遵守设计导则。

超越保护要求

为了遵守设计导则，任何不能避免或减少的对自然资源的影响都必须采取补偿性保护措施，以满足或超越现行监管机构保护自然资源的要求。采取超越要求的保护行动，将城区的整体健康状况提升至少 15%。

干扰和污染

限制灯光污染

滨水区灯光污染能够促进像水母这样的动物的繁殖，影响水生动物的通行和船只在夜间的航行；在滨水区限制灯光的使用。

避免人类干扰

在辨别合适栖息地的基础上，设计屏障和采取预防措施将敏感的生物系统与人类活动分离开。人类休闲活动可能危害敏感的栖息地，这包括但不限于过度的噪音、垃圾、（脚和桨）对植物的破坏、土壤的压实以及因支柱清洗和机动船只的尾波造成的沉积物上浮。创建屏障或缓冲带、阻止进入敏感栖息地能保护它们的生态完整性。提供总平面图和说明，以展示所采取的能够减少人类活动的干扰的措施。

材料和资源

提供材料使用和服务周期的评估报告

对材料和施工技术的使用和服务周期进行评估，分析修建或改造滨水边缘所采用的材料。美国环保署提出的《减少和评估化学和其他环境影响的工具（简称 TRACI）》是分析材料是否合适的依据。设计团队可通过 Athena 可持续材料机构发布的使用周期评估报告的类似资料应用美国环保署提出的 TRACI 方法。

填充物的再利用

在现场的重新布置

根据州和地方规范在施工期间利用现场的填充材料。这不仅能避免从外部运进建筑材料的必要，还能降低项目的碳排放，降低运输成本。提供资料证明所采用的填充物中至少有 25% 来自现场，并获得了州或地方监管机构的授权或免受此类规范的约束，以显示对设计导则的遵守。

在现场采用当地疏浚土

采用符合现行规范的 40.2 公里内的水道的疏浚土。（只有通航水道中的疏浚土可以接受，自然或生态敏感区的疏浚土不可接受。）采用现场或周边的疏浚土是一种材料交换的形式。当需要处理疏浚材料和需要充填材料的时候，这种材料的交换无须媒介。这样做的好处包括降低材料成本、减少碳排放量、减少从更远的地方运输过来的入侵物种以及对可能受到污染的现场土壤的覆盖。

采用当地现场外资源

采用现场外的合适充填材料，如利用卡车运输，则距离应在 48.3 公里内，如用驳船运输，则距离不超过 80.5 公里。这能最大程度的减少从更远的地方运进建筑材料的需要，增加利用驳船运输的机会，降低项目的碳排放量，减少总运输成本。提供资料证明至少 50% 的填充材料是取自当地资源，以展示对设计导则的遵守。

使用再生材料

抢救现场滨水建筑

在滨水边缘项目施工期间，重新确定滨水建筑的用途，即码头、防冲乱石等。这样做的好处包括减少垃圾和新材料成本。

采用谨慎采购的木材

采用复合木材、再生硬木或认证木材。除了压制木材外，可采用再生木材，大多数再生木材耐受盐水、阳光、沙、海洋生物和昆虫，防霉、防霉变、防腐、防翘曲和防裂。这些材料通常防滑、耐用、使用周期长。

地区性采购

采用当地、本土植物

因为气候和环境条件的不同，不同地区的特定种内基因库也有所不同。将一种植物从一个地区基因库转移至另一个可能会弱化的当地基因库。采用当地采购植物专用的本土植物苗圃。提供资料证明 75% 的植物材料是从距离现场 80.5 公里内的范围采购的，以展示对该原则的遵守。

参考文献

Metropolitan Waterfront alliance (MWA), *Shape Your Waterfront: How to promote access, resiliency, and ecology at the water's edge* (2015).

Otto, Betsy, Kathleen McCormick, and Michael Leccese, *Ecological Riverfront Design: Restoring Rivers, Connecting Communities*, American Planning Association (APA) (2004).

Spano, Andrew J., *Westchester RiverWalk: A Greenway Trail* (2005).

采用当地牡蛎卵

在选择用于水滨边缘的牡蛎种、牡蛎卵或成熟牡蛎时，应采用距离现场 161 公里内、专门培育当地基因库的孵化场培育的牡蛎。这些孵化场必须培育从牡蛎湾基因库获得的牡蛎卵。这些牡蛎卵能够抵抗玫瑰变色菌牡蛎疾病。

洪水区的电力 / 机械设备的保护和防水措施

保护公用设施，如采用防水拱顶、用于必须设置在洪水区的电线和管道的防水耐盐材料。电线必须包覆在符合规范的防腐蚀金属或塑料管中。

低影响材料

采用渗透性材料

用于滨水边缘的渗透性材料可帮助吸收雨水和过滤污染物。提供资料证明至少 50% 的覆面材料是渗透性的，并获得了合适的州和地方监管机构的认证，以展示对该原则的遵守。

采用高反射表面

采用高反射铺设表面，表面采用浅色，能够反射阳光。这能减少制冷成本，有益于植物的生存，改善空气质量。提供资料证明至少 50% 的铺设表面是高反射性的，以展示对设计导则的遵守。

避免有潜在危害的处理木材

避免将以具有潜在危害的物质处理过的木材用于水下或滨水边缘设施。不得使用以加铬砷酸铜或化学染料衍生木溜油处理过的木材，因为这些木材能将寄生虫引入海洋环境。

有益生态的材料

采用具有支持性结构的材料

采用具有能够支持和促进生物活动和海洋生物吸附的化学结构、碱度、镀锌、PH 值等的材料。如混凝土添加剂这样的产品能够降低碱度和 pH 值，所以能促进海洋生物的生长。

采用栖息地再生产品

采用能为海洋生物提供栖息地的材料或产品。采用如预制潮池、栖息地、礁石模块、牡蛎堡、模具和改善结构的产品。

可再生能源

尽可能减少传统能源的使用

可再生能源如风能和太阳能能最大程度地减少易受洪水影响的电线和设备的使用，而且是无碳能源。提供资料证明所用的能源至少有 15% 是可再生能源，以展示对该原则的遵守。

采用以水为基础的可再生能源

采用以水为基础的可再生能源系统——如潮汐能或波能——作为辅助能源来源，或作为附属结构的独立能源系统。

安装备用应急系统

安装多余的备用系统，特别是干泵、制冷系统、应急供电和照明设施、以及其他用于紧急情况的系统。

负责任的施工

尽可能减少施工影响

根据施工可能带来的生态系统影响的评估报告，在工程开始前至少将两条下述预防措施纳入施工管理：

- 减少水下施工，以满足按照监管机构为保护鱼类和野生生物而规定的水下工作时间要求。
- 修建更多的屏障，如增加一倍防油帘幕和淤泥挡板，以保护水体免受污染物或特定物质的污染。
- 将施工设备设置在湿地和沼泽以外地区，尽可能缩小施工区域的面积。
- 打桩时尽可能减少对水生生物和底部沉淀地貌的影响。
- 采用预制工艺来减少施工时间，尽可能减少受施工影响的区域。
- 在水面上工作，避免损坏自然特征和栖息地，将施工驳船停靠在水生栖息地以外的地方，特别是在湿地上方修建结构的时候。
- 打桩时采用落锤或小型低压振动锤，而不是高压喷射锤。

船运材料

采用驳船运输材料，可减少碳排放，减轻货车交通，降低运输成本。

实施材料交换计划

实施材料交换计划，以减少处理或购买成本和碳排放。

案例赏析

里昂罗纳河慢行道

项目地点 | 法国，里昂
项目面积 | 10 公顷
完成时间 | 2008
景观设计 | In Situ 景观和城市规划工作室
摄影 | In Situ 景观和城市规划工作室
业主 | 大里昂地区

罗纳河左岸是一个 5 公里长的新月形状，占据里昂城市中心 10 公顷。像许多其他老滨水区一样，这段海岸随着工业的发展而不断恶化，并被高速公路和随意停放的车辆占用。设计师重新设计了位于蒂德多公园和杰尔朗公园之间的河段，为该区市民创造了新的公共空间。

新滨水区以一堵现有的斜挡土墙为中心，主要由两条宽度不同的道路构成。其中一条与城市相连，将主路上的机动交通与临河面的慢行道分隔开。另一条位置较低，是步行者和骑行者专用道。为了提供一个多功能空间，滨水区沿线种植了茂盛的植物和供人们休息的座椅。这条路还拥有散步、滑冰和骑行专用道。因为项目位于河床内，所以容易受到洪水的影响。因此，建筑师设计了一个流动的动态计划：步行和骑行道路相互交织，就像罗纳河错综复杂的几何结构一样。

滨河步道如今从实际上将路人与水域连接起来。栈桥的宽度从 5 米到 7 米不等，因此在乱石堤坝沿线和美国梧桐树下创造了很多不同的空间。该项目在河流的上游和下游景观更加自然，而中间部分由于穿过了里昂市中心，所以具有了更多的城市特征。

01

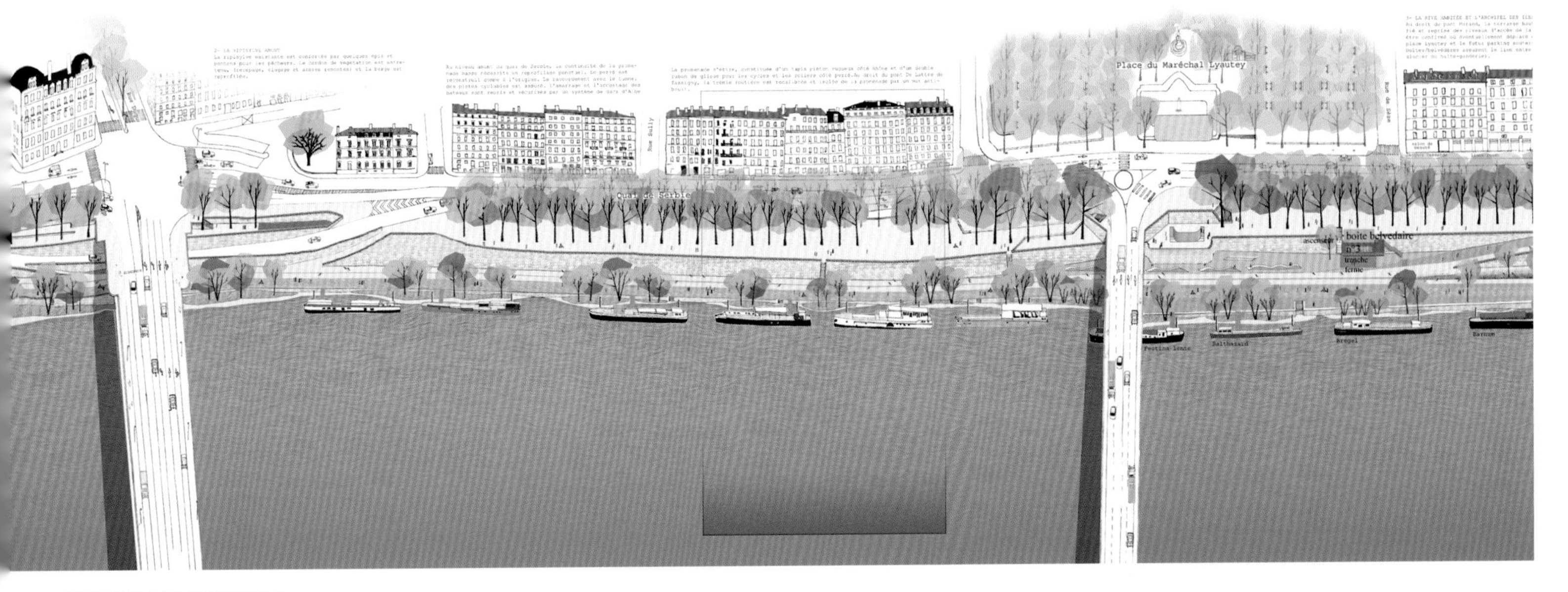

里昂罗纳河左岸透视图 1

01| 里昂罗纳河左岸
02| 新河岸的大草地和散步道

boîte belvédère
boîte belvédère
Square Jussieu
Quai Victor Augagneur

河岸细节平面图

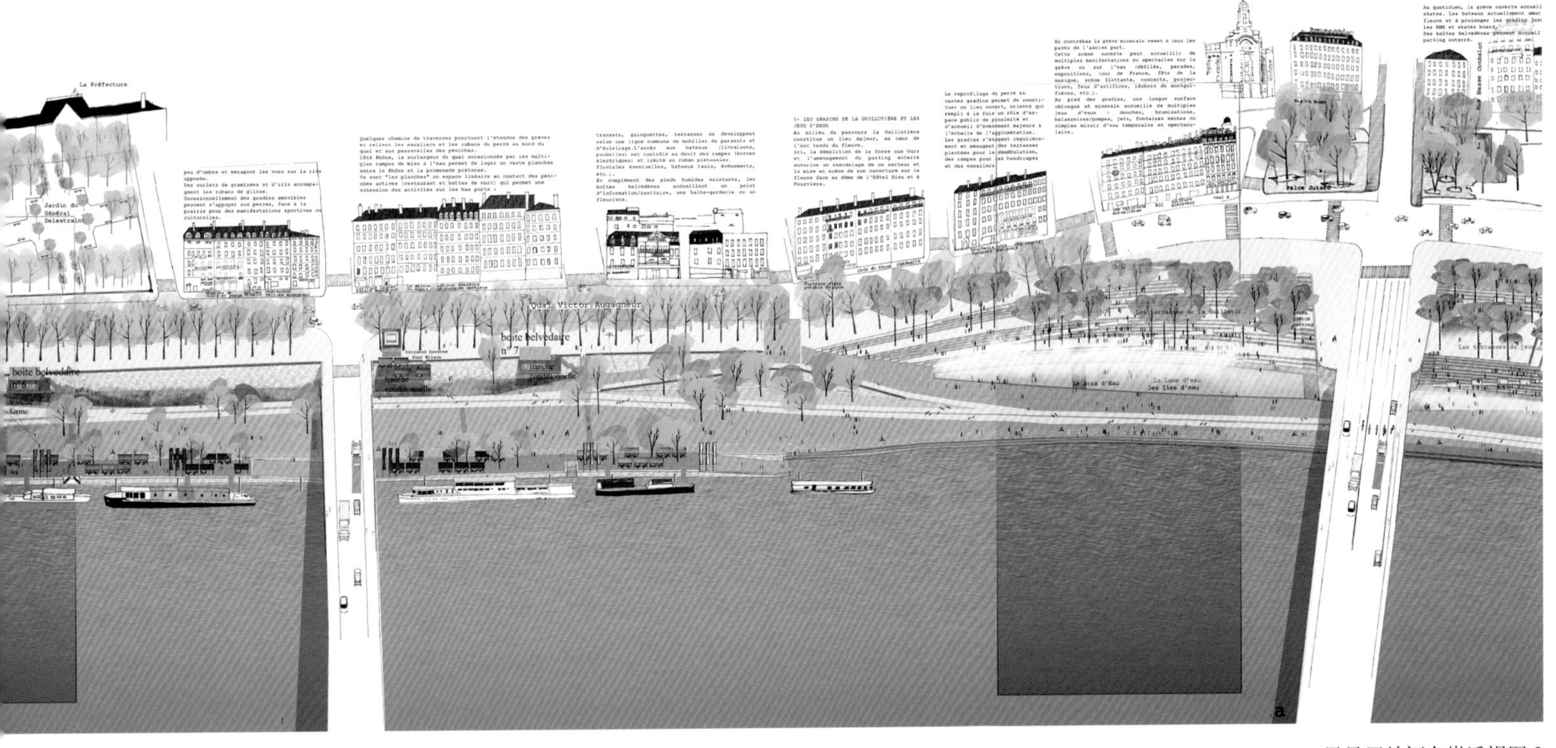

里昂罗纳河左岸透视图 2

03| 自行车道
04| 阶梯式平台和戏水池

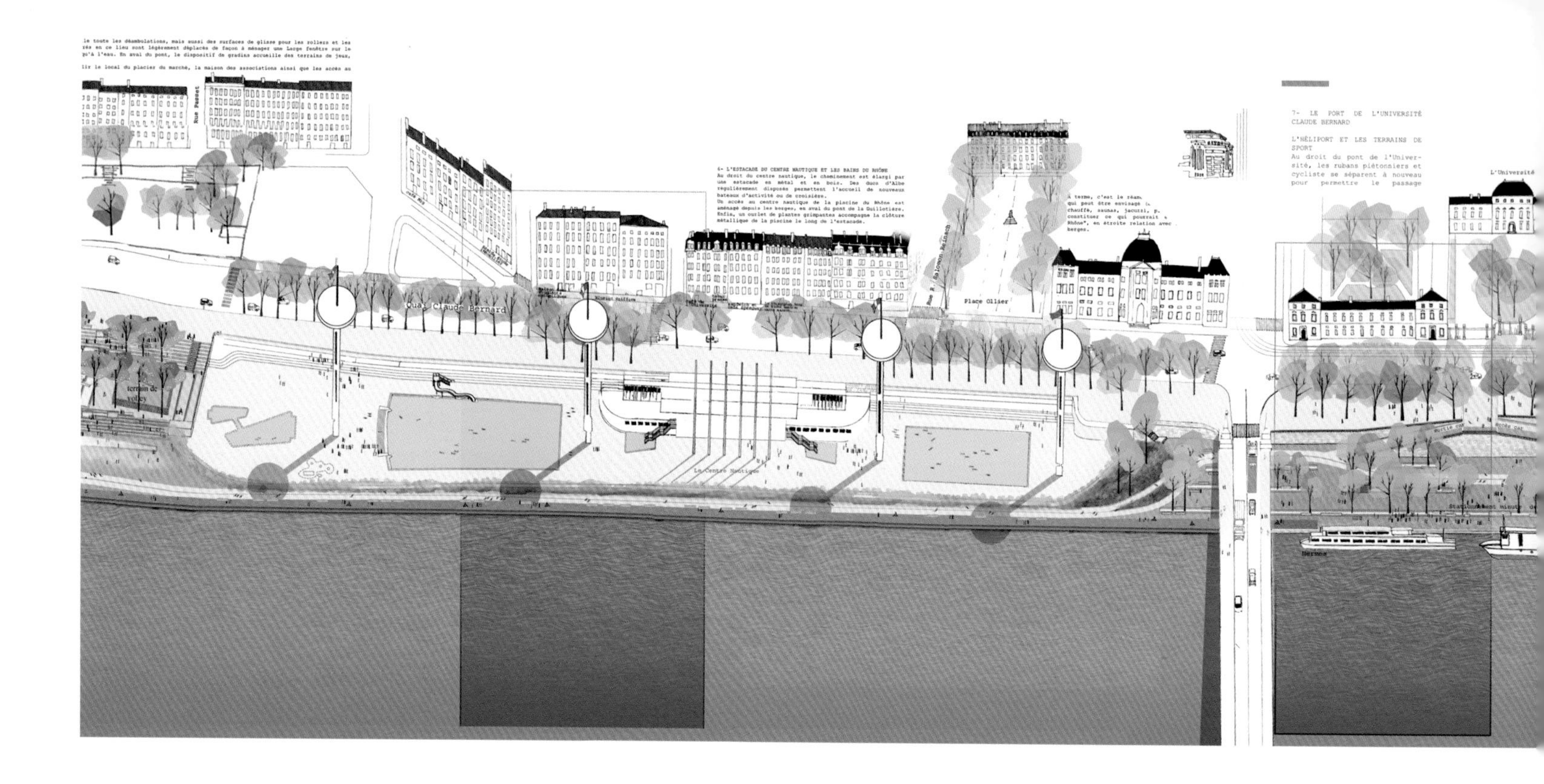
le toute les déambulations, mais aussi des surfaces de glisse pour les rollers et les
rés en ce lieu sont légèrement déplacés de façon à ménager une large fenêtre sur le
qu'à l'eau. En aval du pont, le dispositif de gradins accueille des terrains de jeux,
lir le local du placier du marché, la maison des associations ainsi que les accès au
Rue Passet
Quai Claude Bernard
6- L'ESTACADE DU CENTRE NAUTIQUE ET LES BAINS DU RHÔNE
Au droit du centre nautique, le cheminement est élargi par une estacade en métal et en bois. Des ducs d'Albe regulièrement disposés permettent l'accueil de nouveaux bateaux d'activité ou de croisière.
Un accès au centre nautique de la piscine du Rhône est aménagé depuis les berges, en aval du pont de la Guillotière. Enfin, un ourlet de plantes grimpantes accompagne la clôture métallique de la piscine le long de l'estacade.
À terme, c'est le réam
qui peut être envisagé
chauffé, saunas, jacuzzi, p
constituer ce qui pourrait
Rhône", en étroite relation avec
berges.
Place Ollier
7- LE PORT DE L'UNIVERSITÉ CLAUDE BERNARD
L'HÉLIPORT ET LES TERRAINS DE SPORT
Au droit du pont de l'Université, les rubans piétonniers et cycliste se séparent à nouveau pour permettre le passage
L'Université

带洪水水位线的横剖图

Cadette

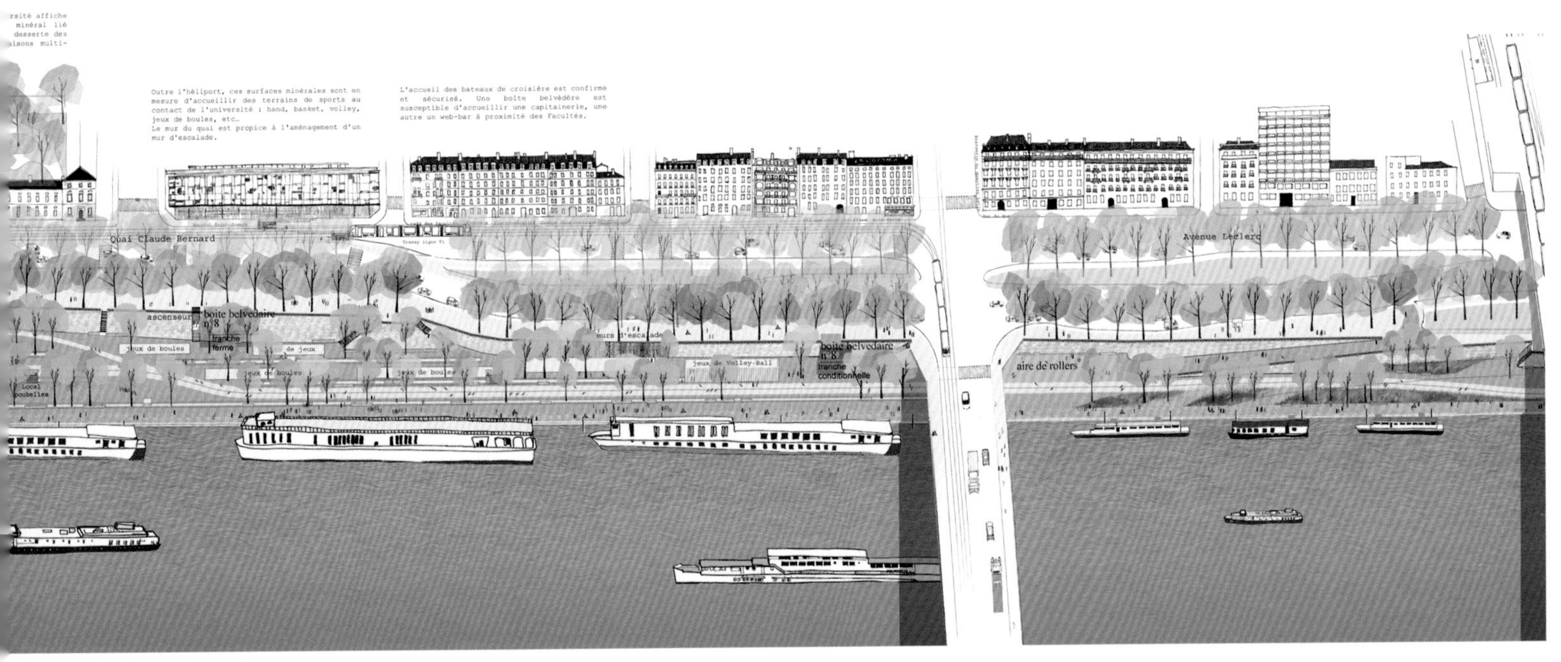
rsité affiche
minéral lié
desserte des
aisons multi-
Outre l'héliport, ces surfaces minérales sont en mesure d'accueillir des terrains de sports au contact de l'université : hand, basket, volley, jeux de boules, etc…
Le mur du quai est propice à l'aménagement d'un mur d'escalade.
L'accueil des bateaux de croisière est confirmé et sécurisé. Une boîte belvédère est susceptible d'accueillir une capitainerie, une autre un web-bar à proximité des Facultés.
Quai Claude Bernard
Avenue Leclerc
ascenseur
boite belvedaire n°8
tranche ferme
jeux de boules
de jeux
jeux de boules
jeux de boules
Local poubelles
murs d'escalade
jeux de Volley-Ball
boite belvedaire n°8
tranche conditionnelle
aire de rollers

里昂罗纳河左岸透视图 3

05| 新滨河大道

05

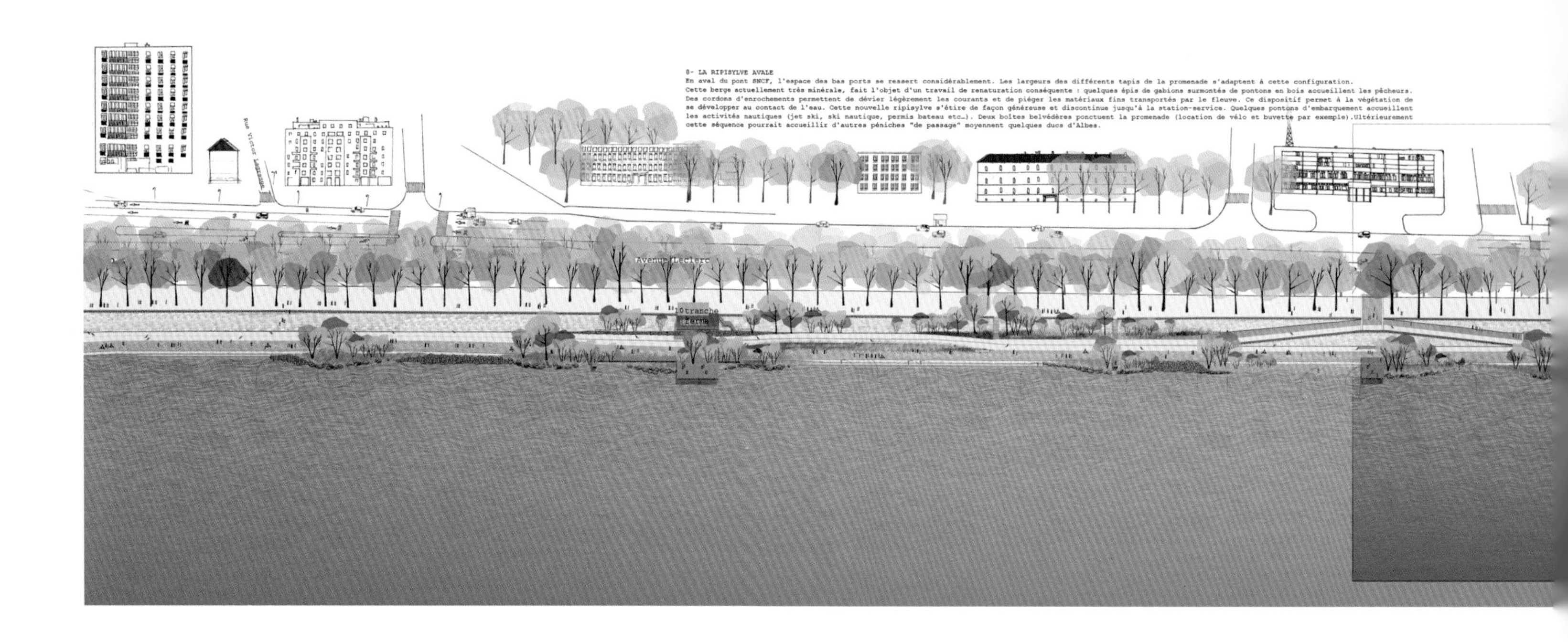

8- LA RIPISYLVE AVALE
En aval du pont SNCF, l'espace des bas ports se ressert considérablement. Les largeurs des différents tapis de la promenade s'adaptent à cette configuration.
Cette berge actuellement très minérale, fait l'objet d'un travail de renaturation conséquente : quelques épis de gabions surmontés de pontons en bois accueillent les pêcheurs.
Des cordons d'enrochements permettent de dévier légèrement les courants et de piéger les matériaux fins transportés par le fleuve. Ce dispositif permet à la végétation de se développer au contact de l'eau. Cette nouvelle ripisylve s'étire de façon généreuse et discontinue jusqu'à la station-service. Quelques pontons d'embarquement accueillent les activités nautiques (jet ski, ski nautique, permis bateau etc…). Deux boîtes belvédères ponctuent la promenade (location de vélo et buvette par exemple).Ultérieurement cette séquence pourrait accueillir d'autres péniches "de passage" moyennent quelques ducs d'Albes.

06| 儿童游乐场
07| 餐馆和咖啡馆平台
08| 罗纳河的树形图
09| 野餐桌
10| 戏水池

06

07

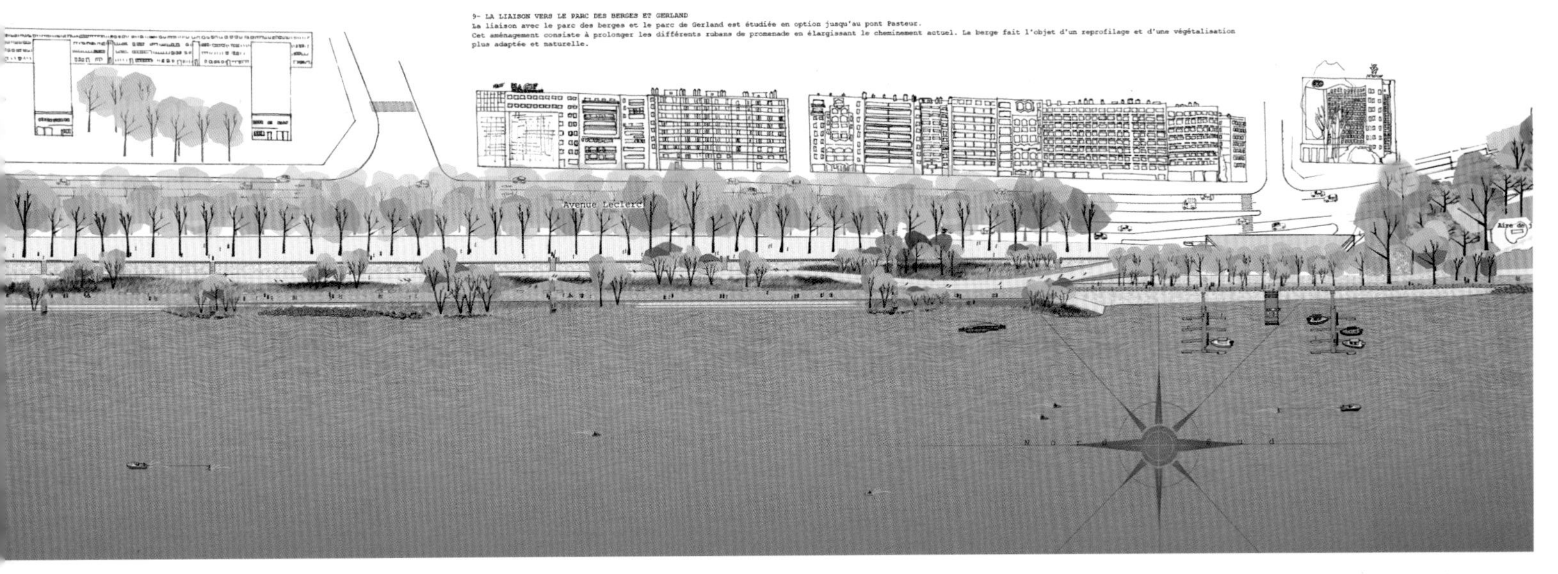

9- LA LIAISON VERS LE PARC DES BERGES ET GERLAND
La liaison avec le parc des berges et le parc de Gerland est étudiée en option jusqu'au pont Pasteur.
Cet aménagement consiste à prolonger les différents rubans de promenade en élargissant le cheminement actuel. La berge fait l'objet d'un reprofilage et d'une végétalisation plus adaptée et naturelle.
Avenue Leclerc

里昂罗纳河左岸透视图 4

01

马汀湖休闲中心

项目地点 | 法国，农萨尔拉马尔克
项目面积 | 30 公顷
完成时间 | 2014
景观设计 | URBICUS 建筑事务所
摄影 | 帕斯卡·博德兹 / 洛林地区、URBICUS 建筑事务所，Demathieu & Bard 公司
业主 | 湖泊综合管理协会

马汀湖建于 1965 年，是一个占地面积达 1100 公顷的饮用水水库，岸边建有一个休闲和游客中心。尽管这里过去曾是市民喜欢的休闲去处，但随着时间的流逝，马汀湖畔也未能摆脱被废弃的命运。本案旨在改变其落后的形象和过时的感觉，通过创建具有独特标识和结构感的新设施让马汀湖重拾对公众的吸引力。此外，项目还将包括种类更加多样的娱乐设施：修建休闲设施（游乐场、海滩和接待建筑）、改善水上体育活动（港务长办公室、干船坞和游船码头）以及增加商业服务（设置餐馆、酒吧和凉亭）。

该地原来的平面布局中，有一条与海岸有一定距离的服务车辆道路。这条道路同时允许行人和机动车使用，并且提供了一系列前往湖泊的通道。这种布局打断了路线的连续性，使空间变得零散，特别是湖畔的草地。而与原布局相反，本项目希望构建一个统一的公共空间，将各种元素同时融入到一个面向所有公众开放的公共自然公园。

这些建筑和空间与马汀湖栈道的设计是同时完成的。一栋旧建筑、一个广场和一条散步道成就了马汀湖畔公共空间的复兴。项目周边景观极其漂亮，是一

滨湖区景观图

个受到良好保护的自然遗址，包括树林、湿地和广阔的草地。作为设计的中心目标，湖畔步道与马汀湖形成一种对话，沿途设置多个观景台，打造一种了解湖泊景观的新方式。

雕塑般的木栈道极为壮观，给项目增添了一抹现代色彩，也赋予湖泊景观一些国际范儿。木栈道依项目地形高低起伏，起处遮蔽了建筑，而凹处为开展海边活动提供了空间。诚如一个城市广场或一个超级商场之于一座城市，一个公共空间也构成了一个地方的主要架构，为人们提供散步和会面的地方。木栈道绵延整个湖畔空间，为人们提供了休闲娱乐空间。沿着栈道散布着一些栈桥，这些栈桥与乡村道路相连，由此创造了村庄和湖泊之间的连接。

从更广义的角度看，在地区层面上，马汀栈道是环湖路的一部分：它包括众多路线、曲线和反曲线的相互作用，因而一次性地建立了湖畔景观的延续性，在现场的各种便利设施之间建立了更加紧密的联系，并改善了整个湖滨景观。

01| 马汀湖休闲中心滨湖区
02| 滨水区栈道沿线的建筑

02

总规划图

03| 海滩、码头和浮桥
04| 苇丛河滩植物
05| 栈道
06| 公共游船码头

不同部分路段图纸 1

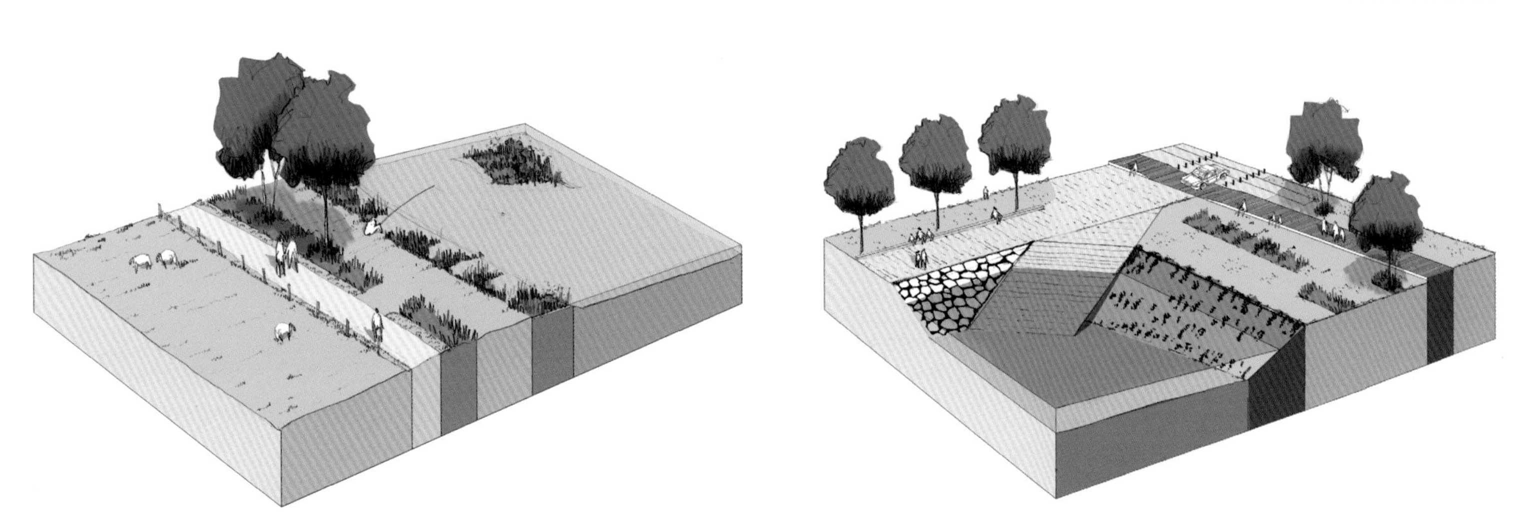

03

04

05

06

不同部分路段图纸 2

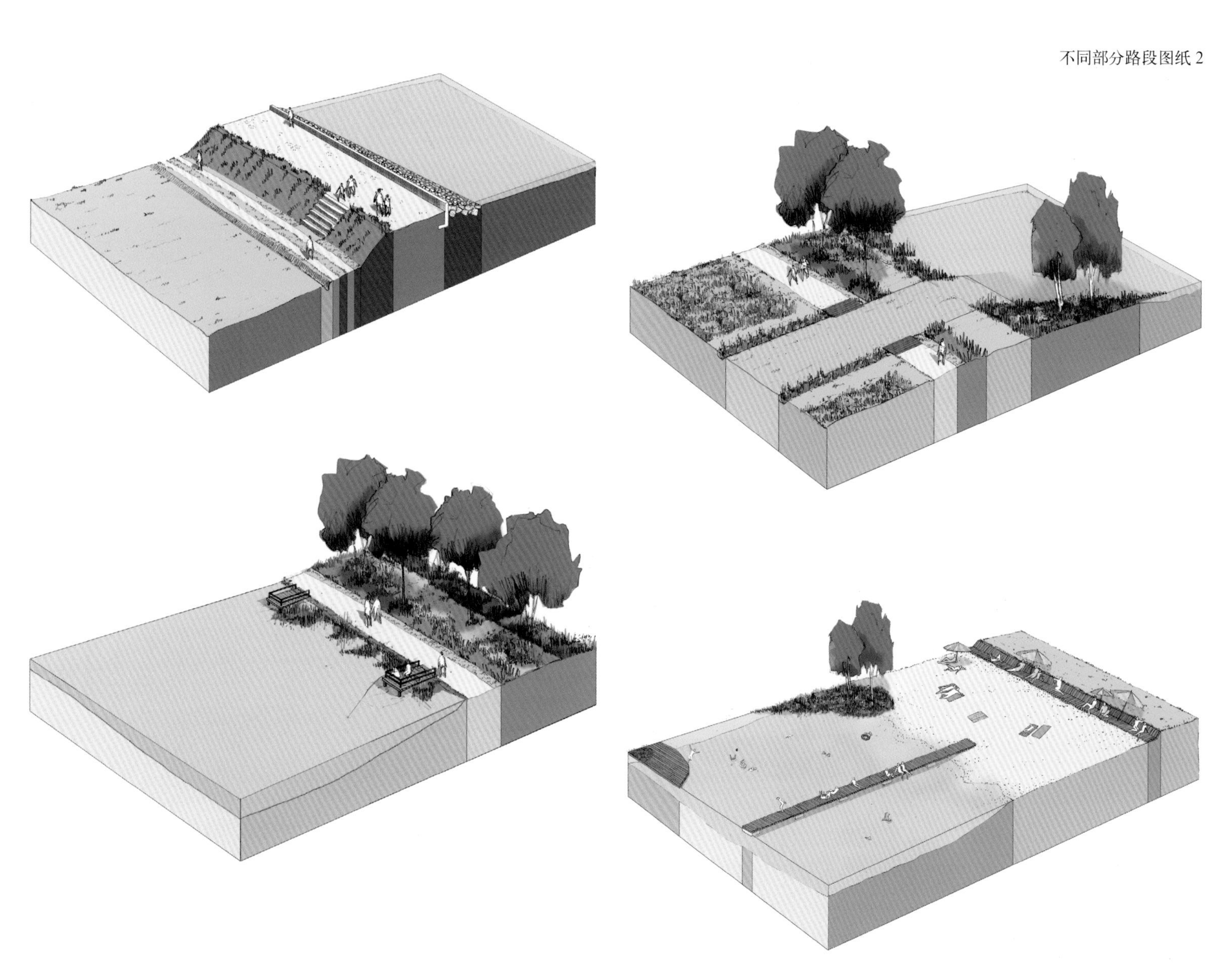

07| 港口广场，位于港务局长办公室的背面
08| 考顿钢淋浴设施，由文森特·杜邦鲁吉尔设计
09| 码头
10| 海滩和救助站

11| 港口广场
12| 栈道
13| 远处的餐馆和商店
14| 草地，辅以两条考顿钢线条突出
15| 入口建筑：一座居住式桥梁提供了俯瞰湖泊和屋顶散步道的全景
16| 栈道

不同部分路段图纸 3

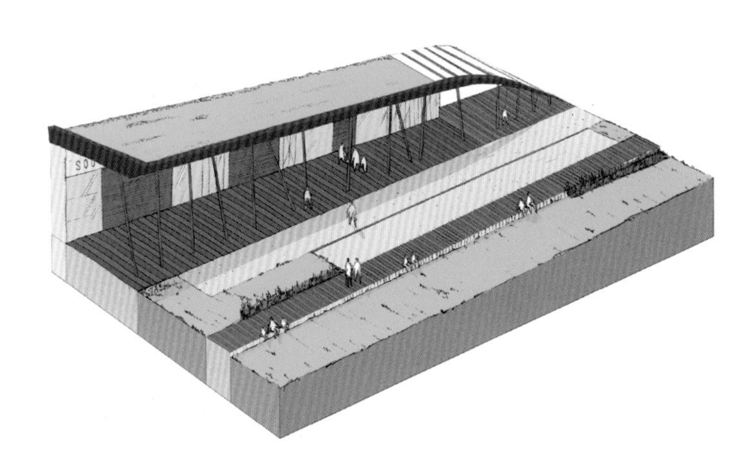

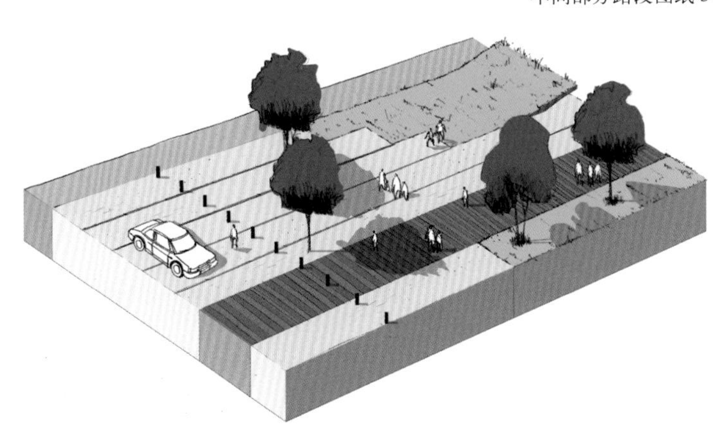

01

邦茨环境教育和保护中心环湖慢行道

项目地点 | 泰国，曼谷
项目面积 | 1.92 公顷
完成时间 | 2012
景观设计 | Group Three 设计有限公司
摄影 | G3D 摄影工作室
业主 | 曼谷都市管理局

邦茨环境教育和保护中心是围绕铁路公园西北部水库或者说是在铁道公园边界周围开发而来的。对位于该建筑群内的环形道路进行设计是为了保护现有主要路线，如自行车道、步道和慢跑道，并接入公园的道路系统。

该项目的设计与现有环境很和谐。该中心旨在教育和提高游客对环境资源的重要性的认识。主建筑是一栋两层楼结构，带有一个地下废水处理设施。该建筑由两面构成：弧形瀑布立面面向公园，办公楼般的立面面向甘烹碧 2 路和高架高速公路。瀑布利用的是经过地下废水处理设施处理后的循环水。

项目的主要景观区是一个开阔的水上花园，里面展示了各种水生植物，并按照其产地和所属植物群落进行分类。这里还为多种水生植物提供了隐秘空间，并对这些空间加以强调。该花园还将提供举办环保活动或进行室外休闲的空间，并通过特别的环境设计对这些空间加以突出。所有游客均可沿着悬空的木栈道在景观区漫步、学习和游玩。所有的景观功能、特征和元素都被设计成波浪形，且将技术和现有的城市环境融合，以满足人类的需求和设施的用途。

该项目被视为东南亚地区首个地下废水处理设施的试点项目，同时也是充分融合了人类城市群体和生态环境需求的典型项目。它在 2015 年荣获了泰国景观设计师协会（简称 TALA）颁发的综合设计奖。

总规划图

① 装饰瀑布
② 服务坡道
③ 主步道和自行车道
④ 皇家倡议项目的展示水生植物
⑤ 展览馆和废水处理厂
⑥ 通向展览馆的主入口
⑦ 多功能休闲平台
⑧ 水生植物群
⑨ 连接水生植物学习区和原红树林苹果树的木桥
⑩ 格子结构
⑪ 连接水生植物学习区和主公园的桥梁
⑫ 主入口
⑬ 水生植物学习区的木栈道

Ⓐ 私人地产
Ⓑ 原池塘
Ⓒ 公交车停车场
Ⓓ 停车场

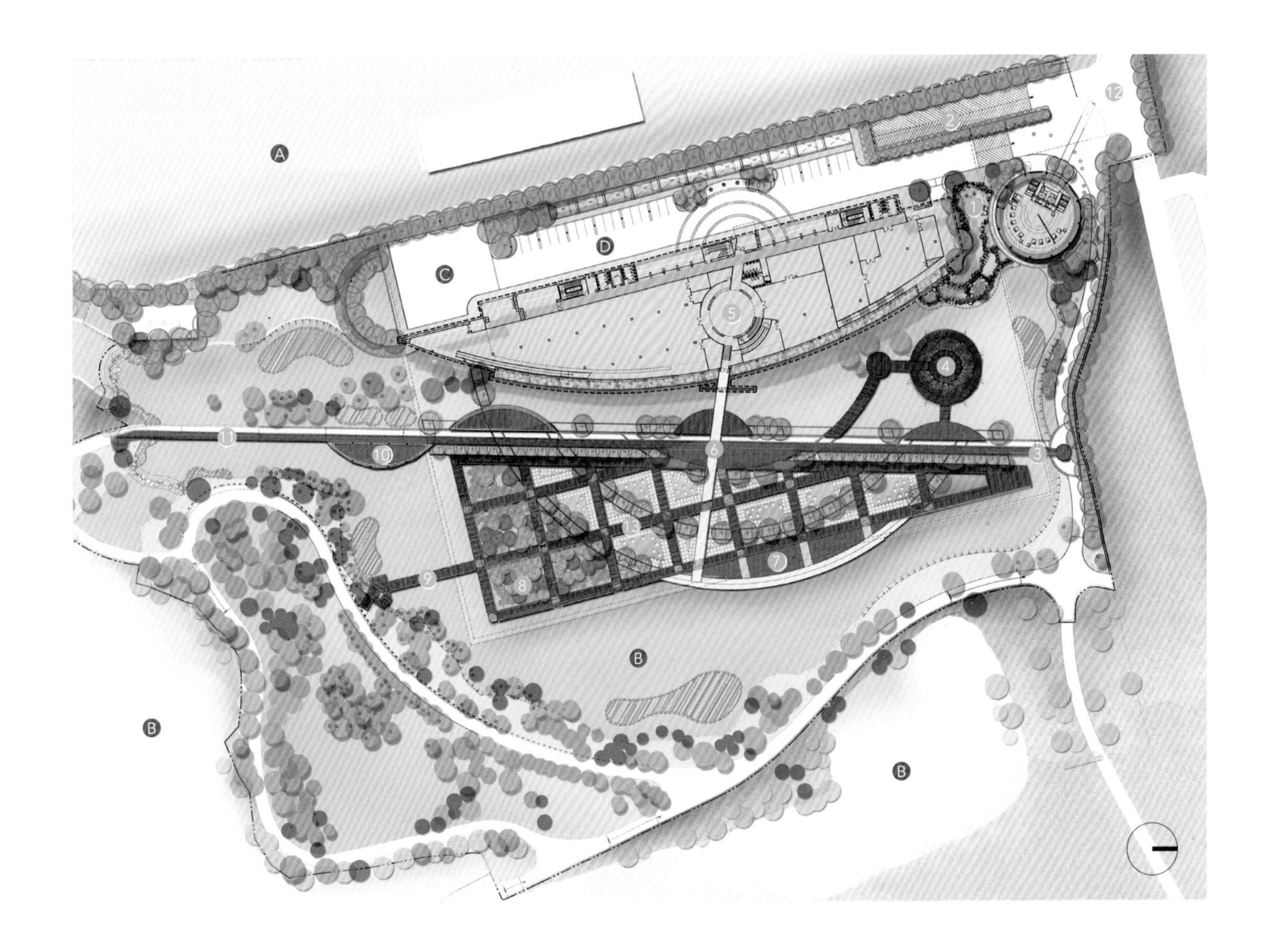

01| 全视图
02| 开放的水上公园

改建前

改建后

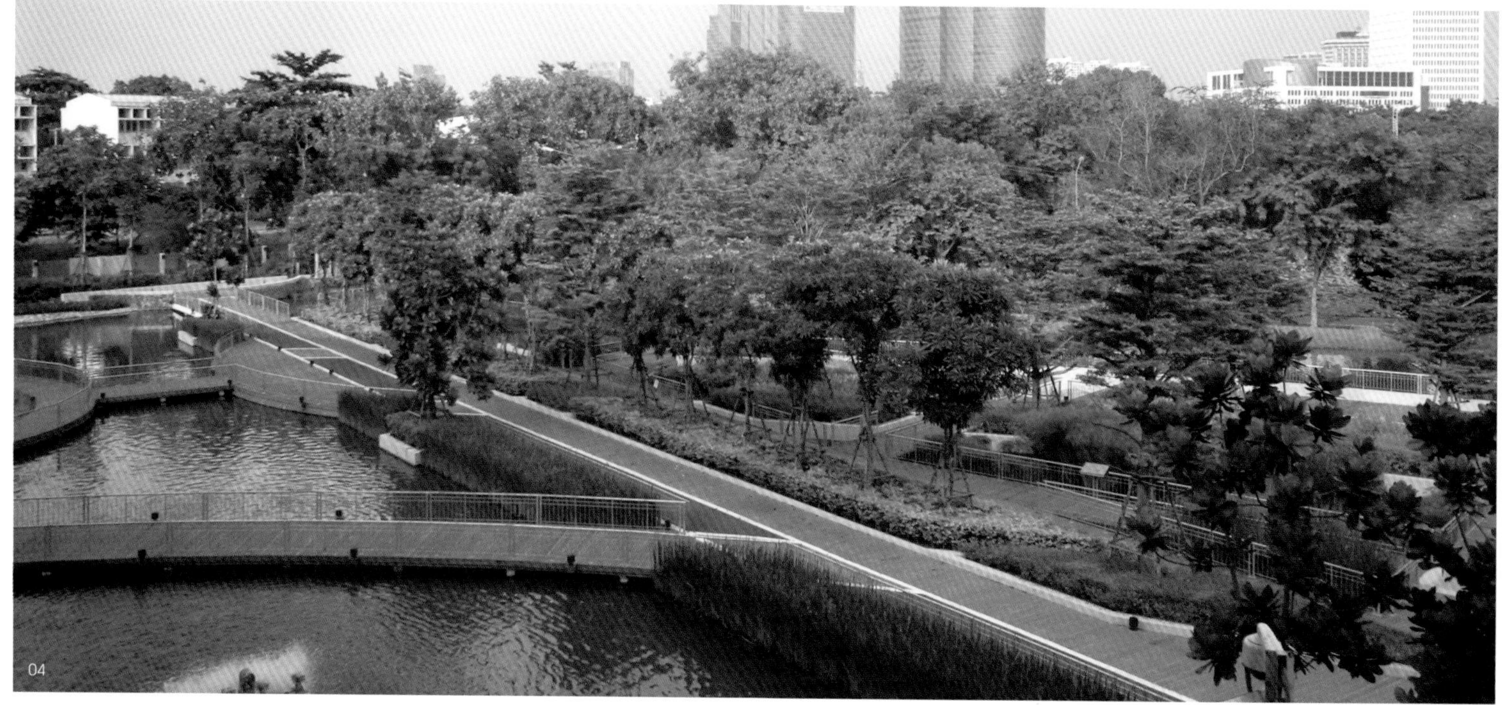

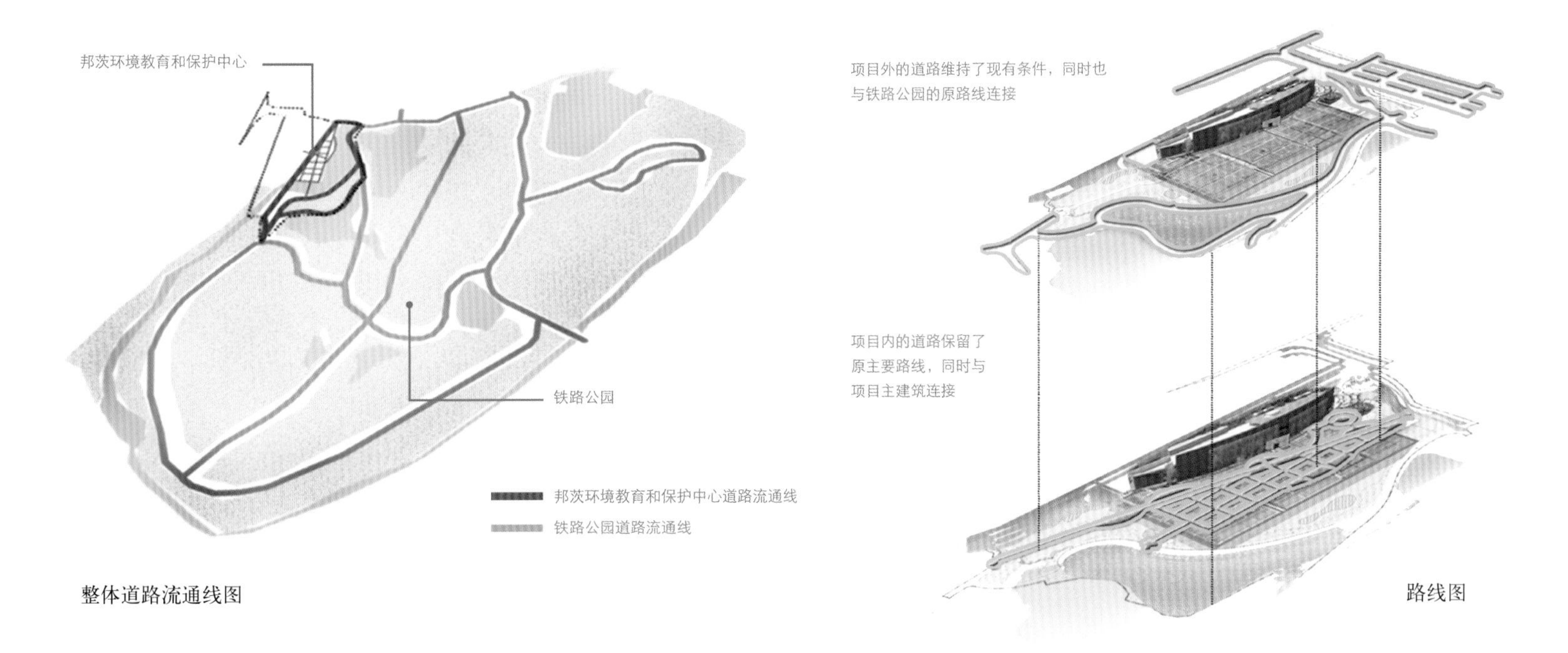
邦茨环境教育和保护中心
铁路公园
邦茨环境教育和保护中心道路流通线
铁路公园道路流通线
项目外的道路维持了现有条件，同时也
与铁路公园的原路线连接
项目内的道路保留了
原主要路线，同时与
项目主建筑连接

整体道路流通线图

路线图

03| 100 米长的带状瀑布
04| 红树林苹果树
05| 栈道

05

全景图

① 格子结构
② 展览馆的主入口
③ 幕墙瀑布
④ 皇家倡议项目的水生植物
⑤ 水生植物群
⑥ 多功能休闲平台
⑦ 连接水生植物学习区和原红树林苹果树的木桥
⑧ 连接水生植物学习区和主公园的桥梁

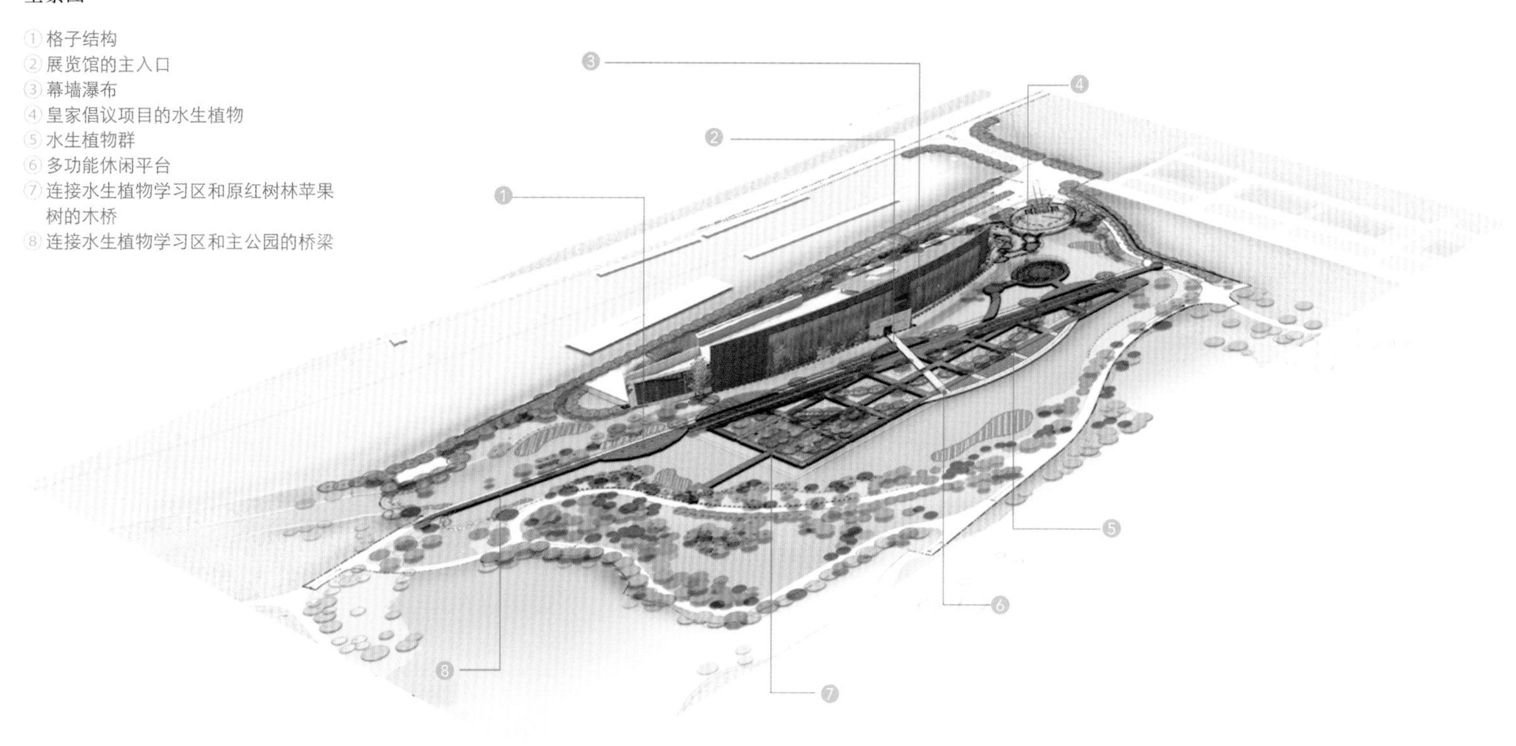

06| 水上平台
07–10| 自行车道和步道

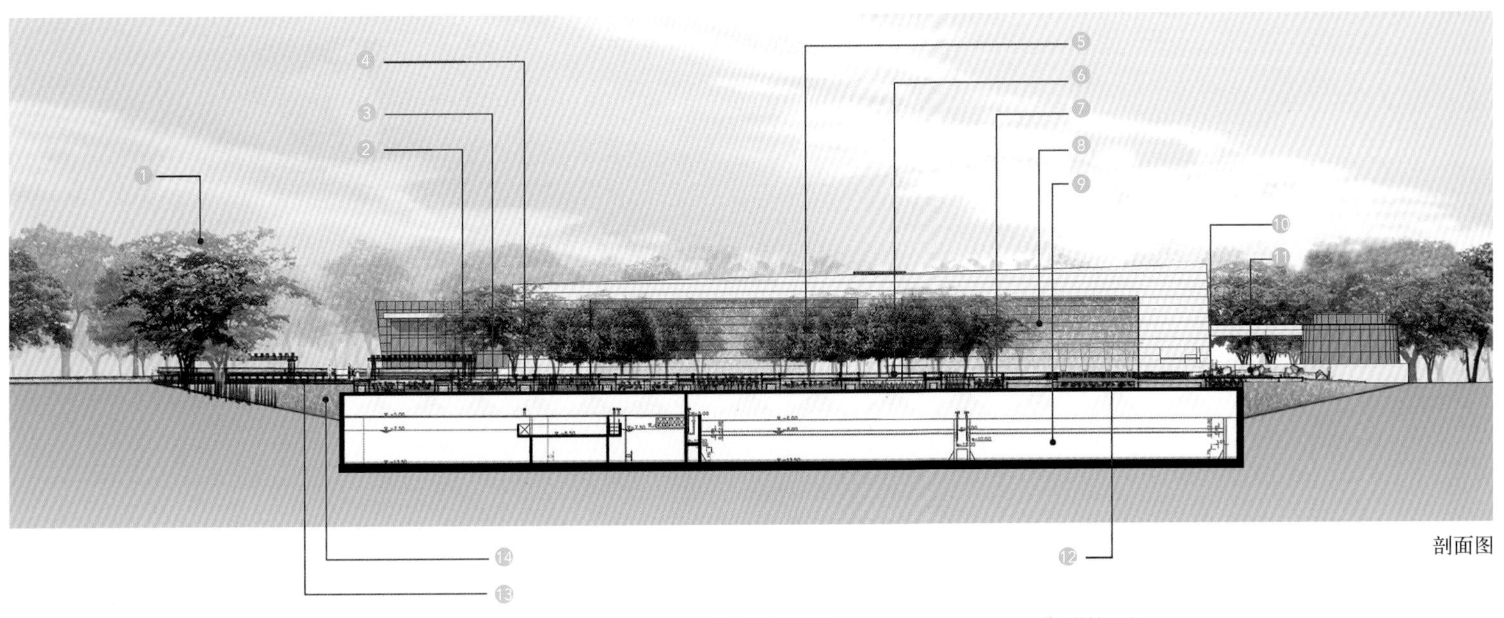

剖面图

① 原生植物群
② 格子结构
③ 水生植物展览区
④ 带防护栏的主路线
⑤ 主要植物展览区
⑥ 展览馆主入口
⑦ 水生植物展览区
⑧ 幕墙瀑布
⑨ 废水处理厂
⑩ 步道和自行车道
⑪ 装饰瀑布
⑫ 皇家倡议项目的水生植物
⑬ 连接主步道和自行车道的桥梁
⑭ 原池塘

01

卡希蒂特兰码头

项目地点 | 墨西哥，哈利斯科
项目面积 | 9,400 平方米
完成时间 | 2011
景观设计 | Agraz 建筑师事务所
摄影 | 米托·科瓦卢比亚斯
业主 | 特拉霍穆尔科市政府

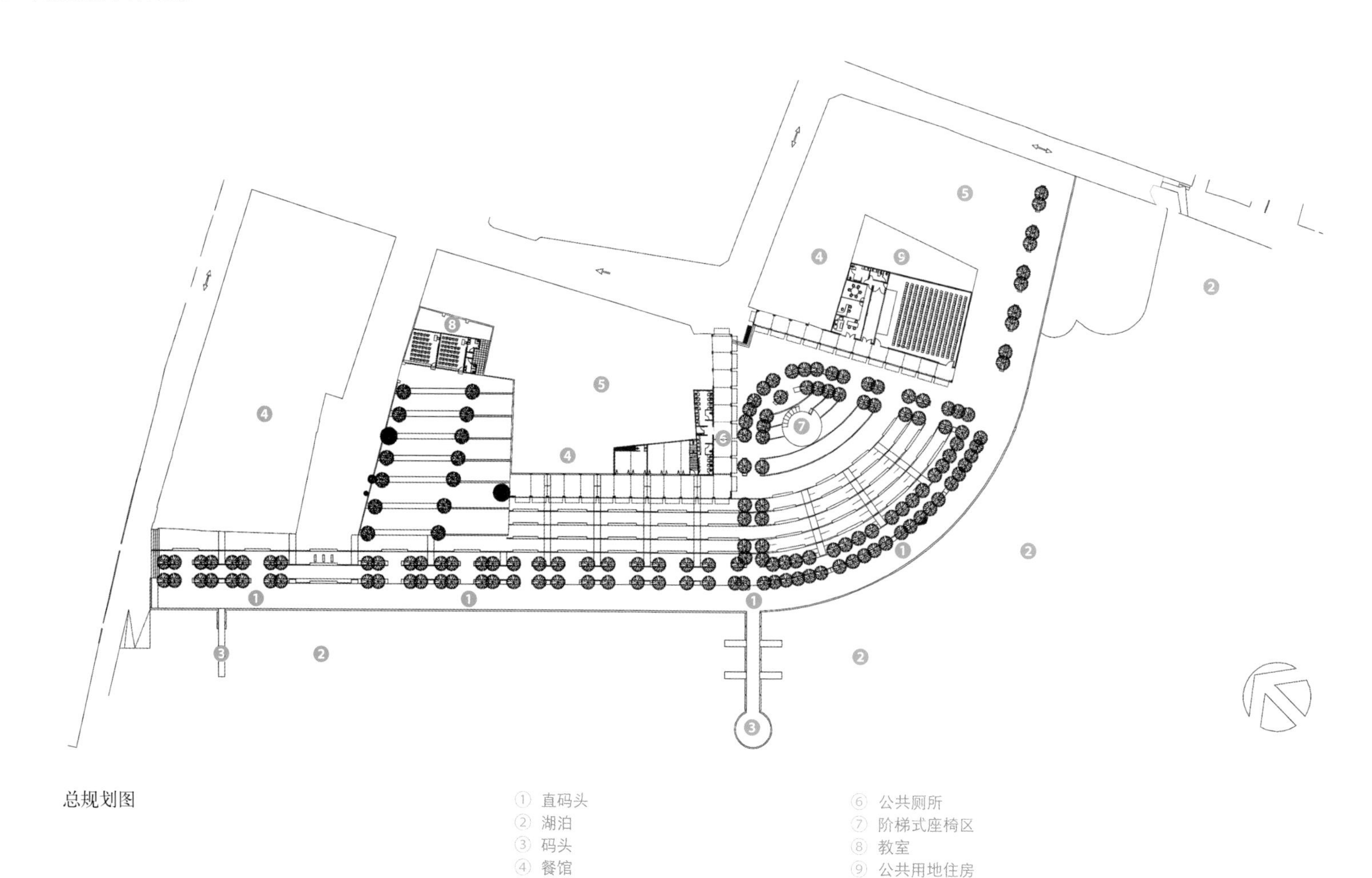

总规划图

① 直码头
② 湖泊
③ 码头
④ 餐馆
⑤ 私人地产
⑥ 公共厕所
⑦ 阶梯式座椅区
⑧ 教室
⑨ 公共用地住房

卡希蒂特兰是特拉霍穆尔科的一个小镇，位于卡希蒂特兰湖畔。它是驾船和滑冰运动的胜地，也是观看主显节年度庆典的场所。每年主显节期间，成千上万的人们都会聚集于此以观看1月26日“三贤士”沿湖漫步的场景。

本项目在翻新这类城市空间时遇到多方面的挑战。原因在于这类城市空间所涉及的公共用地产权问题。因为项目靠近泻湖，所以第一个目标便是作为滨湖步道的码头，两边栽种当地常见的垂柳。第二个目标是修建一条通向休闲区的步道，并为人们提供一处在柳树荫凉下休息和放松的场所。此外，第三个目标是保留靠近码头的私有建筑区，以兴建美食街。

因为受限于该广场的规模，故项目需要采用嵌入式城市设施和设备。这也是修建了一系列渔民和游客用码头的原因。这些码头通向木结构灯塔。广场上还有一个观景台，那里能够举行音乐、戏剧和舞蹈表演以及大量的展示活动，甚至能让这个地方变成一个室外博物馆。

卡希蒂特兰码头项目重建了一个多功能休息区，为举办各种文化或社交活动、集会或会议提供了便利。所用材料是按照耐用性和相关性标准选择的。钢筋混凝土和嵌入式火山石及当地砖被用于提高耐受力和场地匹配度。最后，三根砖砌柱耸立在主车道上方，成了现代性的标志。它们像三股砖砌的气流，清楚地象征着卡希蒂特兰的“三贤士”。该项目创造了一个公共空间，以全新的面貌和清新的氛围强调当地传统。

01 | 卡希蒂特兰码头鸟瞰图
02 | 餐馆区

03| 从大门看到的阶梯式座椅区
04| 散步道
05| 代表“三贤士”的砖柱
06| 餐馆区
07| 游客码头和灯塔

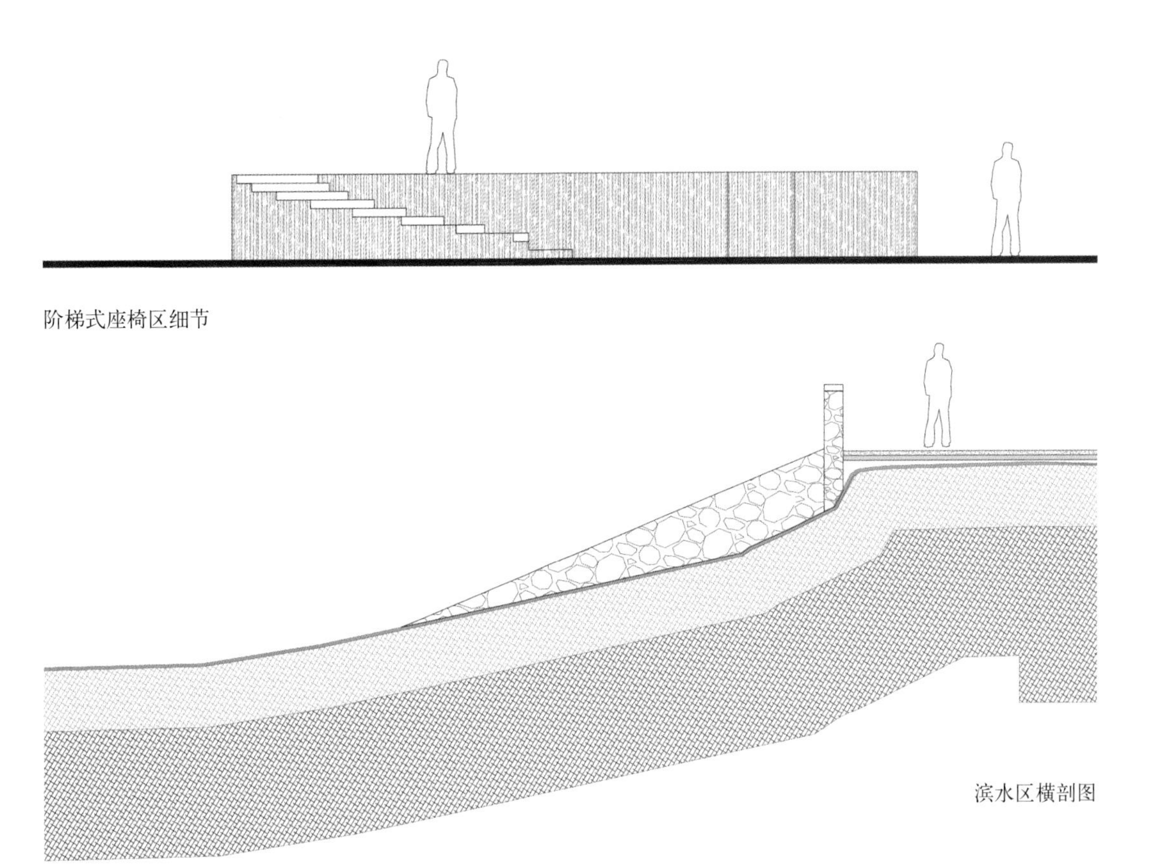

阶梯式座椅区细节

滨水区横剖图

07

08

09

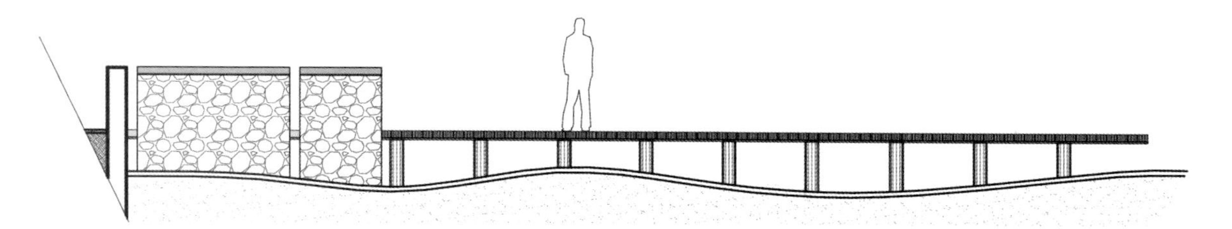

码头细节图

10

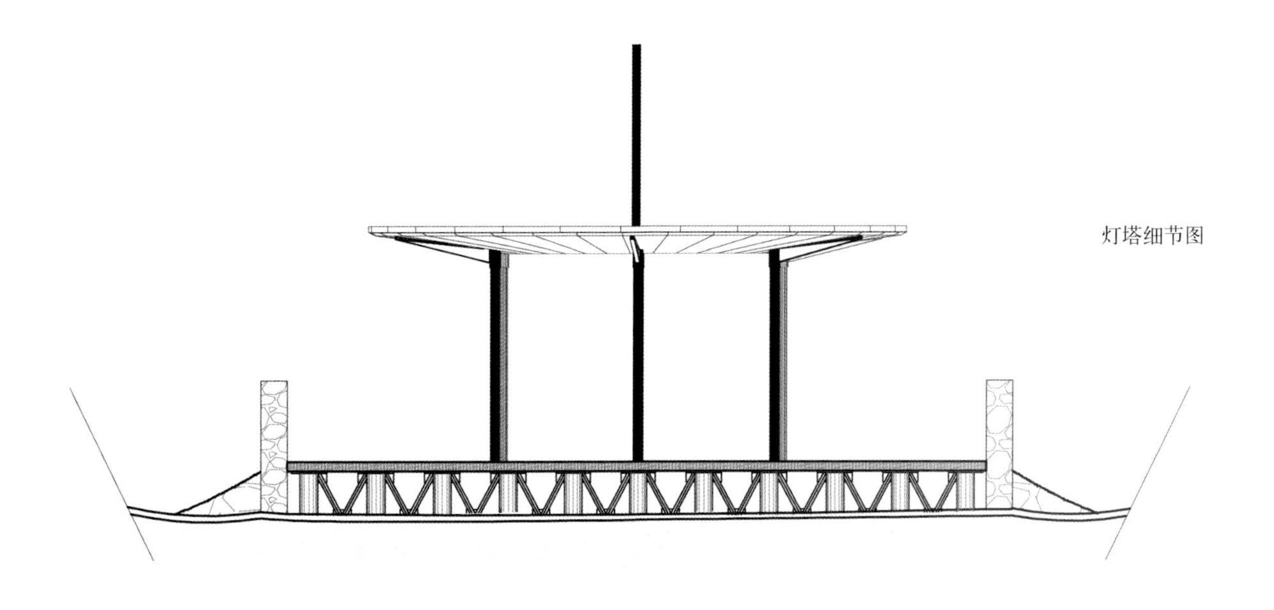
灯塔细节图

08| 码头
09| 灯塔
10| 从卡希蒂特兰湖看到的风景
11–12| 灯塔的不同视角

01

库克斯科马蒂特兰港口

项目地点 | 墨西哥，特拉霍穆尔科
项目面积 | 3330 平方米
完成时间 | 2014
景观设计 | Agraz 建筑师事务所
摄影 | 米托·科瓦卢比亚斯
业主 | 特拉霍穆尔科市政府

库克斯科马蒂特兰小镇坐落于墨西哥哈利斯科州的特拉霍穆尔科。小镇位于卡希蒂特兰湖畔，是该地区最古老的定居点之一，拥有 1751 座修道院建筑以及 1750 座教堂。这里没有通向湖泊的城市通道，该项目正好弥补这一缺点。这同时意味着，在城市和湖泊之间创建一个公共空间，能够让城市和水域以最好的方式衔接。此外，该项目还能达到另一个目的——为在库克斯科马蒂特兰码头和正对面的卡希蒂特兰码头之间穿梭的船只和渡轮提供了出发地和目的地。

该项目的核心设计是一个公共广场、一条栈道以及一个格子棚架。格子棚架为那些想要坐下来多停留一会儿的游客提供了一处荫凉。棚架固定在一系列与教堂扶壁相同的石材扶壁上，像一堵树墙。

所有材质的选用都要遵循与卡希蒂特兰港口相匹配的原则，因为它们共处于同一水域和城市区域，但是另一方面，设计公司也期望其具备自身的独特性。这就解释了石头墙所采用的两种不同材质。石头墙的边缘使用了火山石修砌，而墙里则由艾德里安·格雷罗设计师推荐的岩石球堆建。

这种几何形状的选择构思源自于当地早期建筑的展现形式。当地寺庙的墙石和窗户上均雕刻着这种几何形状。而且设计师还发现了利用岩石球之间空隙的好方法，即每个球体的空隙都有用途。特拉霍穆尔科发现的大量史前的瓶瓶罐罐也出现了类似的空隙。因此，这些采矿场的岩石球是铺设广场的极佳选择。设计师用半块、四分之三块或几近完整的岩石球铺设在广场的地面上，充满了趣味性。建筑、自然和艺术的完美结合不仅仅使库克斯科马蒂特兰可以面朝湖水，更为当地居民创设了一个享受生活、休闲娱乐的场所。

总规划图

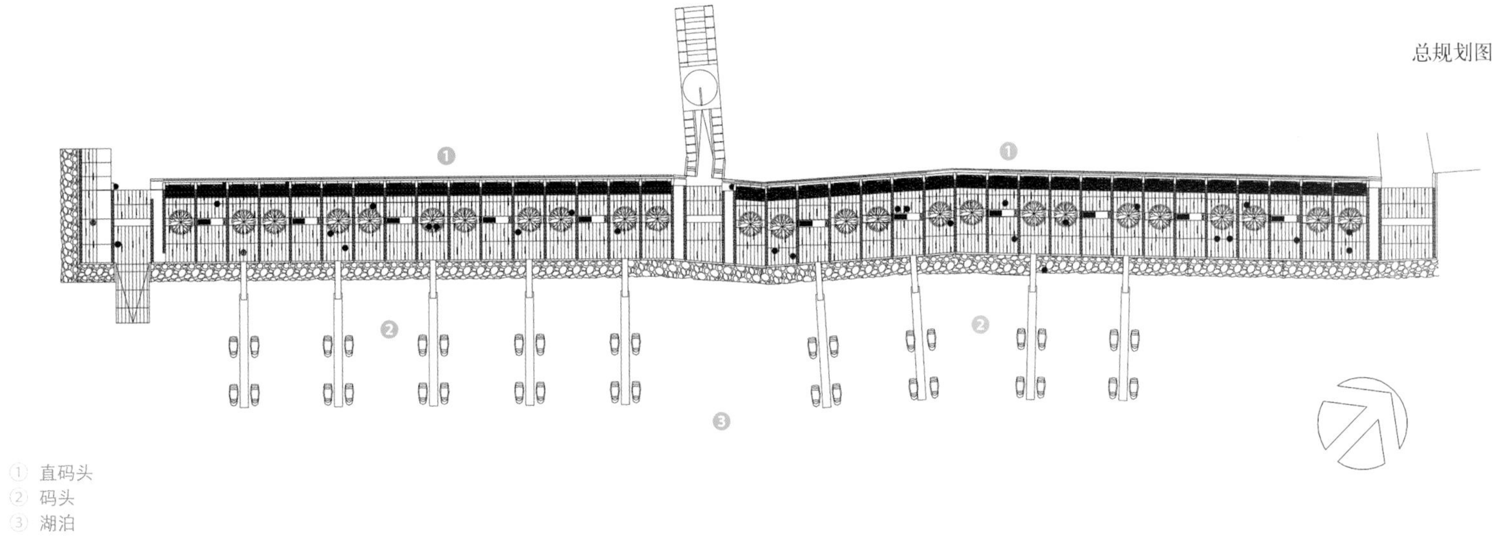

① 直码头
② 码头
③ 湖泊

01| 滨水区和游客码头
02| 石柱支撑的格子结构
03| 公共广场

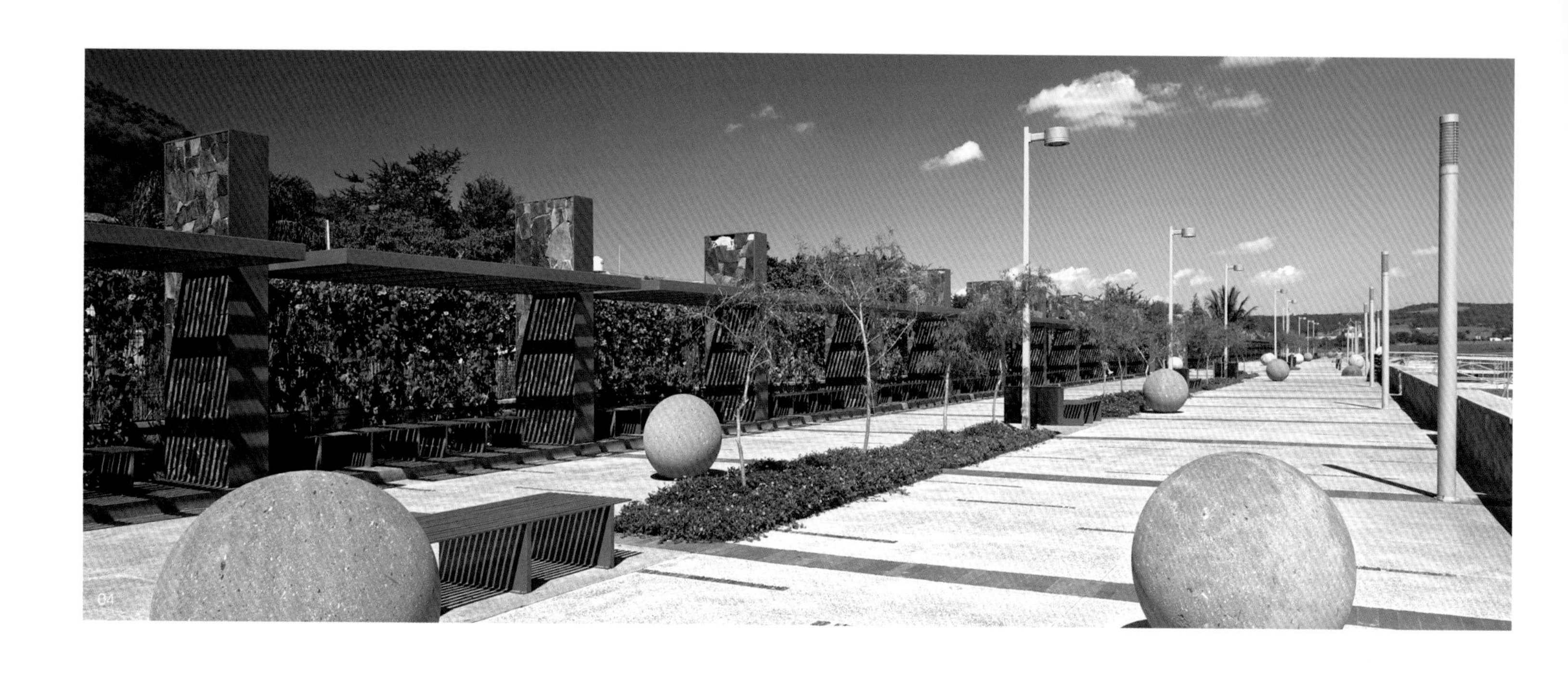
04

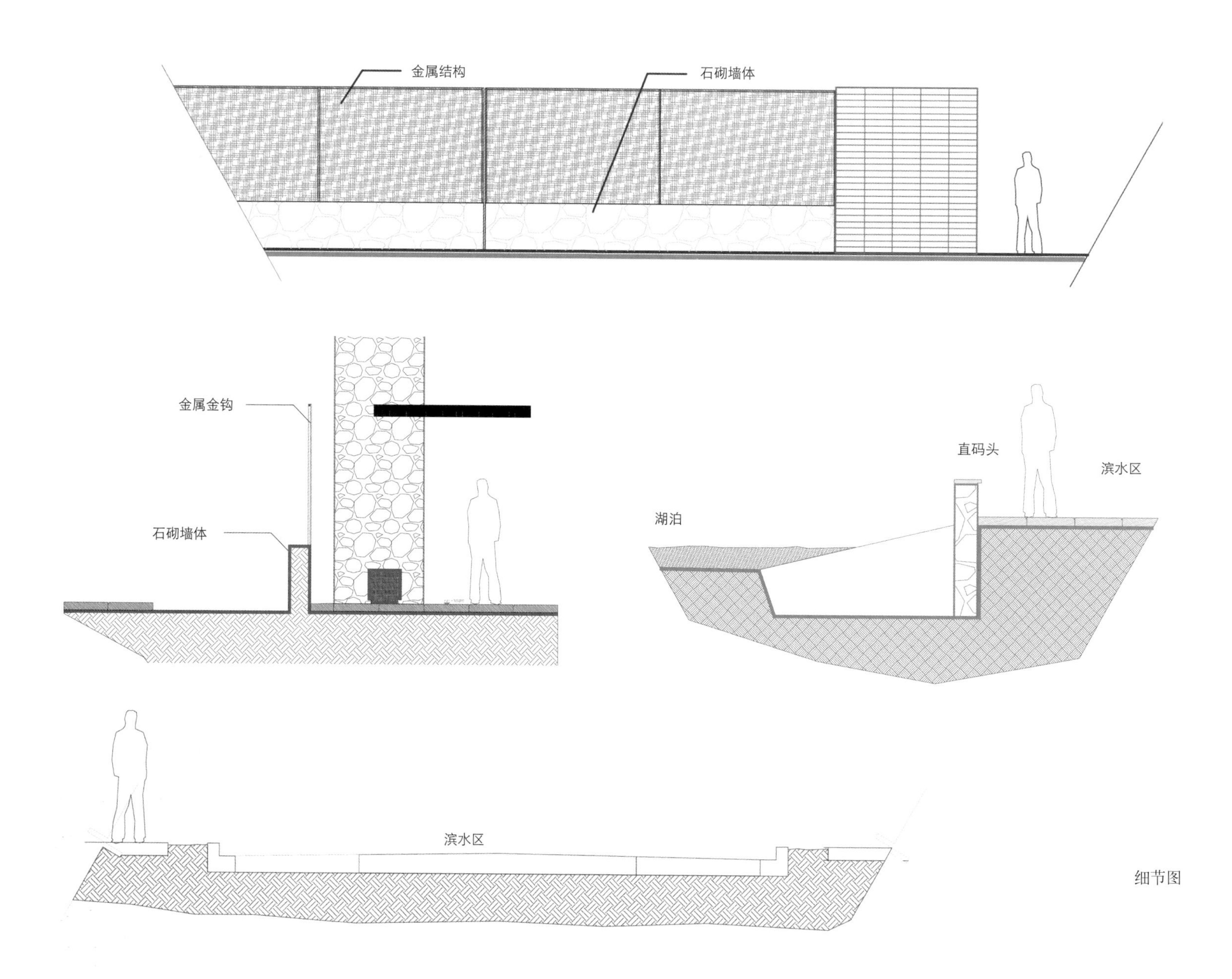
金属结构
石砌墙体
金属金钩
石砌墙体
直码头
滨水区
湖泊
滨水区

细节图

05

06

04| 滨水散步道
05| 格子结构为人们提供阴凉
06| 散步道也提供骑行空间
07| 造型艺术家艾德里安·格雷罗设计的
一系列球状结构

07

08

09

10

08| 人们正在利用库克斯科马蒂特兰码头
09| 格子结构的细节
10| 带格子结构的休息区的全景图
11| 游客码头
12| 从库克斯科马蒂特兰码头看到的景色

11

12

01

艾尔河改造工程

项目地点 | 瑞士，日内瓦
项目面积 | 50 公顷
完成时间 | 2016
景观设计 | Superpositions 团队（Georges Descombes 事务所、Architect Atelier Descombes Rampini 事务所、B+C Hydraulic 水力工程公司、ZS 结构工程公司、Biotec 生物科技公司）
摄影 | 杰克斯·伯特特、法比奥·希罗尼、Superpositions 公司
业主 | 日内瓦市政府

位于日内瓦南部的艾尔河流经历史悠久的农耕地带。从 19 世纪晚期起，这条河流逐步被改为运河用以防洪。2001 年，日内瓦州举办了一场设计竞赛，旨在拆除运河，重塑艾尔河自然的原始风貌。设计师们提出以艾尔河清晰的河道路线为主线，结合河道两边广阔的平行空间。该项目试图将紧迫的生态迁移纳入一种更宏观的文化变更中。

设计通过复杂的组织将新的河流空间和之前运河中的一系列花园联系在一起，使整个设计成为一个线性的花园。在整个流域原有的山丘形态和人为改造中这条狭长的河畔花园组织着这些场面视野、冲突、材料等元素，旨在为脆弱而珍贵的土地导入问题、思考和希望。通过"令人惊叹"的并行结构来吸引关注，并加强情感链接。在新的场景中保留旧的痕迹，创造了一种复杂的暂时性，既遥远，又近在眼前。

这种"露天实验室"的特性在新河床的设计上展露无遗。设计师们认识到设计固定的河床是无用的，而且清楚地了解到河流喜欢自由地设计自身。因此，他们大胆地提出了一种"启动模式"，一个处理水流和预造地形的"初始过程"。这种菱形布局以渗透性原则以及散逸形状为基础，为水流建立了一个复杂的、没有确定渠道的网络。这些渠道是沿着整个新河床挖掘而成的——首先移除腐殖质层，然后挖掘出整条路线，以确保对河流纵剖面的精确控制。这些菱形小岛的大小是根据原河流的蜿蜒路线确定的，以承载原河流的流量。

改造后的结果非常壮观，暗合了大地艺术家的创作概念：使明显的人为干预转化为一个自然的情况，然后留给大自然慢慢去雕琢。在新河道空间启用一年后，现场的改变远远超出了设计师的想象——河流的流淌使得多样化的材料、砾石和砂自然散置。

01| 水渠和河流的鸟瞰图
02| 菱形图案

随着时间的推移，菱形的集合矩阵被显著的优化了，创造了极其多样的河流地貌。

对河流自然的演化过程进行监控，在现今变成了设计团队的一项主要任务。他们利用最先进的技术工具观察、测量并处理这个大型实验室——河床——正在发生的所有变化。所得出的第一个结论是，建筑师必须承认这一悖论——人为规划越明确河流的发展网格，河流就越能自由地做出设计。

施工平面图

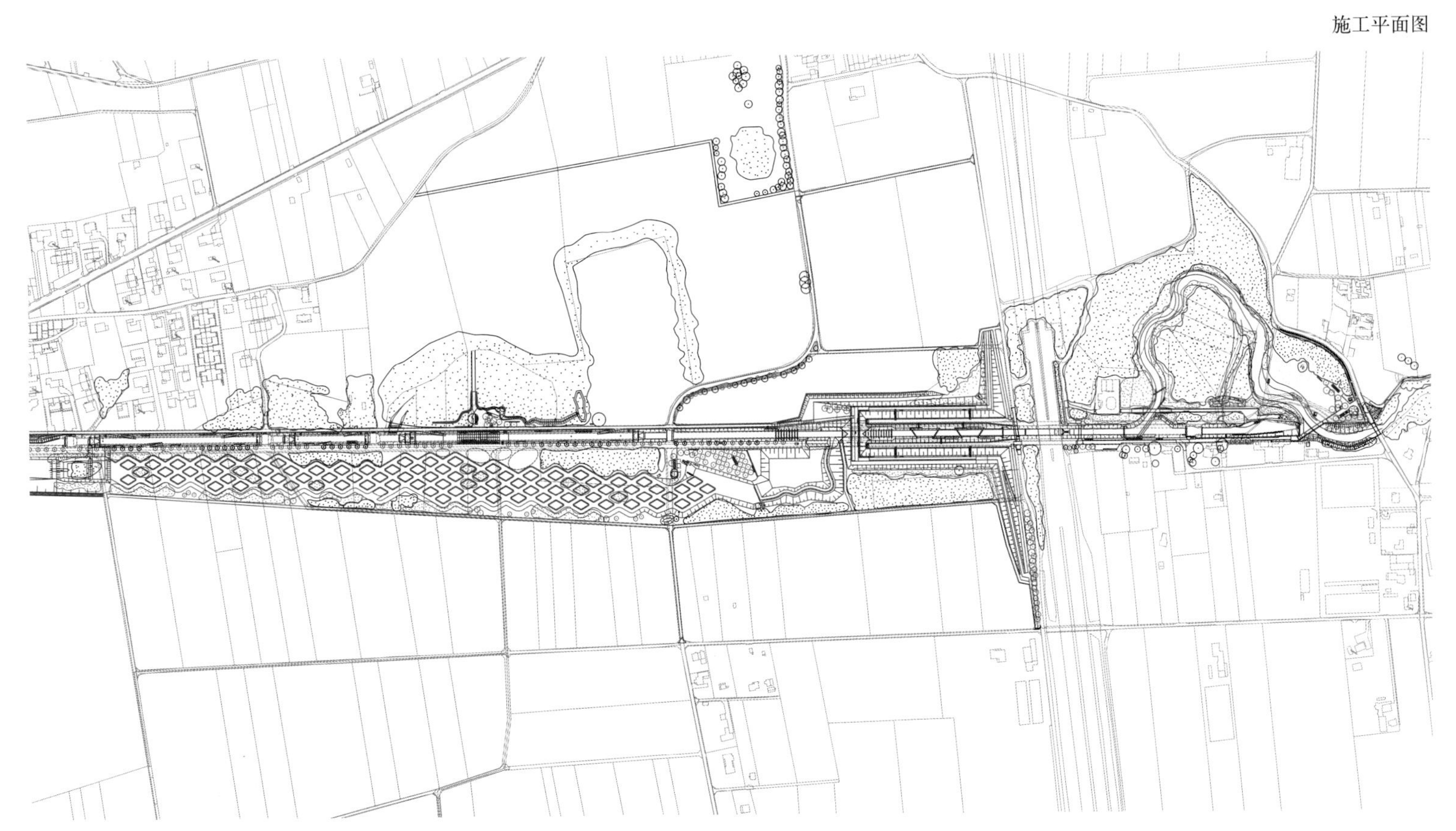

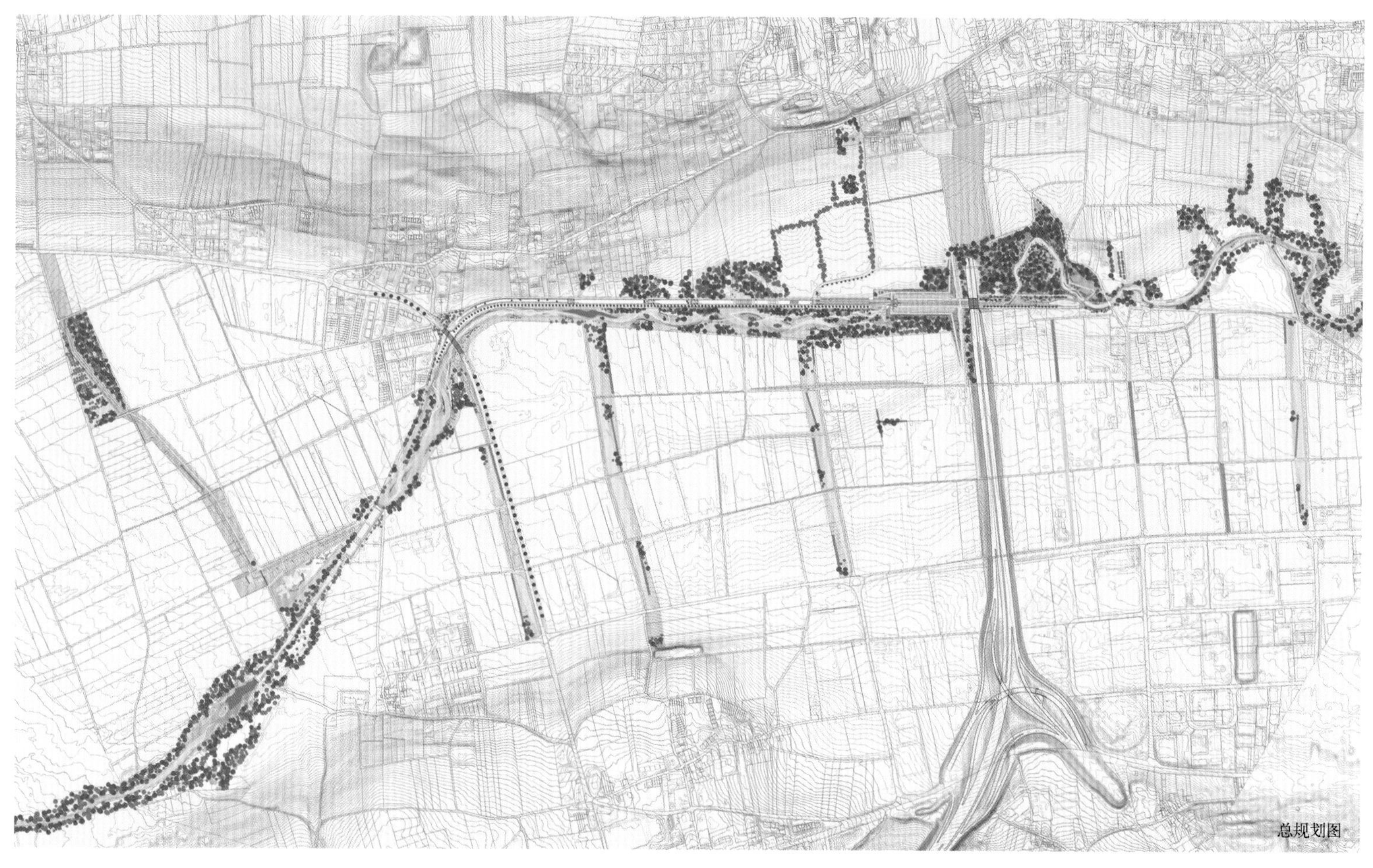
总规划图

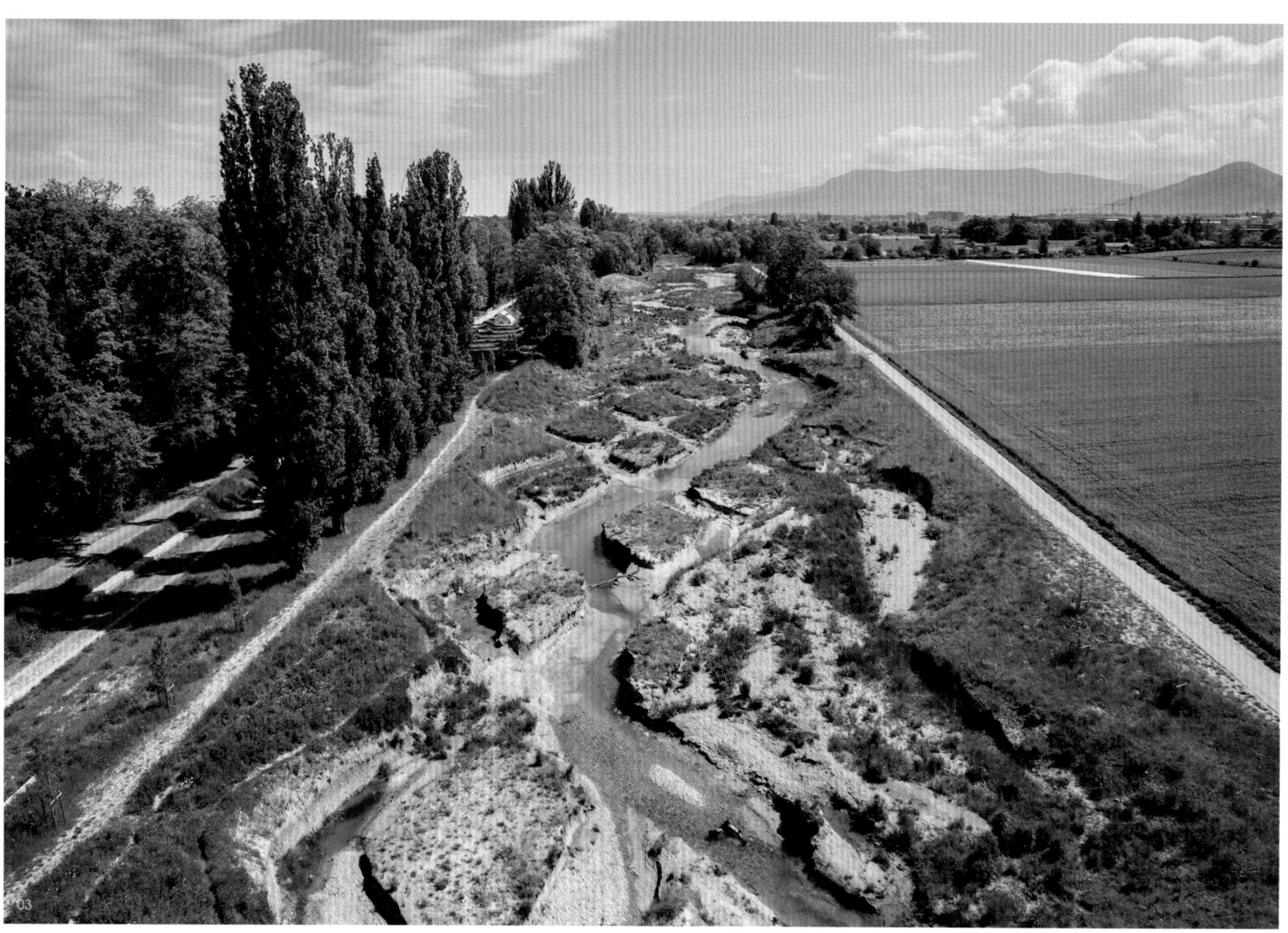
03

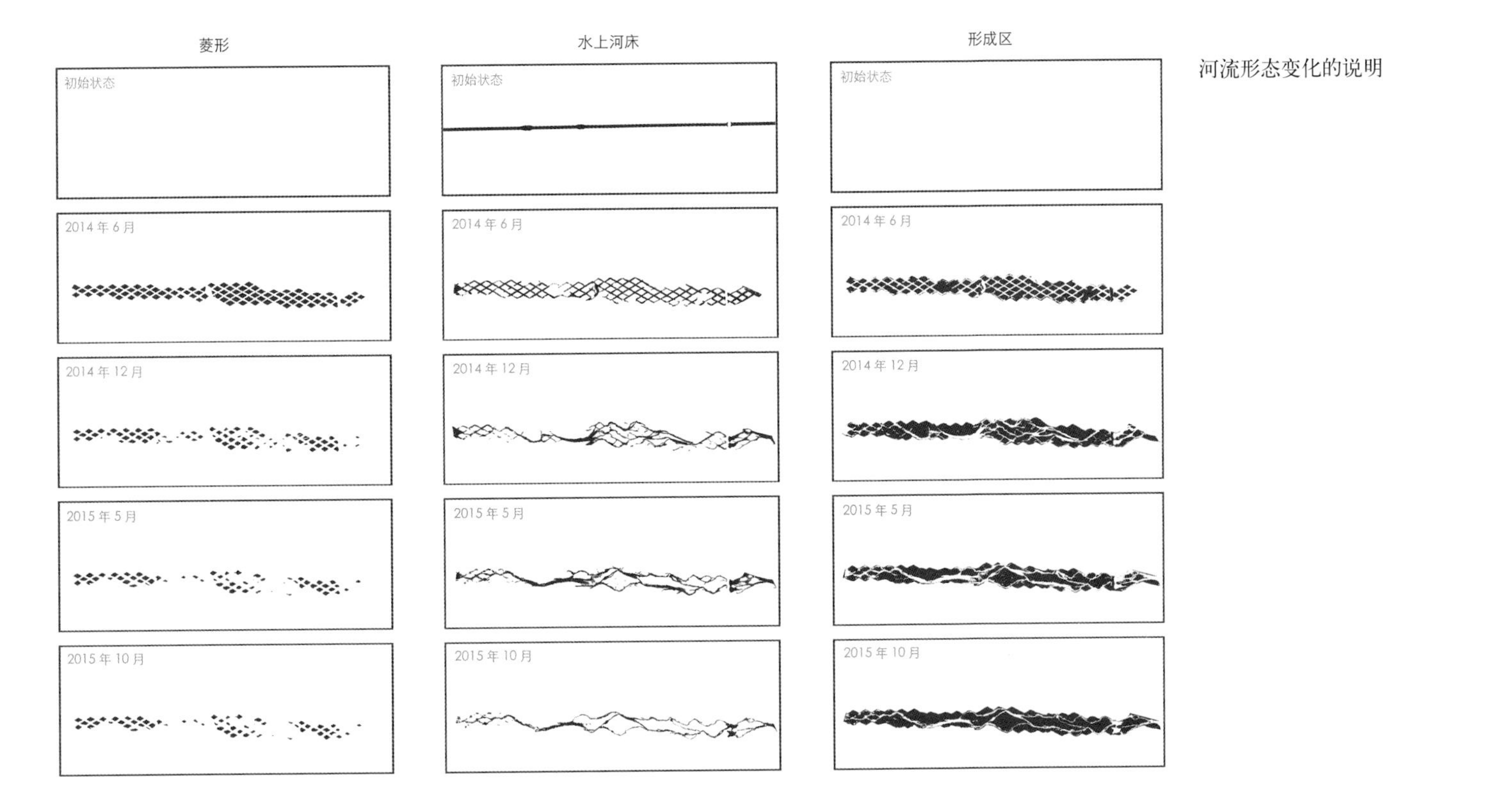

河流形态变化的说明

03 | 河床的变化

04 | 河流内的情形

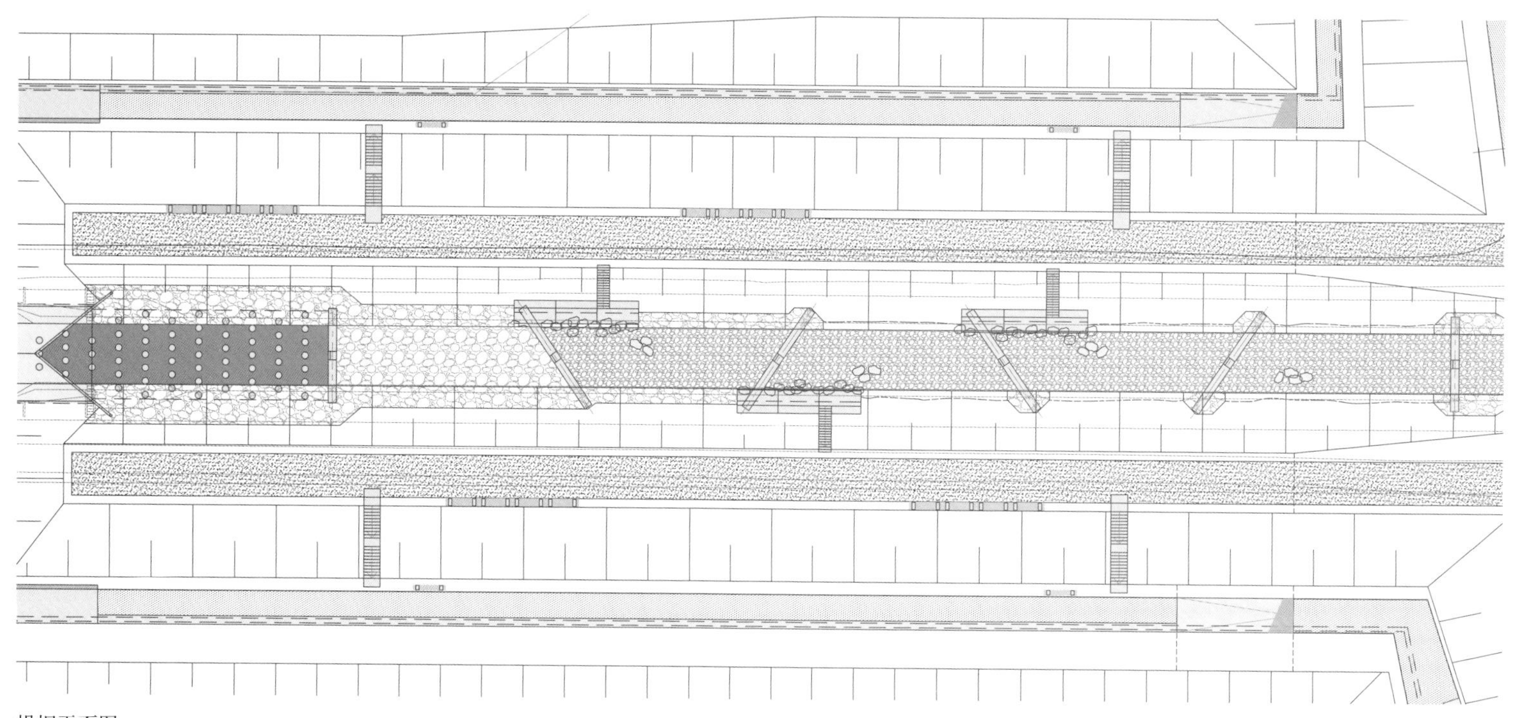

堤坝平面图

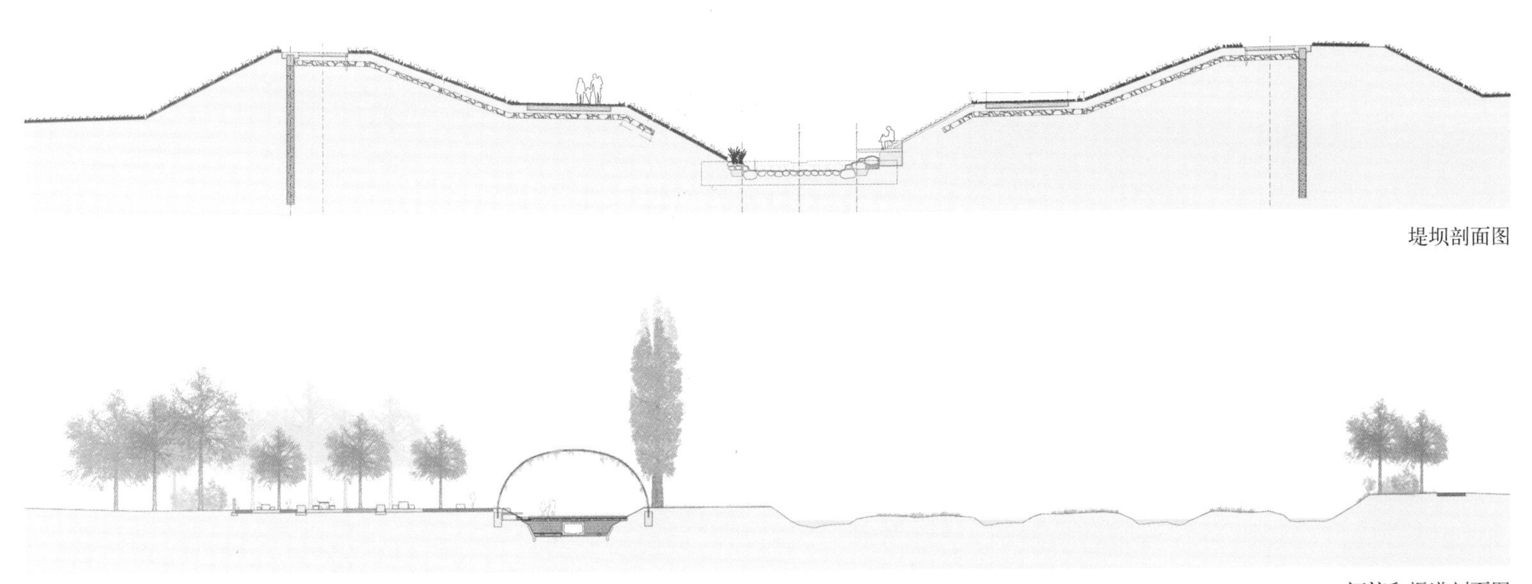

堤坝剖面图

河流和渠道剖面图

05| 改建后的水道鸟瞰图
06–07| 改建后的水道——水上花园
08| 水道变成了一个线型花园和一条散步道

08

01

钻石蒂格公园

项目地点 | 美国，华盛顿
项目面积 | 4500 平方米
完成时间 | 2011
景观设计 | Landscape 建设有限责任公司
摄影 | 艾伦·拉斯、M.V. 詹岑
业主 | 安那卡斯提亚滨水区公司、哥伦比亚特区政府

钻石蒂格公园位于华盛顿特区安那卡斯提亚河河畔。该项目解决了城市面临的所有重要问题：环境恶化和改造、持续的社会经济不平等、后工业再开发，以及丰富感官世界的需求。伴随着公园的建设进程，设计概念逐步地的展现出一个清晰而质朴的想法：蒂格公园是过去十年里华盛顿文艺复兴的象征。

钻石蒂格公园的位置很独特——位于华盛顿特区城区的安那卡斯提亚河的最后一段无防洪堤河岸。随着地球资源保护组织（ECC）的出现，该地成为了理想的环境教育地点。在这里，政府不但可以实施对河流健康状态的监控，还可以同时观测 0.91 米的潮汐情况。因此，该项目将成为安那卡斯提亚河滨河步道一条重要的缺失路段，与其他几条慢行道相连接。公园还是一项重要的新设施，为从各方面开发河流做好了准备。此外，它将安那卡斯提亚河与隔街相对的新国民棒球体育场连接起来，从而为成千上万的人们探索和享受滨河区带来了机会。

尽管该场地位置较小，但规划却很宏伟和复杂——从环境、社会和经济方面全面诠释了可持续的概念。公园动静结合，不但是临湖细语的静谧之所，也是成千上万的居民和棒球迷们的活动空间。码头需要重建和扩建，以便为活动期间来来往往的各类船只提供更多的泊位。扩建工程要考虑商业快艇的运作，而皮艇、独木舟和其他私人船舶也需要有自己的专用码头。此外，项目还需要修建通向棒球场的连接通道，并在公园的北部边缘留出未来发展的空间。设计团队决定以场地最具争议和积极性的问题作为项目的开端——游览公园的群众可以直接到达河岸。不过这里存在一个问题，由于潮汐的涨落、泛洪及其本身属于棕地的现状，项目场地并不稳定，

01 | 从附近道格拉斯桥看到的钻石蒂格公园和附近东南街区的全景图

还存在污染情况。河岸的行人流量本身就会损坏河流边缘，而且陆地步道还将受到洪水的侵蚀。然而，扭转这一困境的途径就是将散步道架高修建。

散步道约呈直线走向。设计师们决定从几个方面突出这种线型特征，以加强海岸线的轮廓。散步道的北边设置一排路灯，路灯的反射镜让人想起频繁出入现身公园的水禽。散步道采用两种材料：森林管理委员会认证的 IPE 木面板和铝格栅。两种材料之间的接缝指示散步道的路线。这种指向性还进一步体现在路边发光的轻脚轨和安装在格栅上的长凳上。为了不妨碍与安那卡斯提亚河的连接感，设计师们没有在散步道两边安装护栏。散步道的边缘只是简单的一条栏杆，在夜间还能将光亮散射到水面上。

由于河岸本身不适用于步行交通，因此，通向安那卡斯提亚河的通道是由铝材跳板构成的。跳板向下倾斜，与离岸的环保浮码头相连接。浮码头是公园进行环境教育的主要地点，也是独木舟和皮艇的保留停泊点，更是从西面欣赏海军码头和从东面观看安那卡斯提亚河和波托马克河的汇流点的最佳观景台。环保码头也像散步道一样安装了发光的轻脚轨。跳板在戴蒙德·蒂格公园二期项目中变成了横跨人造湿地公园的桥梁，把散步道与北面的新开发区连接起来。

公园的入口是一条混凝土通道。该通道跨越散步道后成了一座海上建筑——水上出租车码头。在该码头的西面，步道沿线像散步道一样也安装了铝格栅和长凳。码头采用安装在特别的斜杆上的舞台泛光灯照明。这些斜杆还用在相邻的其他特殊区域，显示了该区新的经济活动。水上出租车码头与几个新码头相连接，因此可用于停放那些棒球粉丝的水上出租车，也可为地区资源保护队的船只开展河流研究提供便利，还可用作警察和消防船的紧急通道。这些码头可通过跳板前往，而跳板的设计与散步道外的跳板类似。

钻石蒂格公园完美地诠释了一种简单、朴素、雅致的设计，以及如何使一个颇具挑战的现场满足各种功能的需求。它实现了一种极富多样性的规划，变成了一个受到广泛喜爱的滨河聚会点。

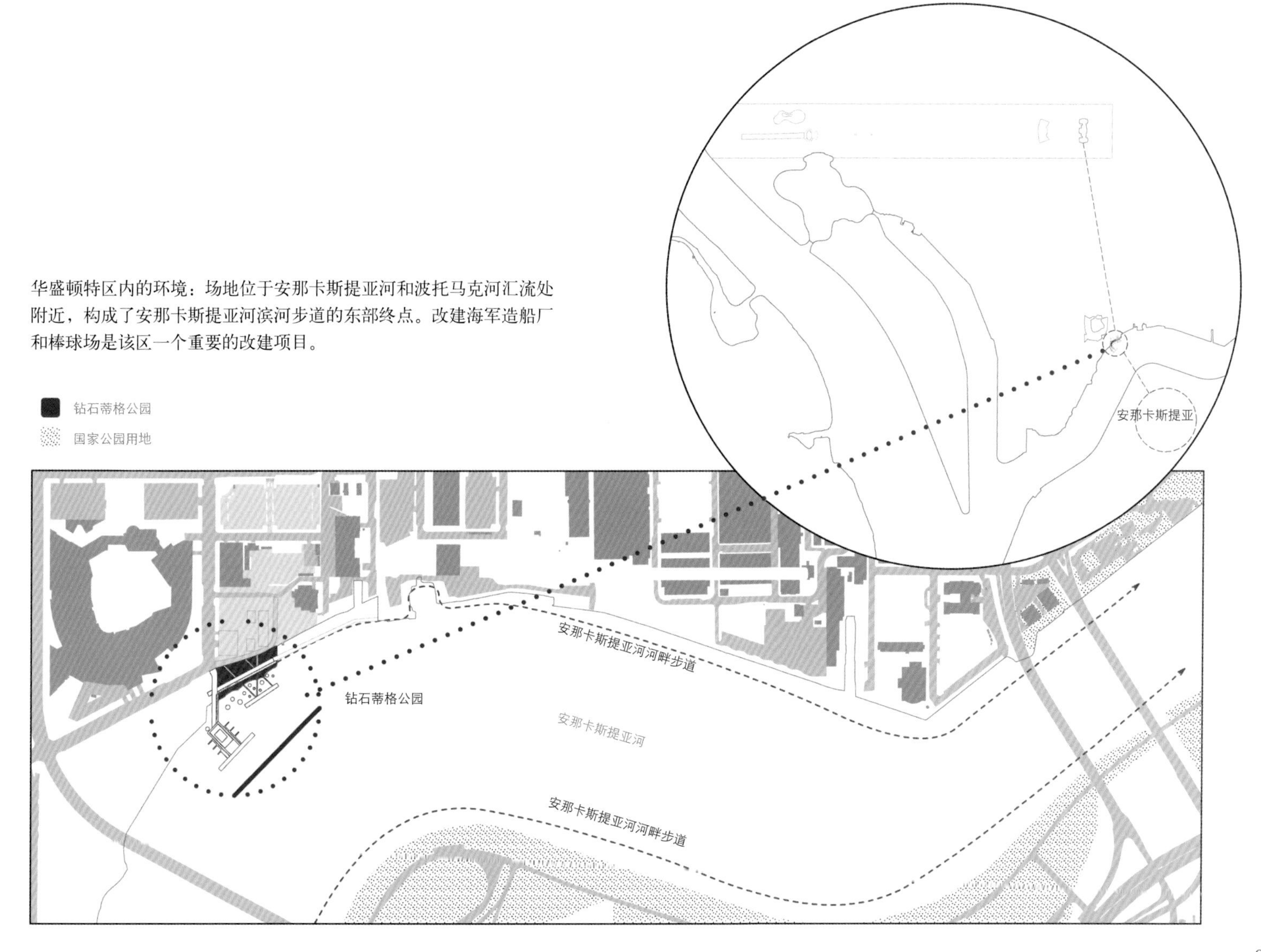

华盛顿特区内的环境：场地位于安那卡斯提亚河和波托马克河汇流处附近，构成了安那卡斯提亚河滨河步道的东部终点。改建海军造船厂和棒球场是该区一个重要的改建项目。

02 | 对角线舷梯的节律通过线性照明设施方案和灯光河面上的倒影得以加强

03 | 从公园中段开始，通向漂浮环保皮艇码头、地球资源保护组织总部和水上游艇码头的通道两旁是施工过程中得到保护的树木

场地环境

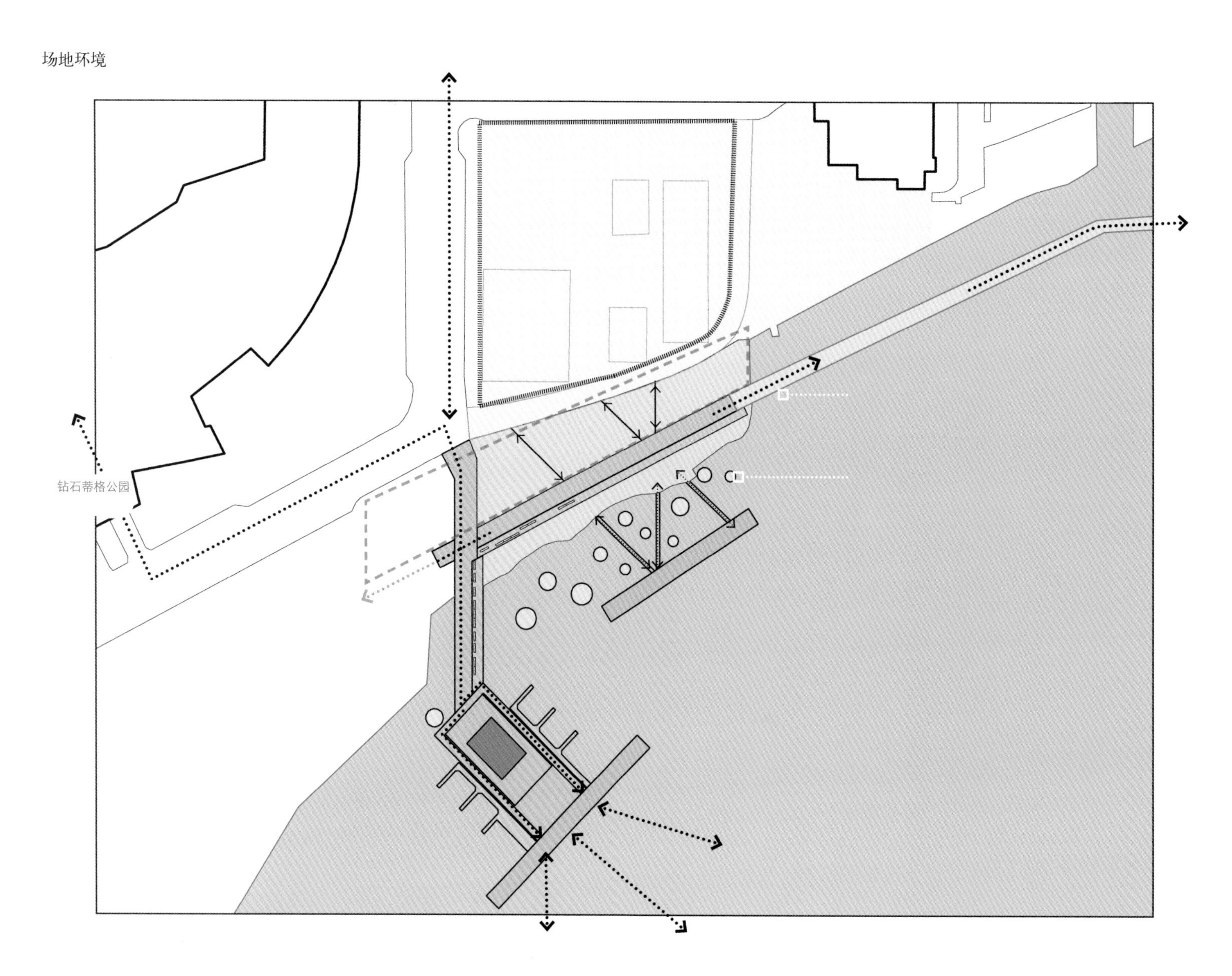

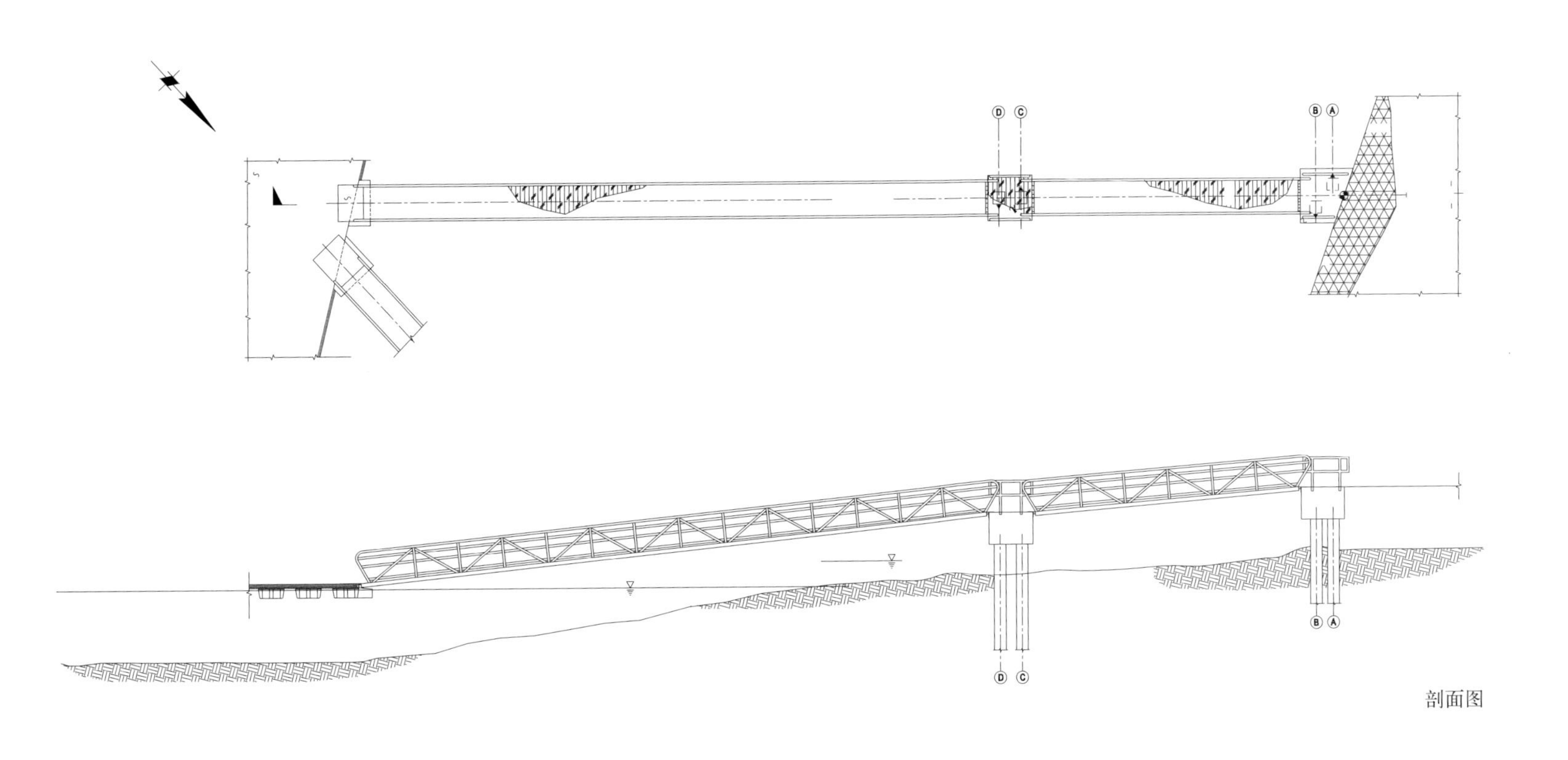

剖面图

03

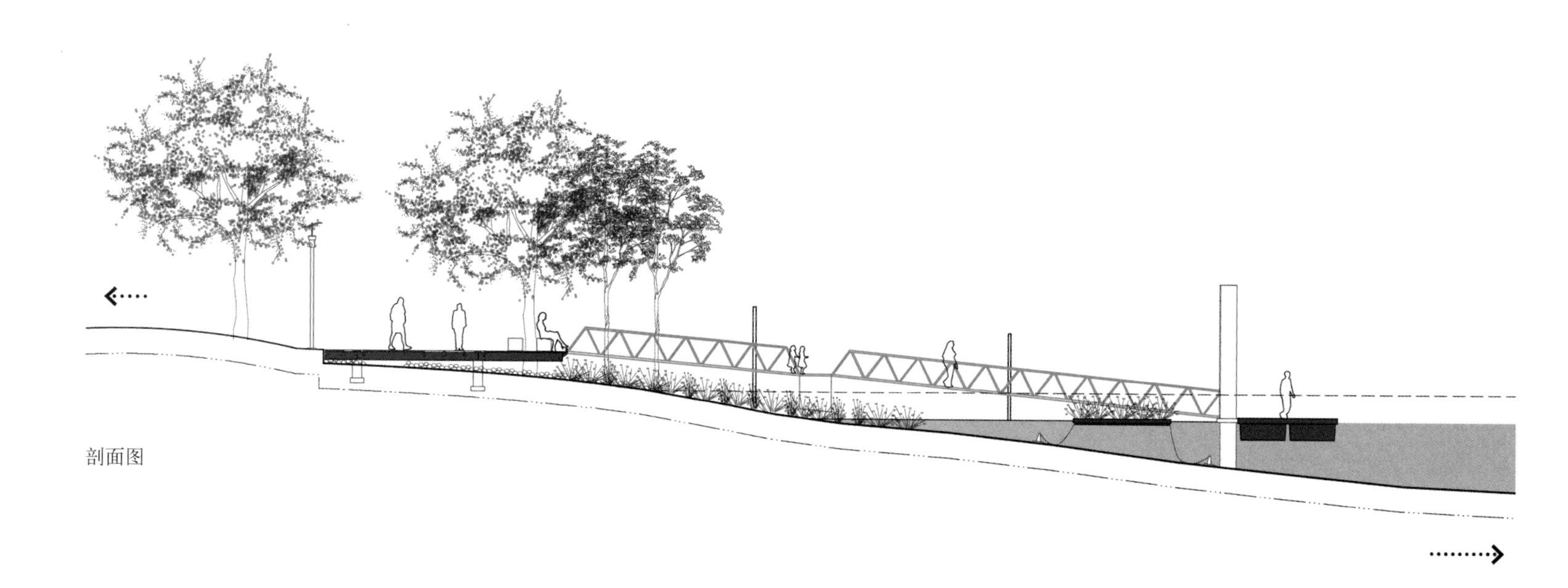

剖面图

04| 东边是仍在运行的华盛顿海军造船厂
05| 设计师设计了几块水上湿地，上面栽种了多种本土水生植物。植物四处蔓延的根系可以清理河水中各种污水带来的大肠型细菌

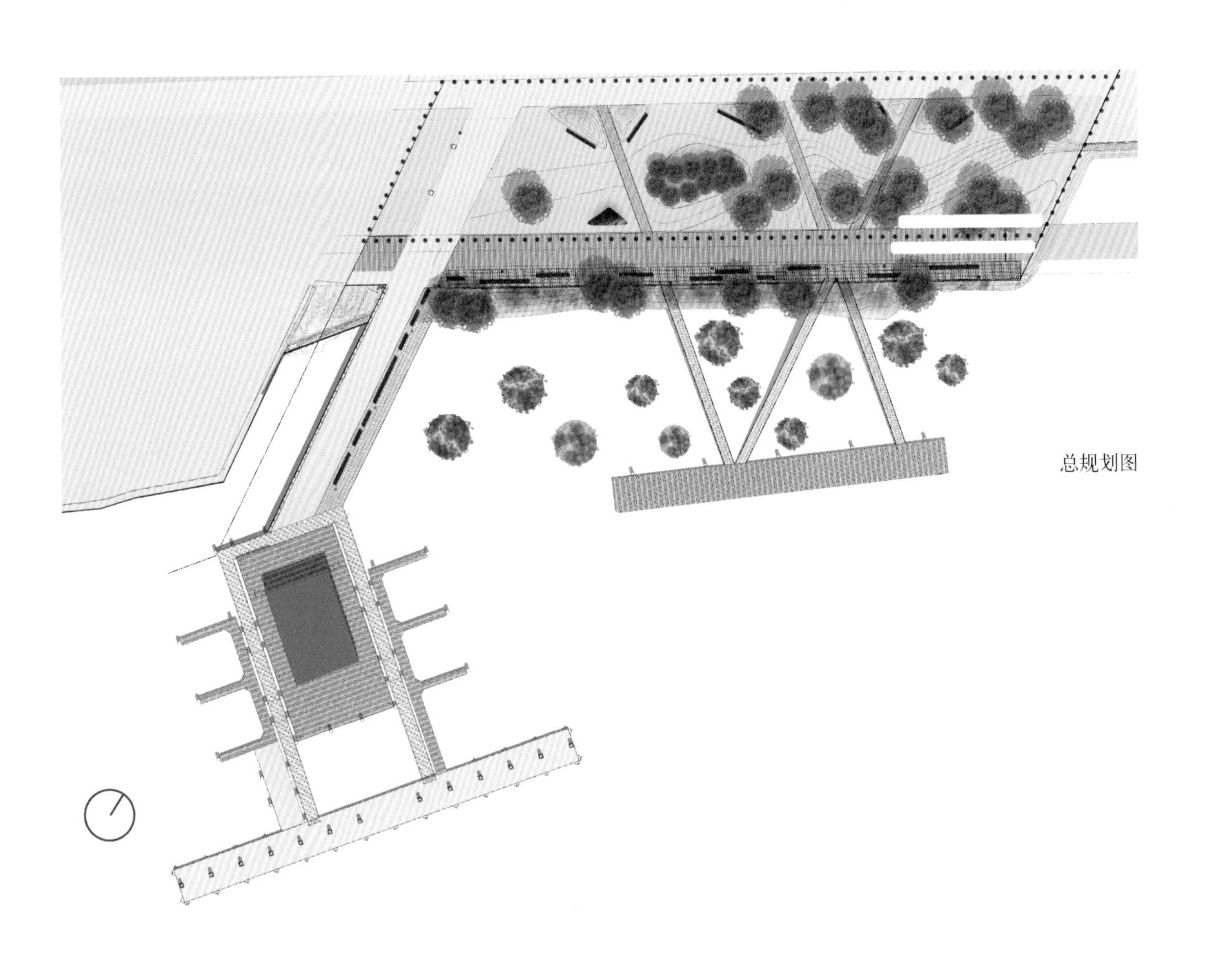

总规划图

05

东达北区和生态湖湖畔步道

项目地点 | 越南，平定省
项目面积 | 1500 平方米
完成时间 | 2014
景观设计 | MIA 设计工作室
摄影 | 大井友纪
业主 | Kim Cuc 投资和建设有限公司

01 | 东达生态湖的全貌
02 | 总规划图和各种视角
03 | 改建前的住宅楼
04 | 从绿色公园看向湖泊的景色

东达生态湖是归仁滨海城的一部分，与河口相连。东达生态湖在绿化和净化城市方面充当至关重要的角色，不负自然给予该城市的原始馈赠。

十年前，东达生态湖是暴风雨来临时庇护附近渔民船只的避风港。在该区，既有船坞，也有从相邻地区迁移过来的难民窟，这些结构不断侵吞着湖泊。难民窟目前的状态和直接流向湖泊的排污系统导致东达生态湖严重退化和污染，甚至更广泛地影响了施奈湖和整个归仁城周边地区的生态系统。这种影响反过来又对社区生活条件带来了消极影响，对空气、水生生物、水源和开展社区活动的开放空间产生了污染。因此，东达生态湖的改造迫在眉睫，同时对改善归仁市的生活区和环境也非常重要。

01

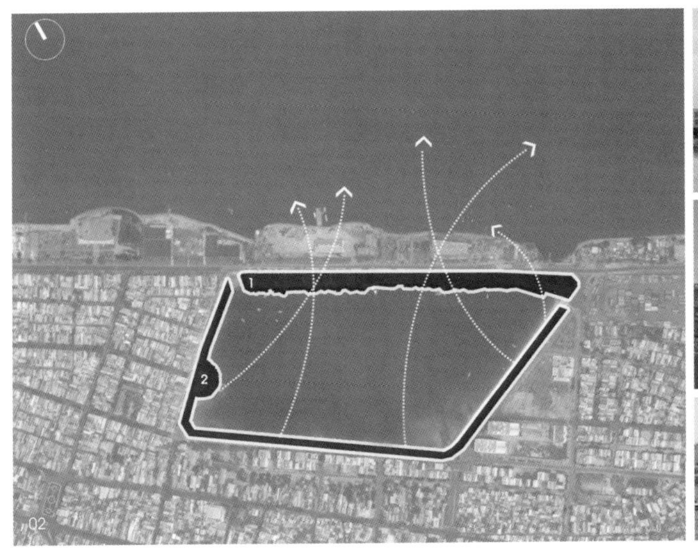

确定了这些目标，建筑师不仅需要着重改善生活环境，改造排污系统，同时还需认真考虑和选择设计方案，利用绿色植物在绿色城市空间和东达生态湖的水面之间创建一条连接。

为了防止贫民窟再生的影响，建筑师修建了一条新道路系统将居民区分离出去，以防止居民区未来对湖床的侵占，并为商业空间聚集更多的可用土地。排污系统经过重新设计后将与城市排污系统相连接，以避免直接排向湖泊。此举极大地减少了对东达生态湖的污染。

在整体规划方面，建筑师利用新建成的道路系统将居民区与公园连接起来。因此，整个居民区将拥有对湖泊的完整水平视野，迎接来自湖面的东西向和西南向风，享受水面和附近植物产生的制冷效果。

之前由政府主导的改建项目仅采用粗混凝土作为主要材料，而且缺少自然融合，因此给予了该空间一些不必要的粗陋感。建筑师利用绿色植物将成块的混凝土覆盖起来，以阻止混凝土的快速膨胀，从而建立了一种紧密联系的关系。临街面被分隔成两个不同的标高，以让绿植更加靠近水面，从而创造韵律感和独特感。

建筑师利用清新的自然背景和与现有景观相邻的公共空间将东达湖转变成了一个景区，通过白天举行的适合不同年龄段的各种活动吸引当地居民和外来游客。东达生态湖的改造还对周边居民具有一种心理意义，提高了居民区的生活标准。因此，它获得了当地市民和游客的一致好评。

05–07 | 步道的细节
08 | 步道的全貌
09–10 | 步道的铺砌图案

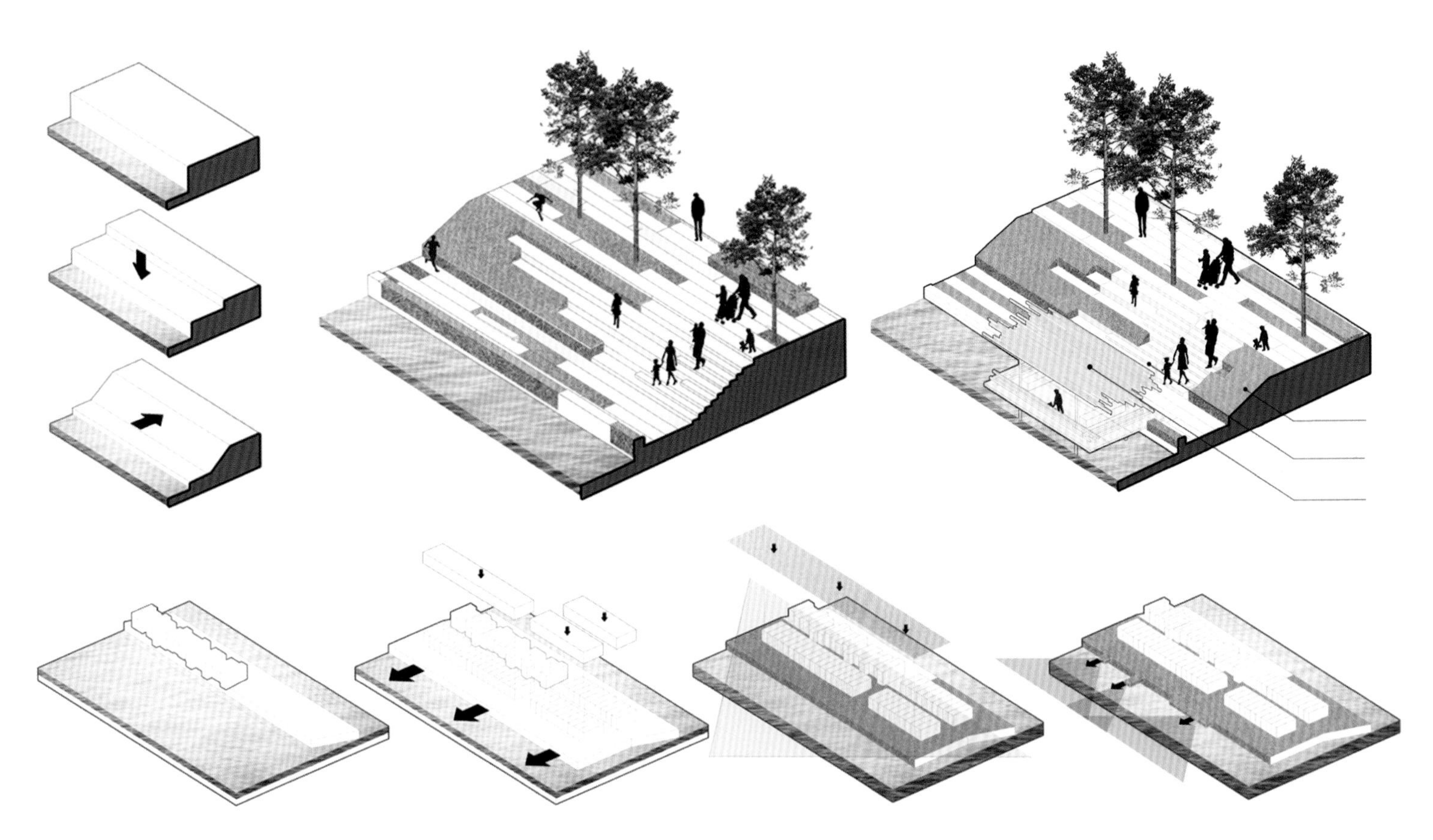

步道的概念图

09

10

整个水景的总规划图

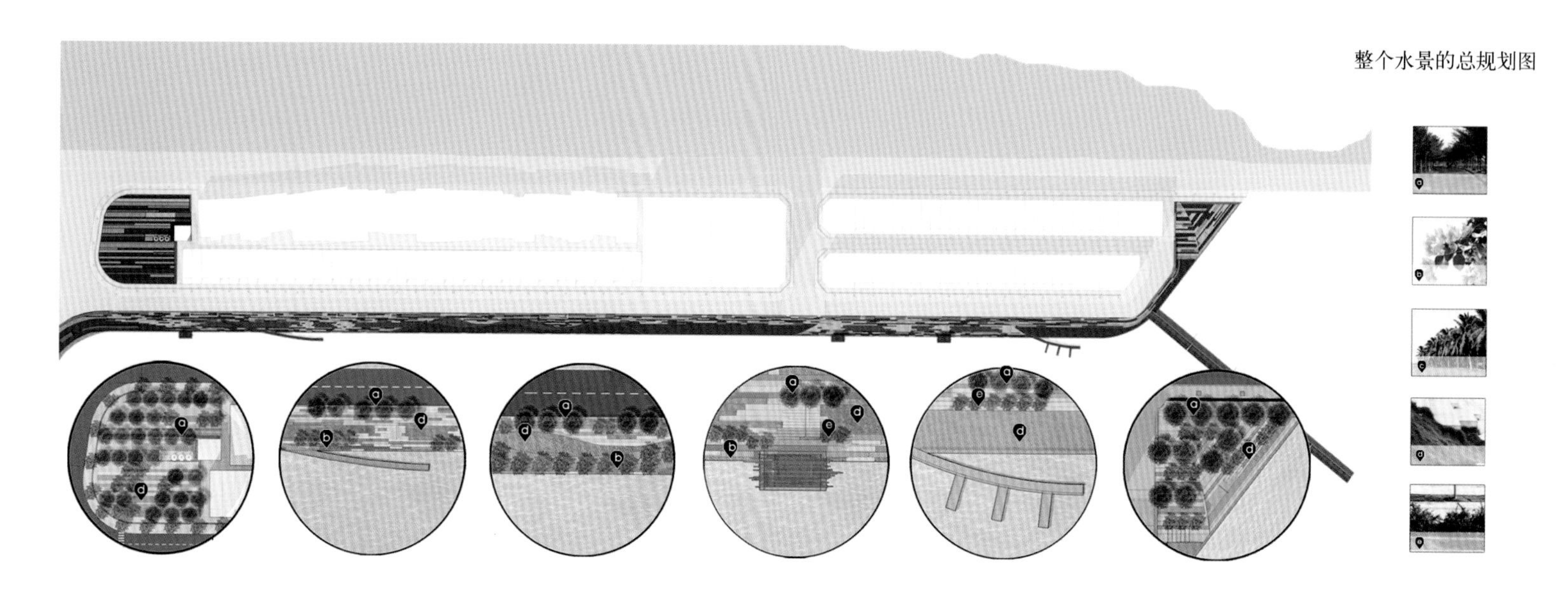

11

12

11| 柔性绿植帘幕覆盖的粗混凝土
12| 绿色公园
13–14| 台阶和路面及草地
15| 湖边棚屋

芝加哥滨河步道

项目地点 | 美国，芝加哥
项目面积 | 1.4 公顷
完成时间 | 2016
景观设计 | Sasaki 事务所、Ross Barney 建筑事务所
摄影 | 凯特·乔治工作室
业主 | 芝加哥运输部

芝加哥河的主支流拥有一段悠久而沧桑的历史，在很多方面反映了芝加哥的城市发展。该河流原本是一条蜿蜒的沼泽溪流，后来为了支持芝加哥工业革命而被改造成一条工程渠道。在芝加哥著名的倒流工程——倒转芝加哥河主支流和南支流的流向以改善城市下水道设施——之后，建筑师兼城市规划师丹尼尔·伯翰提出了修建滨河散步道和威克大道高架桥的新民用工程规划。

鉴于该河的当时严重污染情况，将该河改建成一处休闲设施似乎不大可能。然而，随着最近几年河流水质的改善以及公共娱乐设施密度的增加，滨河区日渐繁荣，人们需要通往河岸的新通道。因此，滨河步道一期工程被提上了日程，以便重塑芝加哥河有益于城市生态、休闲和经济发展的定位。2012 年，芝加哥河二期和三期工程——6 个位于州公路和滨湖路之间的街区启动。基于之前的河流调研报告，项目组计划在湖泊和河流口之间修建一条步行道。

该任务面临很多技术难题，例如，设计团队需要在一片满足严格许可要求的、仅有 7.6 米宽的已建区域扩建步行空间，并从不同区域间的桥下通道中挤出空间。此外，设计还需要考虑河流每年高达 2 米的竖向水位变化。

设计团队将这些挑战转变成了机会，对这个线型公园提出了新构想。设计团队将滨河步道重新构成了一个更加独立的系统——一个通过形状和形式的变化构建通向河流的程式化连接系统，而不是一个由 90 度转角构成的道路。新连接通道沿河而建，让生活更加丰富和多样。每块区域均形成和展现了不同的河畔类型。这些空间包括：

01 | 芝加哥河
02 | 皮艇租赁处和人力设施码头提供了通向水面的物理通道
03 | 码头广场的餐馆和室外座椅区

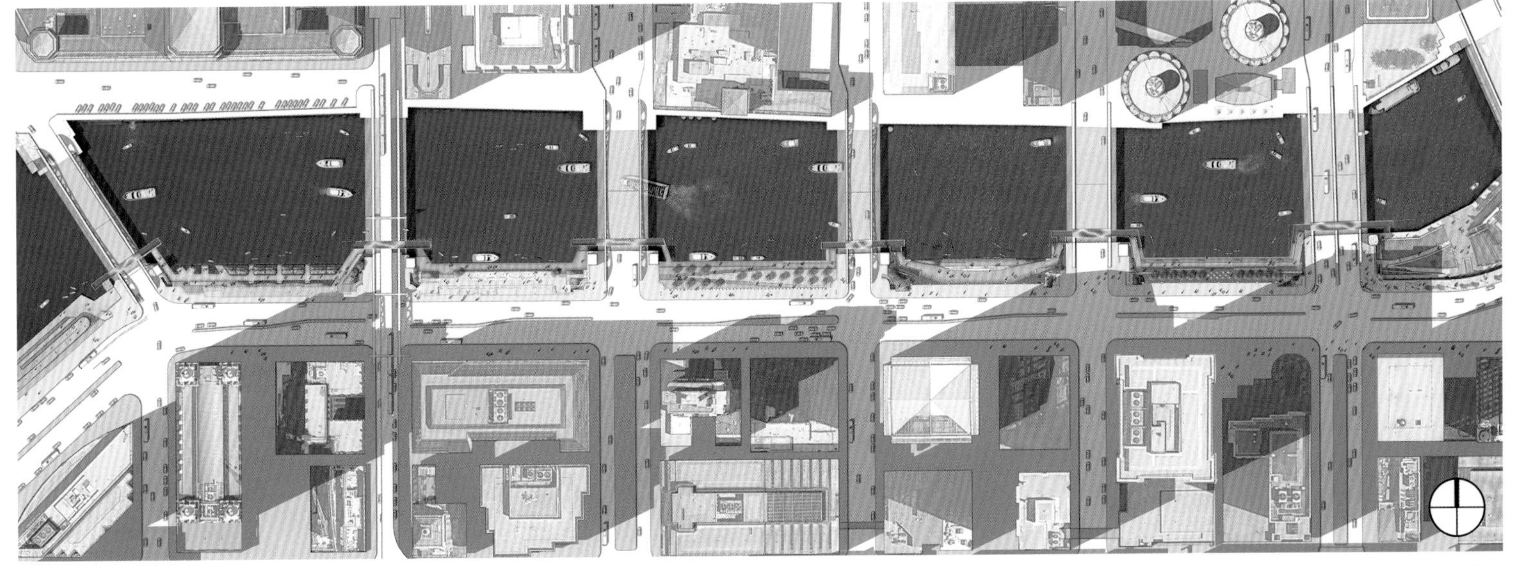

这是一个庞大工程的最后阶段，其目的是为了改建芝加哥河，以为该城创造生态、休闲和经济价值。该项目通过河边一系列相互连通的清晰空间创造了统一性和多样性。

- 码头广场：餐馆和室外座椅区提供丰富的水上生活风景，包括来往的驳船、巡逻队、水上出租车和观光船。
- 海湾：游客可以租赁皮艇或者在人力船坞中亲身体验的水中娱乐项目。
- 水上剧院：连接上威克区和滨河步道的雕塑般的楼梯提供了通往岸边和座椅区的步行通道，而树木则提供了绿荫。
- 水上广场：这处水景为孩子们和家人创造了在河边戏水的机会。
- 码头：在一系列的码头和悬浮湿地公园里，游人可以参与互动式学习和了解河体生态环境，包括垂钓和识别本土植物。
- 栈道：一条通达的滨水步道，构成通向滨湖路的连续通道，并为位于汇流点的这个重要空间的未来开发做好了准备。

作为一个新连接起来的道路系统，芝加哥滨河步道的设计为公园游客提供了连续性和多样性。每个类型的空间的不同规划和形式都能够创造出不同的体验，包括用餐机会、更广泛的公共活动项目、人力船新设施。同时，设计材料、细节和重复的形式使整个项目在长度上体现了视觉的一致性。

02

03

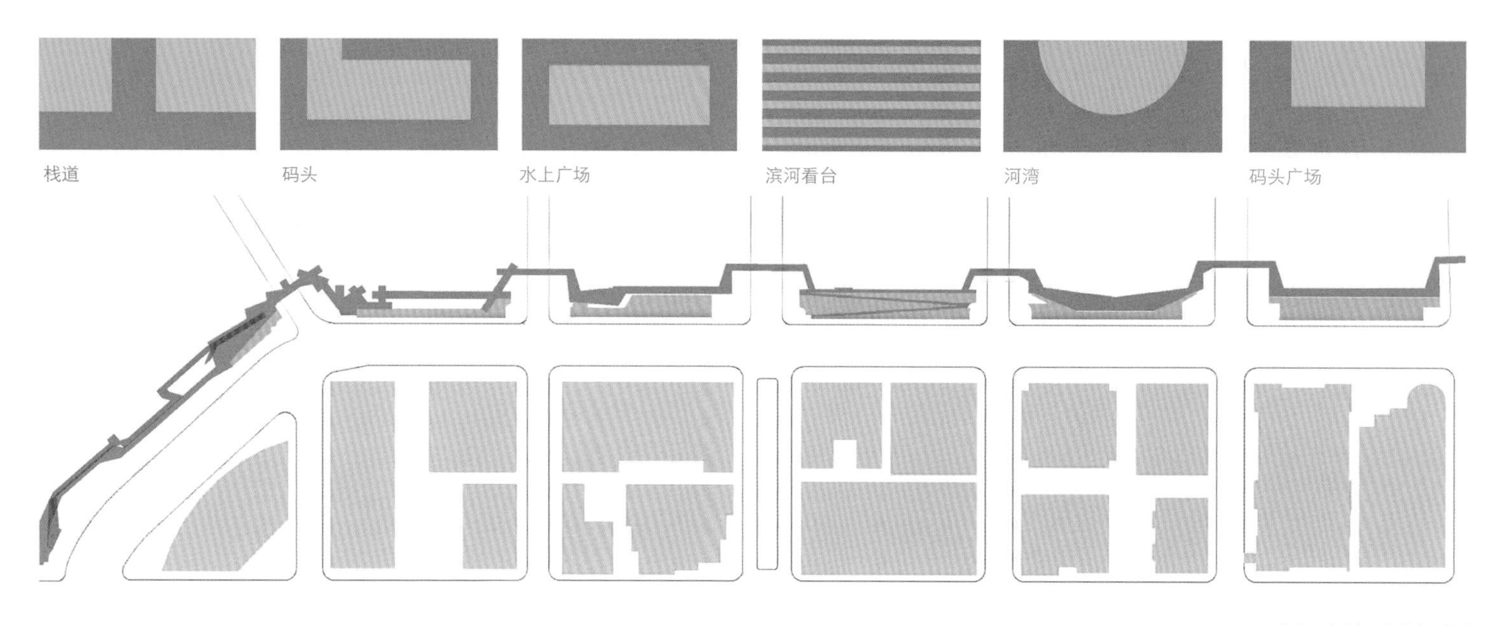

芝加哥滨河步道概念类型

04| 设计团队充分利用一块许可证规定的 7.6 米宽的扩建区域和具有各种复杂技术问题的环境来扩建步行空间，并在不同建筑之间创造一系列桥下通道

05| 餐馆和户外座椅提供了水上繁荣生活的景色，包括驳船、巡航队、水上出租车和观光船

06–07| 细节精美的定制高背柚木长椅给人提供了一处可以坐下来观看河上生活的好地方，并为新滨河步道创造了一条迷人的边缘

05

06

07

码头广场

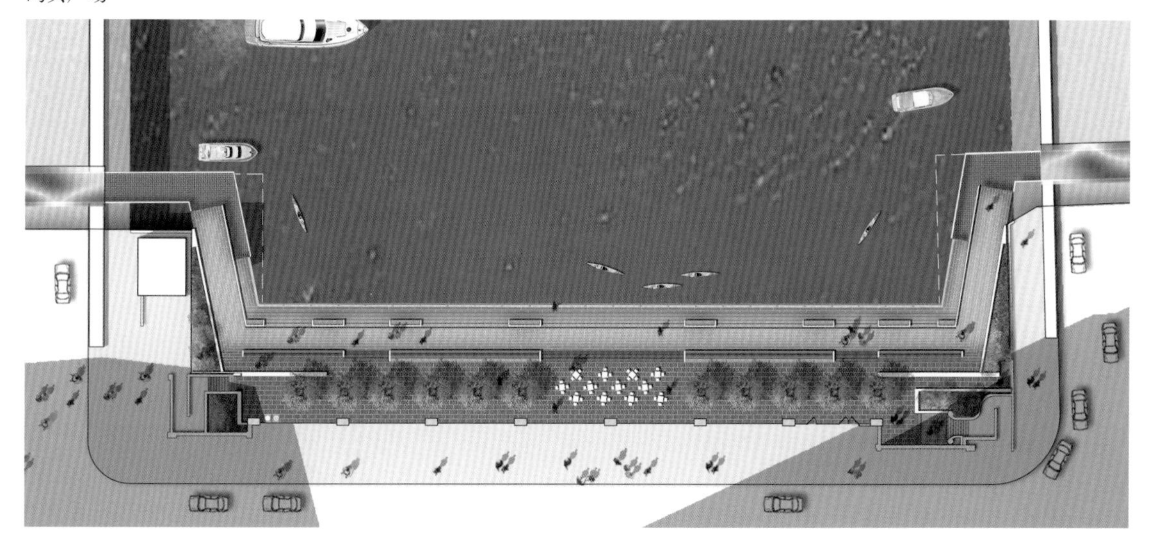

河湾

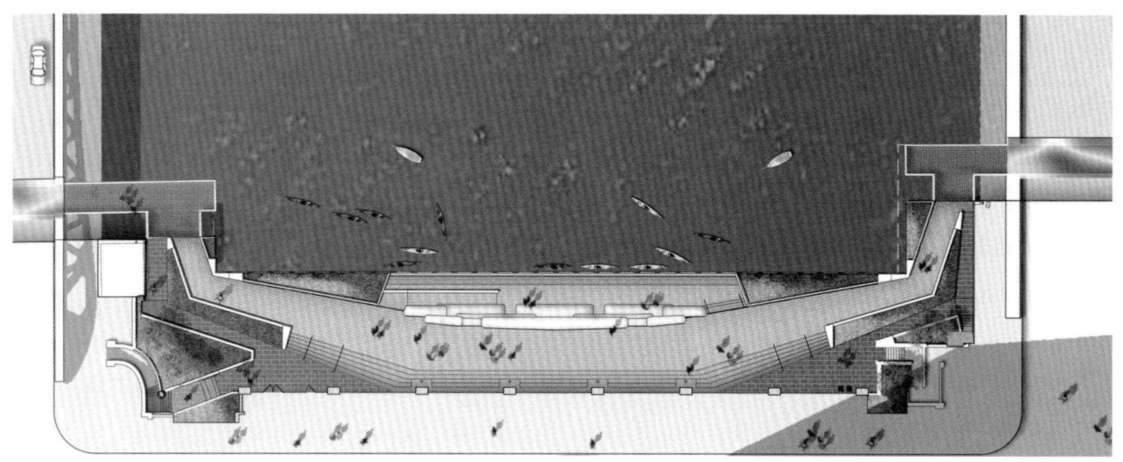

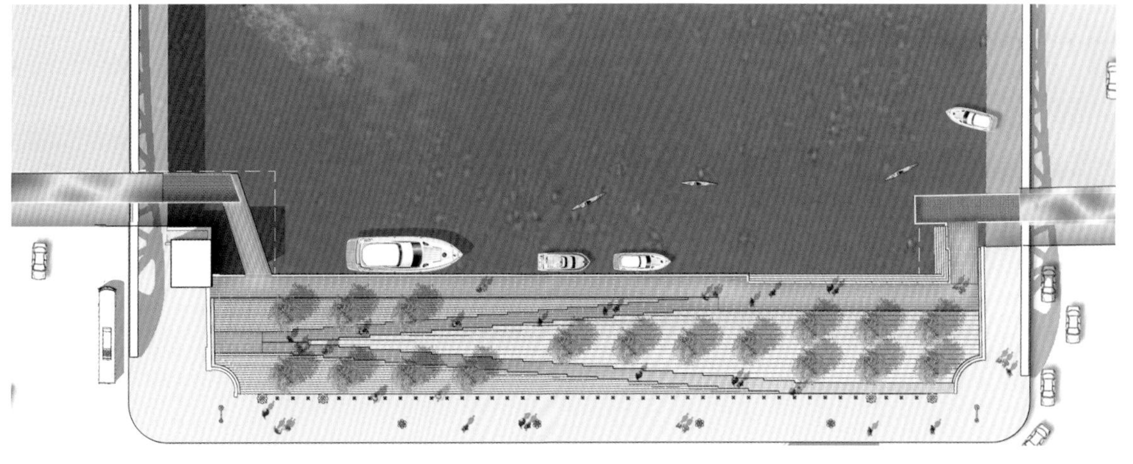

滨河看台

08| 河湾位于迪尔伯恩街和克拉克街之间，该设计是受到海滩景观的启发

09–10| 专门订制的座椅元素利用了较小的坡度变化，为坐在河边的人提供了阳光明媚的休息地

11| 河边阶梯式看台通过大型动态阶梯将街道与河边连接起来，而阶梯还可以兼做活动场地及观看河景的看台

12| 街区的河边阶梯式看台成了未来一个独特背景，为市中心游客提供了一个用于安静思考和感受活力的意外之所

13

14

15

码头也融合了几种低成本的创新特征——缩孔、帘墙和圈状物，这些将为那些生活在水下的生物创造一种奇妙的体验。

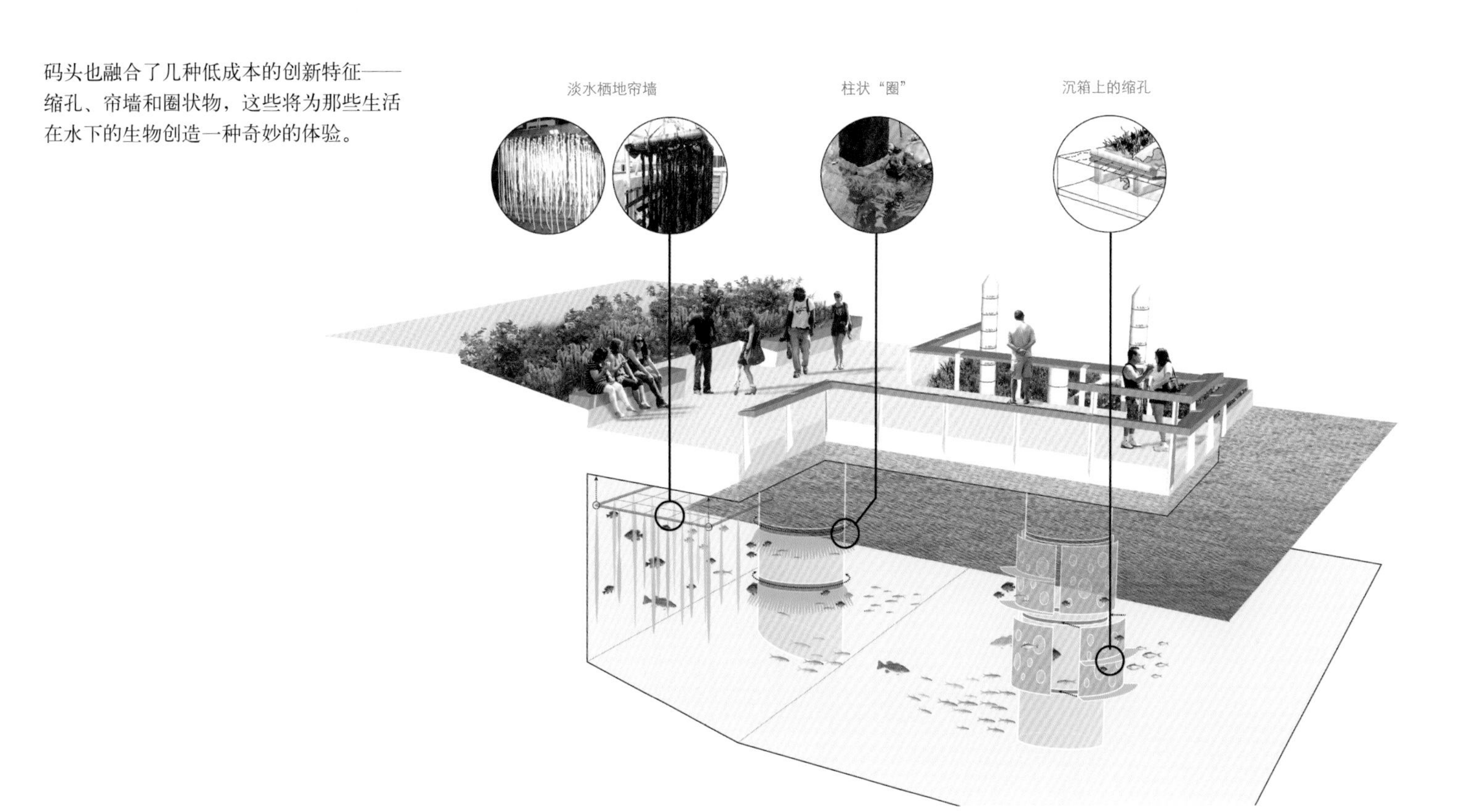

13| 码头的水上湿地既为芝加哥河的多样化本土鱼类创造了一个健康的栖地，也为游客观察水生生态系统并与之互动提供了学习和休闲机会

14| 一系列码头和水上湿地花园创造了一种了解河流生态的交互式学习环境，包括钓鱼和辨认本土植物的机会

15–16| 一系列“桥下”交叉路口将曾经互不连接的街区连接起来。这些有着不锈钢结构顶盖的迷你桥既为从桥下穿过的步行者提供了遮蔽，也反映了河流表面的材质和光线

16

01

南京牛首山文化公园

项目地点 | 中国，南京
项目面积 | 80 公顷（总体规划）/17.5 公顷（第一期工程：公共空间）
完成时间 | 2015
景观设计 | HASSELL 设计公司
摄影 | 林·约翰逊
业主 | 南京牛首山文化旅游发展有限公司

南京牛首山文化公园的修建是为了集中展示和保护牛首山的文化宝藏——具有百年历史的佛教圣地，包括多座历史寺院、宝塔和明朝遗迹。建筑师的任务是设计景观、广场以及中心公共领域的连接通道——为游客建立一种宁静的迎接方式，为该区的发展奠定一个良好的基础。

南京牛首山公园的设计努力在古老的佛教传统和现代游客的期望之间达成平衡，以创建一种身临其境的禅宗景观体验。中心公共领域的东广场安静平和，进入其中，钢制的“卷轴”沿途解释说明，从视觉上引导游客游览一系列的禅意花园，顺次经过不同的空间。钢材元素的设计不但顺应了基地内不断变化的地形，在形式上也不失雅致。

柯尔顿钢的使用贯穿整个景观的布设，象征着佛教经文的卷轴。耐候钢的鲜明色彩和质感与自然元素形成鲜明的对比，因为不但突出焦点区域，还将各个空间融和一体。耐候钢卷轴协调并支撑现场内地面的高度变化，并勾画出了“明镜台步道”的形状。“明镜台”展现了牛首山景象的倒影，虚实相映，禅意浓浓。波光粼粼的水面映衬出周围千变万化的景象。当游客信步前行的时候，景像随之上升；当游客穿梭于花园之间下行的时候，仿佛整个人都融入美景之中，成为景象的一部分。

步入第二个空间，卷轴展开，形成一面高墙，为游客提供一个静心体会达摩面壁悟禅的神圣时刻。随后，卷轴沿水流一路往隐龙湖广场攀爬。广场上集中展示了禅师的作品。在花团锦簇的春季，南京会在这里举办“牛首山春宴”。同样在这里，游客也将迎来禅意花园之旅的最高潮。在景观的最高点，游客们可以将隐龙湖山水景观一览无遗地收入眼底，静谧的环境还能使游客放松。

该项目希望推行一种与自然和谐相处的平静的生活方式。景观结构和植物在游客花园和游客禁入的山上圣地之间建立了一条不可见的界线，以保护牛首山佛教文化。这种分区为每年前往牛首山的成千上万的游客提供了更加深刻真实的禅意体验。

江宁的气候湿润，四季分明，雨量丰沛，为大量植物创造了良好的生存环境。数百年来，竹、松树和花树一直在牛首山地区繁殖生长。景观建筑利用这种丰富的资源——保护和再造当地的植被，并通过季节性开花的地被植物来引入不同的颜色。

雨水花园被用来管理和过滤来自公园散步道的雨水径流，同时缓和硬景观和自然元素之间的过渡。观景台、亭台和休息点巧妙地嵌入自然背景中，以最大程度地减少视觉和环境影响，为子孙后代保护景观。

牛首山公园的这些特征将从公园的入口花园沿着一系列连接良好、带有绿化的道路逐一展现，并提供众多步行者和骑行者优先的道路。

总规划图

01 | 牛首山文化公园散步道跨越隐龙湖
02 | 通向隐龙湖广场的入口

02

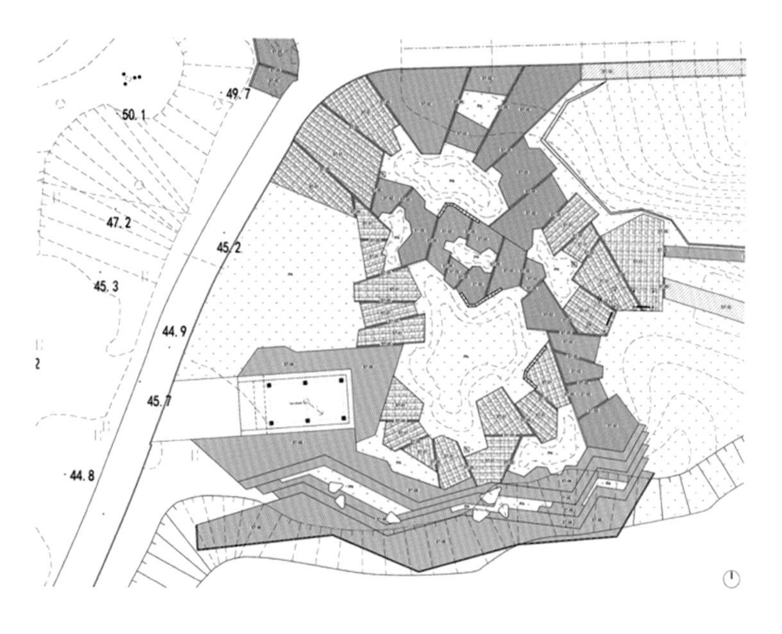

现场调查发现了一种可追溯至几千年前的耕地结构。整体规划保留了这块可使用耕地的大部分，用于未来的农耕复垦，同时在更广范围的现场上扩展了智能耕地结构。

03| 隐龙湖观景台
04| 禅意花园经文卷轴
05| 禅意花园的“佛陀讲经坛”
06| 耐候钢经文卷轴紧随现场不断变化的地形，一直延伸至“高墙”
07| 阶梯式广场俯瞰隐龙湖
08| 隐龙湖广场

隐龙湖主广场剖面图

南湖广场剖面图

滨湖散步道和湿地公园剖面图

07

08

斯德哥尔摩滨水广场

项目地点 | 瑞典，斯德哥尔摩
项目面积 | 1.2 公顷
完成时间 | 2011
景观设计 | 托尔比约恩·安德森与斯维克建筑事务所
摄影 | 艾克·伊森·林德曼，卡斯帕·达兹克
业主 | 斯德哥尔摩市政府

瑞典首都斯德哥尔摩是个滨水城市。其城市景观是一座群岛，包括马赛克似的丘陵和耸立的岛屿。这是瑞典首都的基本特质——一座躺在一个安全的地理摇篮中的城市。

设计这个广场时，设计师充分利用了这一地质特征。公共广场的设计向水面展开，视角开阔。广场设计还充分结合了周围的自然条件，将广阔的景观背景纳入到了设计之中。为了强化这种基本的设计思路，广场被修建成一个向水面倾斜 3% 的平面。这种斜坡广场的设计方式可以使游客将远处的景象尽收眼底。

两个休闲草坪占据了广场较高的部分，边缘铺设较宽的理石，兼作座椅。两条 100 米长的木栈道将广场框了起来，同时将人们的视线直接导向景观。木栈道以 Y 型结构布局，西面的分支以一系列阳光平台的形式通向水面，东面的分支则是一个码头，从码头边探出 40 米，悬空在水面上。

为了平衡这个三角形广场的空旷感，广场西部边缘按三角形布局栽种了一丛半透的皂荚树。这些树木挺立在砾石地面上，树林中还有一个小型游乐场和几条蜿蜒的小路。渐渐地，树林变成了一个下沉花园，里面栽种着花木，还有樱桃树提供的荫凉。

利用框景从远处景观借景是日本大师在花园设计中经常采用的经典技巧。有时候，一个场景最鲜明的特征可能位于其边界之外。而这个项目则很好地利用了这个技巧。

01

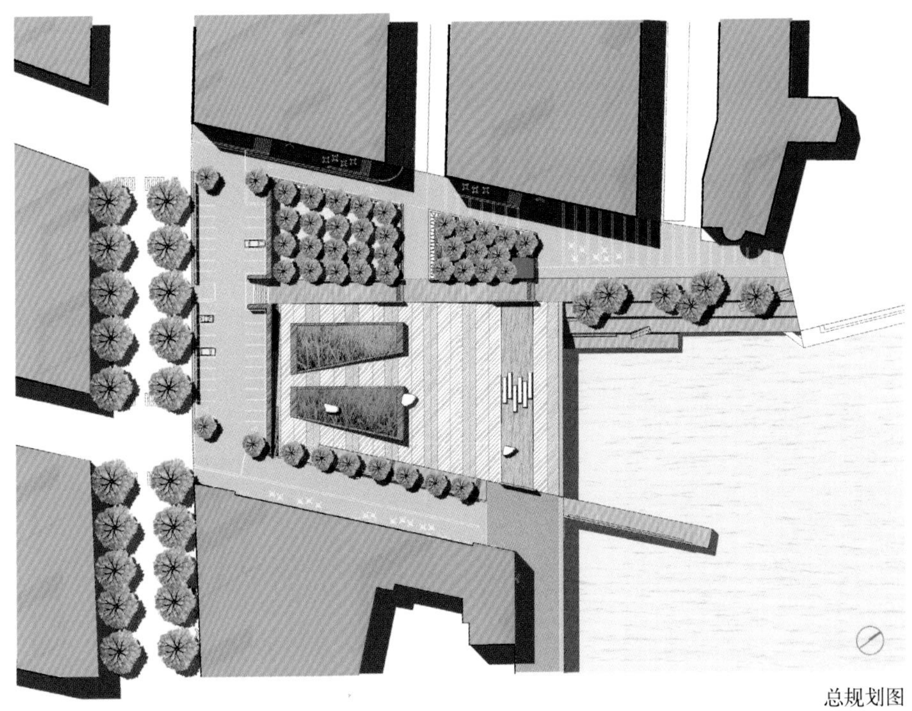

总规划图

01 | 这座低洼花园拥有一个多年生植物花坛和樱桃树树冠层
02 | 巨石是贾恩·斯韦农松创作的艺术品，是儿童喜欢的攀爬和游乐场所
03 | 广场充分利用了临水区得天独厚的地理优势

02

03

早期草图显示了该广场的倾斜场地，
而且充分利用了临水面

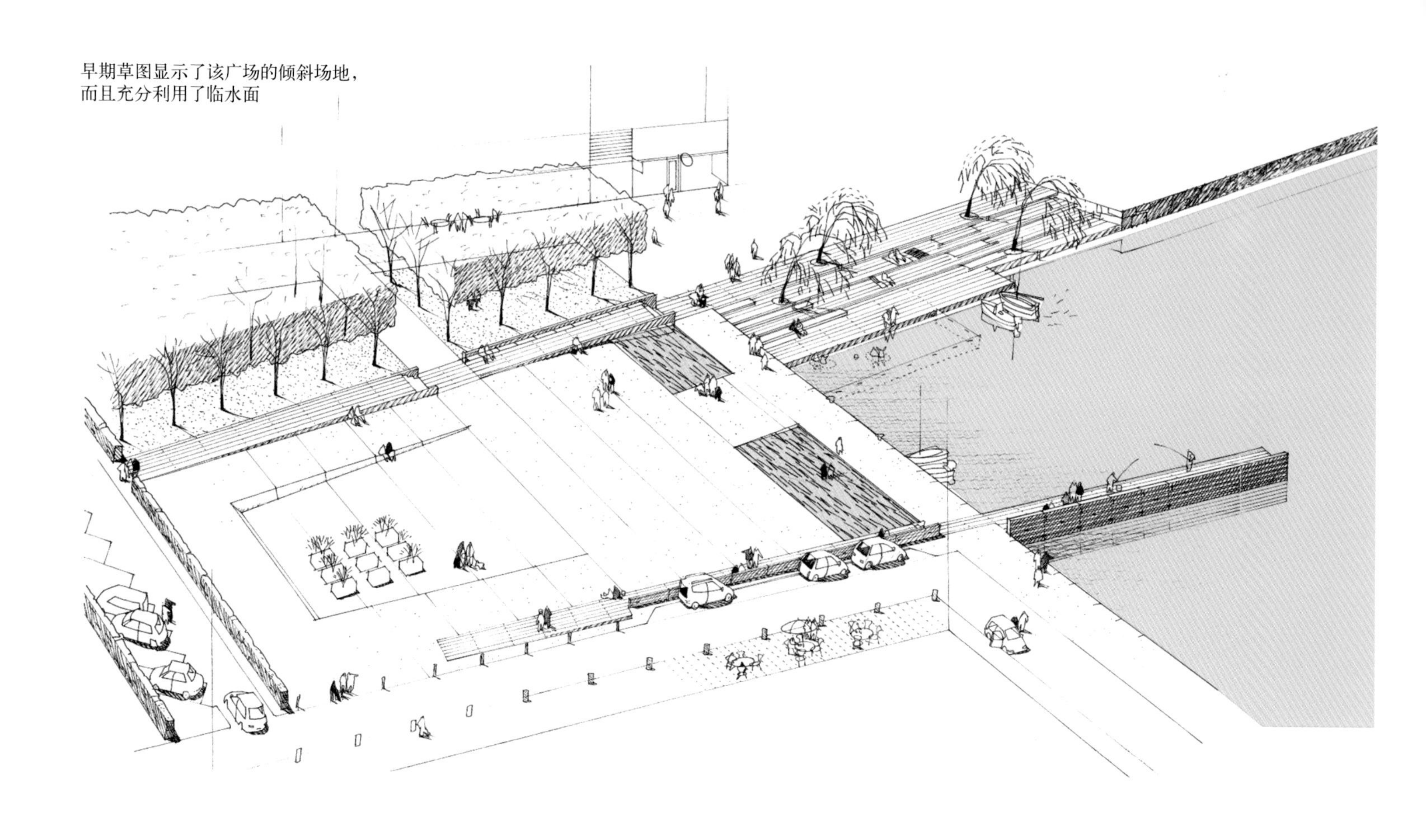

04

05

04| 广场风景开阔，吸引人们在这里开展各种城市生活
05| 广场位于一条码头散步道沿线
06| 周边更小的绿色空间与开放的中间广场连接

06

40 米长码头的草图

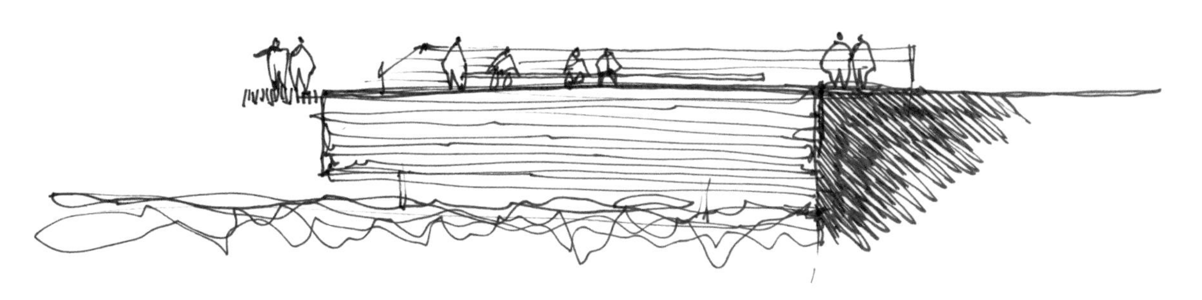

阶梯式日光浴平台的草图

07| 日光平台与长码头建立了视觉联系
08| 广场上两个长木平台的两边均制作边框
09| 小树林栽种皂荚树，地面铺碎石，用于游玩和休息

07

08

09

布法罗河湾步行道

项目地点 | 美国，休斯顿
项目面积 | 9.3 公顷
完成时间 | 2010
景观设计 | SWA
摄影 | 比尔·塔特姆、汤姆·福克斯
业主 | 布法罗港口委员会

布法罗河湾步行道是休斯顿有史以来最大的公共公园投资项目之一。过往的布法罗河湾满是垃圾污水，高速公路和高架桥横跨其上，这里一度是个被人遗忘的角落。经过改造，布法罗河湾不但重新规划了倾斜的河岸、台阶、坡路，还新建了 12 条通往布法罗河湾入口的街道和一条主要的南北向步行桥，重新建立了人们与布法罗河湾的关系。

该项目不仅将两个不同的河流景观连接了起来，而且为成千上万的工人和通勤者前往河面提供了步行通道和景观通道。公园设计利用改建后的景观通道、台阶和坡道将街道和河流重新连接起来。设计团队在现场修建大面积的缓坡来改善看向公园的视野，同时还能减少河流的侵蚀作用。连接各点的台阶和缓坡系统提供了多个便利的通道。嵌入台阶栏杆的 LED 灯将光亮洒向地面，使茂盛的绿色植物与河流构成对比，营造出了一种城市氛围。每个公园入口都点缀着大型的不锈钢船结构，创造了一种象征性链接，使游客由城市的活跃艺术区联想到它的重要河流。

通过在河湾先前贫瘠的区域引种长青植物，修建一条通往城市中心的绿色长廊。这是本设计中植物配置力求达到的目标。逐步移除具有侵蚀性的单一植被，选用多种当地的岸栖植物物种。设计师在当地大力开发野生生物栖息地的同时，也给予城市景观合理的展现机会。该项目栽种了接近 30 万株植物，其中包括 640 余株树木。当地树林软化了钢筋水泥铸就的城市基础设施，阻隔了噪音并且减弱了高架桥的影响。美国梧桐的白色树干犹如高架桥的桥墩，为游人营造了一种视觉上的延伸。沿岸栽种的白蜡树伸向河面，成为野生生物潜在的栖息地。地被植物的选择要与苛刻的地理条件和城市公园的需求相匹配。大型开放阳光区域大面积栽种草坪植物，吸引人们在这里聚集。现有树木和高速公路结构的底下以及河流两岸沿线栽种蕨类植物、芦莉

01

总规划图

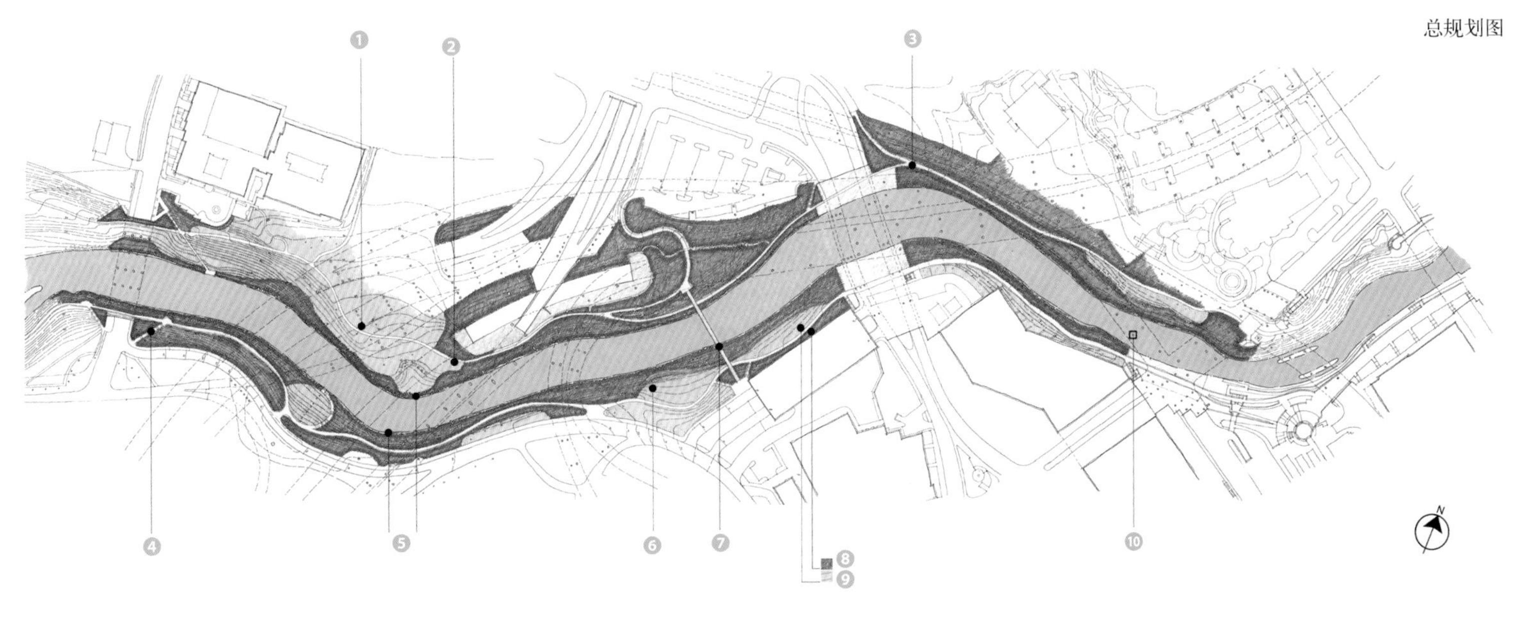

① 道路沿线设置的长凳和垃圾箱
② 原道路和新建路段
③ 休闲道路系统，配置装饰性照明设施和指示性及说明性标志
④ 通向道路连接点的街道
⑤ 两岸的防水壁
⑥ 坡度较缓的重要地点修建休息河口岸
⑦ 步行天桥
⑧ 公路下方的阴凉花园
⑨ 河口沿线的阳光花园
⑩ 桥梁柱设计成公共艺术品

属草本植物、蟛蜞菊属植物和其他生命力顽强的当地植物，以提供一片能够抵制河流的侵蚀作用并容易维护的繁茂的绿色地面。

因为布法罗河湾是休斯顿主要的排水系统，设计团队在水道和排水的设计上倍加小心。金属笼边缘处理方案既考虑了安全性，也考虑了视觉效果。阶梯式设计使得在任何地点设置出水口成为可能，同时允许风暴造成的漂浮物顺利通过。用 1.4 万吨的再生混凝土进行锚定加固的石笼坝创建了干净、通畅的河道区域。这种开放设计还允许利用树根和河岸地被植物构成一道自然边缘，同时为底栖河流生物提供栖息地。

这座公园的成功主要在于它在夜间也能提供一个安全的步行环境。公园采用三级照明设施，一级照明设施是一圈行人规格的灯柱，勾画出了公园步道的轮廓。这些照明设施是专门设计的，采用重型量具用钢、防水灯和坚固的混凝土柱，能够抵御周期性河水淹没带来的腐蚀和潜在的恶意破坏等。每盏灯都有灯光固定装置，以保证公园内的照明系统安全稳定。每个灯柱之间的距离比较近，以保证行人清晰可见的沿路景象。为了防止洪水导致的毁坏，在台阶扶手的位置和步行桥交叉处都安装了 LED 照明带。第二级照明系统是专门为照亮桥下和墙后的死角而设置，大大地降低了安全隐患。光源固定装置顶端安装了球状 LED 灯，根据月球的周期，灯光颜色会在蓝色和白色之间循环变化。重点位置的桥身也包裹在柔和的蓝色光晕之中，营造出了充满艺术气息的夜晚体验。

步行者、骑行者、划船者、高速公路的驾驶员，成千上万的休斯顿人对曾一度被毁坏的水道改变了看法。在寻找更多的公园空间的过程中，步行道在城市的核心区域为众多的休斯顿人提供了 9.31 公顷的土地，而这在以前是难以想象的。

01 | 该项目拥有颇具挑战性的城市条件：高架公路和设施、陡坡、狭窄通道和重要的洪水位

02 | 竣工后的项目战胜了这些挑战，框住了休斯顿市中心并提升了其价值

02

03 | 河口通过栽种 600 多棵树木进行改造，创造了一个具有多种新功能的环境
04 | 重新设计的斜坡和一系列台阶和坡道重新将休斯顿人与水道连接起来
05 | 改建后的滨水区已为举办社区活动，包括音乐会和家庭教育活动做好了准备
06 | 滨河步道使这个曾经难以接近的区域变得草木青青，景色宜人

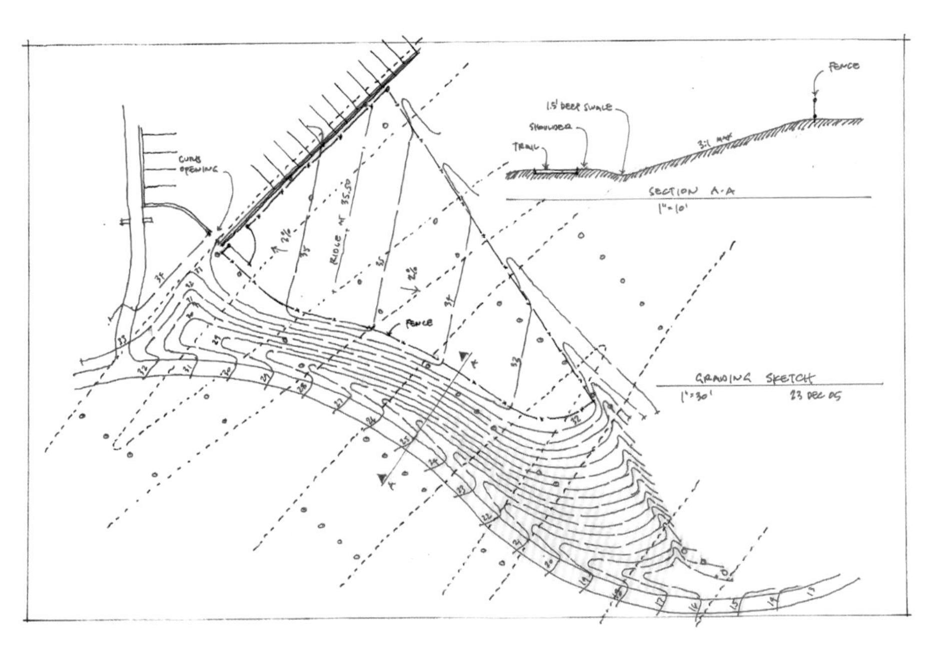

施工细节

精新设计的阶梯式结构创造了可用面积，如这个受到保护的地点，既可用作休斯顿警察局的养马围场，同时也可接收并导流来自高架公路桥的排水

06

07| 指路标志和说明性标志巧妙地设置在整个城市滨水区公园内
08| 休斯顿社区在新滨水区庆祝一个夏季节日
09| 道路是多功能的，向所有人开放
10| 一座新设计的步行天桥首次将市中心河口的北边和南边连接起来
11| 河口通过栽种 600 多棵树木进行改造，创造了一个具有多种新功能的环境

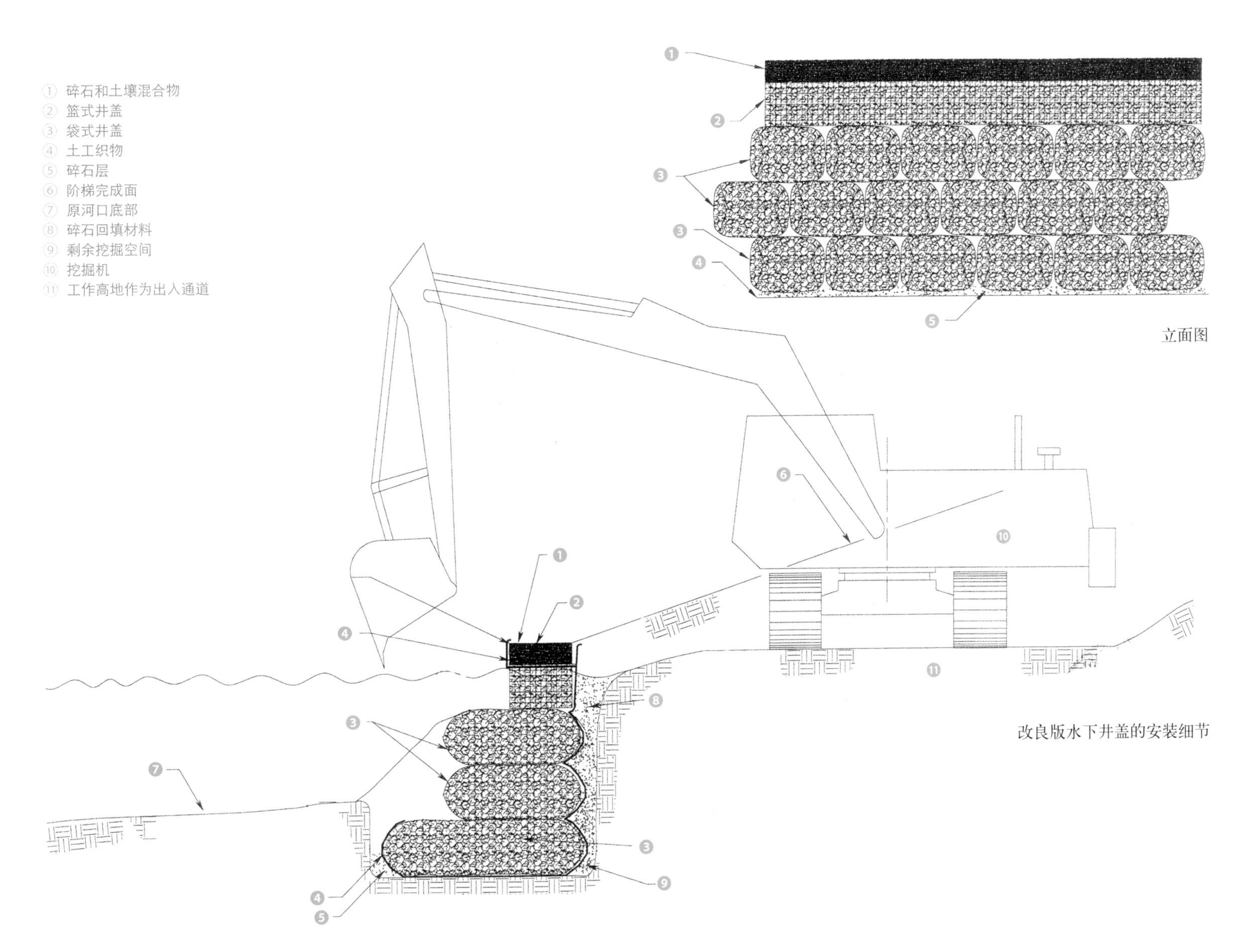

立面图

改良版水下井盖的安装细节

01

于默奥大学公园

项目地点 | 瑞典，于默奥
项目面积 | 2.3 公顷
完成时间 | 2011
景观设计 | 托尔比约恩·安德森与斯维克事务所
摄影 | 艾克·伊森·林德曼、卡斯帕·达兹克
业主 | 于默奥大学

于默奥大学始建于 20 世纪 60 年代末，是一个朝气蓬勃的年轻大学。大约有 3.5 万名来自世界各地的学生来此学习各领域的知识。于默奥大学位于海边，距离北极圈约 300 公里。

一个校园公园应有指定地点可以举办非正式的讨论会和交流会。与演讲礼堂或者实验室显微镜相比，这些开放的、没有等级限制的空间才可以激发学生、研究者和老师进行真正的创造性的互动活动。因此，学校公园的品质能够提高整个大学的吸引力。

于默奥大学的新学校公园包括 2.3 公顷的阳光平台、码头、开放草坪、步行道和露台。这些设施围绕一个人工湖布局。湖中的小岛是前往一个小群岛的起点，岛上建有多座小桥通往南部海岸。在这里，游客可欣赏丘陵景观和阳光明媚、绿树成荫的山谷，还有点缀其中的白桦树的白色树干。

在公园内，多条散步道将不同的社交地点交织起来。这些步行道有的很宽敞，趣味横生；有的很窄小，提供私密空间。这些社交场地连接不同方向，因此，总有一个地方可以吸引游客。人行道分为两种类型：一种为蜿蜒曲折的砾石路，景致不断变化，地势低洼的地方安装了照明系统；另一种是宽敞的铺装步行道，连接着周围各建筑物的入口。

科尔索是公园的主要通道，连接着学生餐厅和学生会。科索路桥梁的形式穿过湖水。窄窄的阴凉步道和被绿植包围着的涓涓小溪，为于默奥这座北方城市营造出异国情调。

在生气勃勃的学生大楼前设置向阳的室外休闲区。休闲区由一系列的扇形砾石露台构成，每个露台都有咖啡桌椅和庇荫的多茎树木。

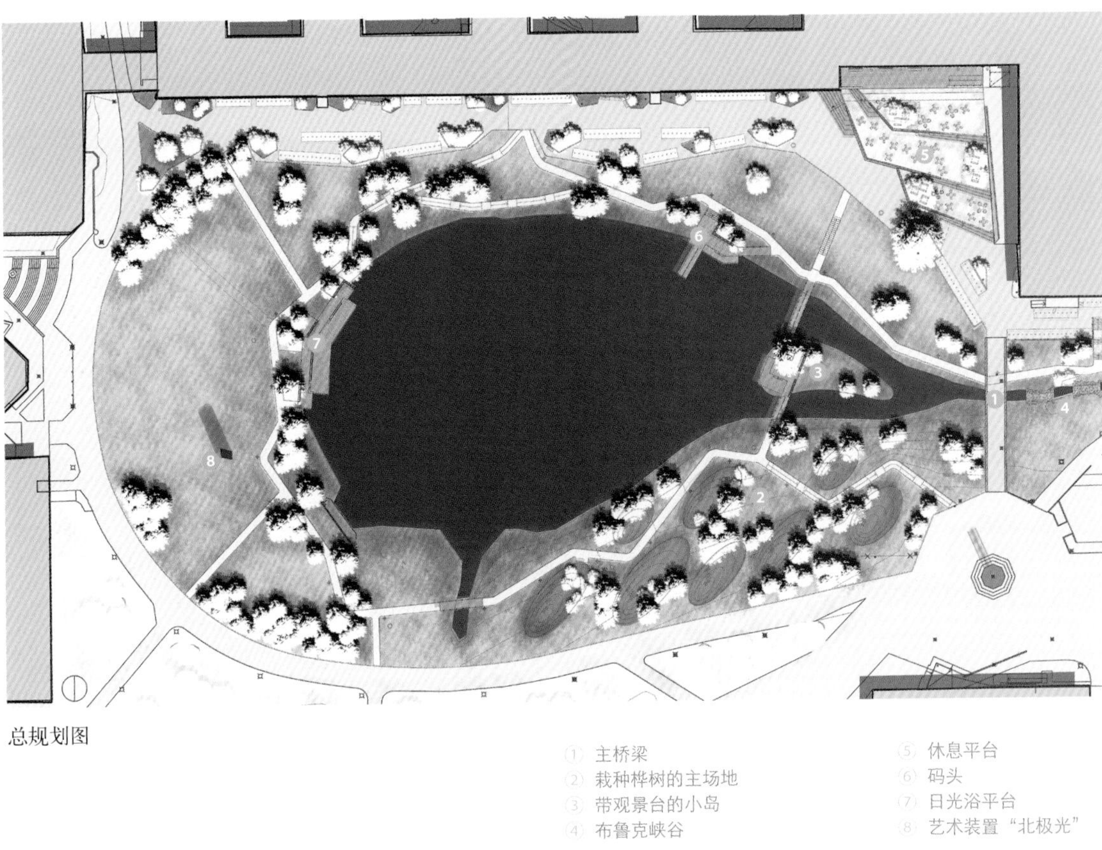

总规划图

1. 主桥梁
2. 栽种桦树的主场地
3. 带观景台的小岛
4. 布鲁克峡谷
5. 休息平台
6. 码头
7. 日光浴平台
8. 艺术装置“北极光”

01| 公园是围绕一个人造池塘开展的
02| 木桥和各种平台被用以增加与水面的联系

03| 湖泊北面修建了一大片向阳草地
04| 湖泊南面被设计成一片起伏的景观，
并带有一条碎石步道
05| 桥梁跨越池塘，通向小岛上的平台

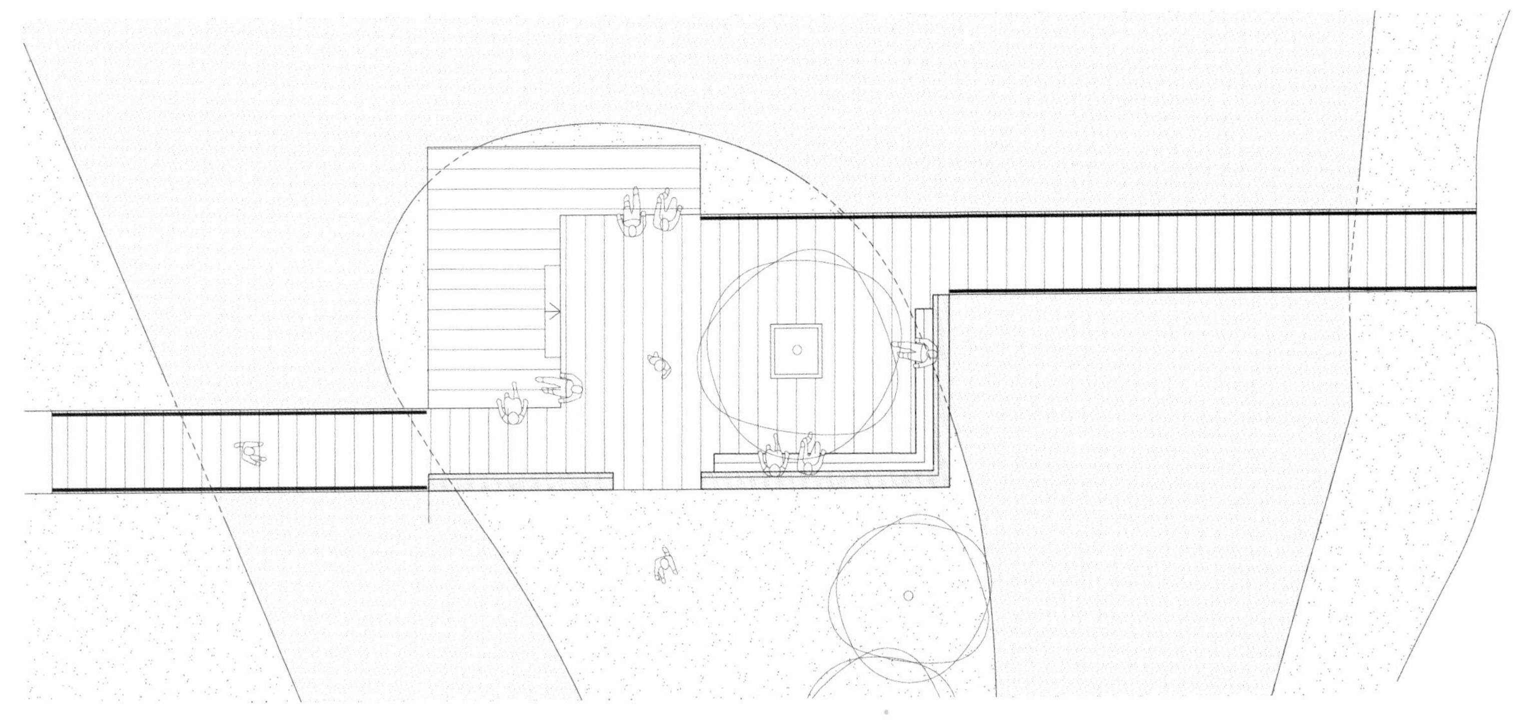

通向小岛的桥梁说明图

中心阳光平台的说明图纸

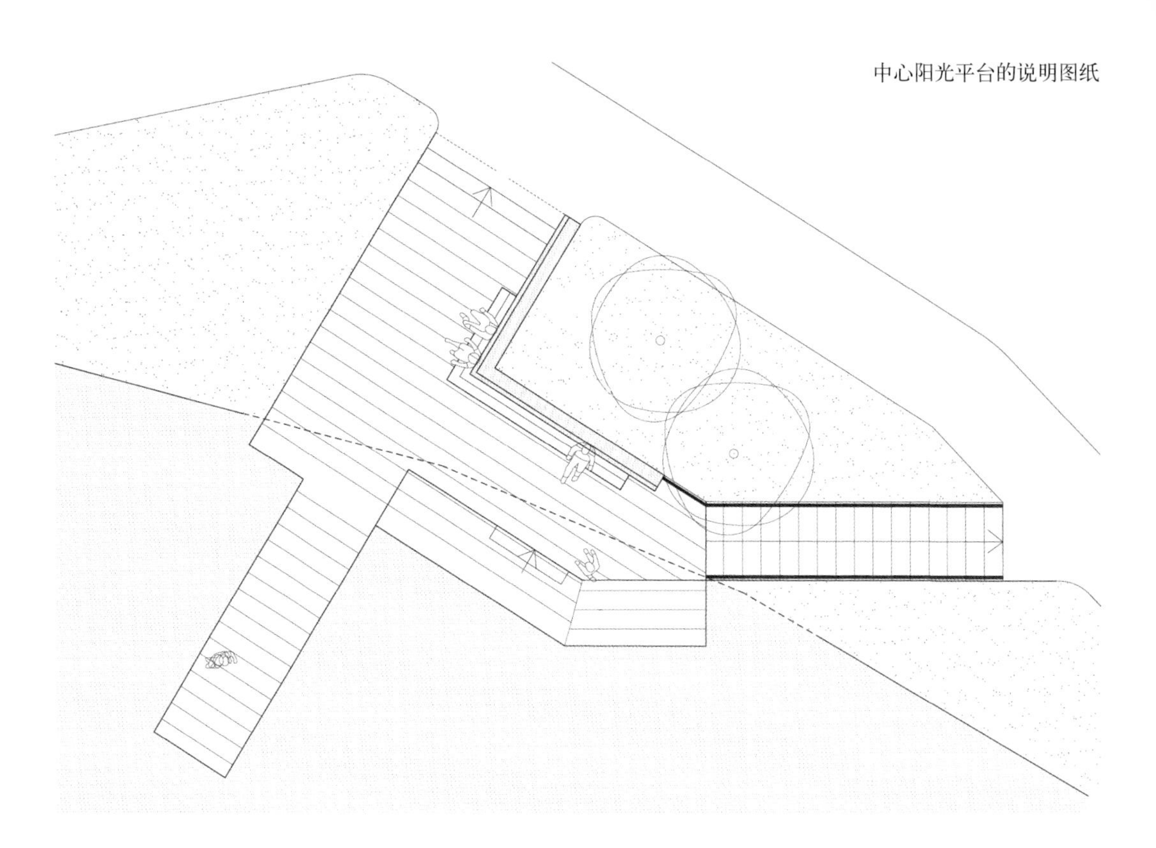

06| 各种平台的规格不一，可容纳小群或大群学生
07| 大多数平台拥有两个入口，以改善通行状况并营造一种安全感
08| 中心码头与学生会建立起和平台的连接
09| 平台和码头之间建立了视觉联系
10| 建筑外的朝南平台被设计成阶梯式，以适应原地形

06

07

08

09

10

01

衢州鹿鸣公园

项目地点 | 中国，衢州
项目面积 | 31 公顷
完成时间 | 2015
景观设计 | 土人设计
摄影 | 土人设计
业主 | 衢州基础设施投资有限公司

衢州鹿鸣公园坐落在衢州新区的核心地带，在城市西部的石梁河西岸沿岸而建。这个项目整体面积为 31 公顷，是一座具有综合功能的城市滨水公园，融集会、锻炼和休憩功能于一体。项目原址地貌复杂，高处有红砂岩丘陵，低处有河滩沙洲。这个公园展现了以下三方面的设计理念：

保留乡土景观本底的设计：场地原有的景观基地，红砂岩丘陵和生态环境，都得以完整保留。通过桥梁、驿道系统和几个凉亭，场地原有的地质特征和自然植被都被妥善地保存下来。其可达性创建了宽敞的开放空间。

丰产而变化无穷的都市田园景观：在保留原有植被的基础之上，红纱岩丘陵上没有植被的区域和洪水区较肥沃的土地上，引植了生产性作物——春天是油菜花，夏季是向日葵和养护需求低的野菊花。四季的绿草花香美不胜收，完全是一片丰产的植物景观基地。

亲水弹性设计：为了与水为友，石梁河上方宽阔的悬浮栈道、桥梁和亭台，均采用了适水性的弹性设计。

而且，通过保存卵石路、亭台楼阁、农业泵站和管道这些先前遗留的元素，本项目可谓对文化遗产给予了高度的尊重。完成后，衢州鹿鸣公园得到了游客广泛的赞誉，并且一跃成为衢州城的新名片。

衢州鹿鸣公园的总规划图

① 活动中心
② 咖啡馆
③ 茶室
④ 运动场
⑤ 北入口
⑥ 南入口
⑦ 草地
⑧ 植物园
⑨ 观光塔
⑩ 人行天桥
⑪ 休息凉亭
⑫ 自行车道
⑬ 栈道
⑭ 观景道
⑮ 停车场

01 | 由荒地改建而成的城市农场鸟瞰图
02 | 耕地上的凉亭能耐受偶尔的雨水

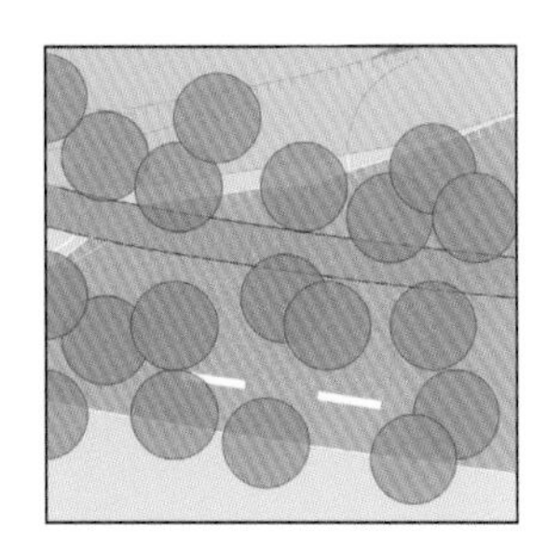

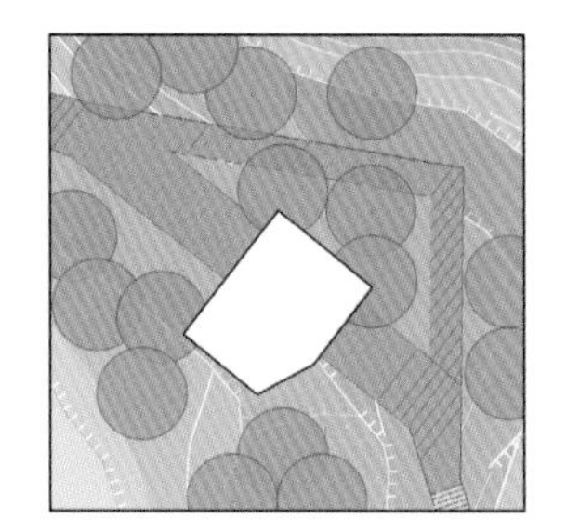

栈道图解 1

03| 冲击平原上的复垦耕地修建防洪凉亭和道路
04| 凉亭为夏季休息提供了遮蔽物和场所。这座凉亭巧妙地坐落在冲积平原上方，濒临水面，从这里能看到溪流上方的落日景观
05| 社区成员在凉亭里进行社交。十个凉亭为游客提供了遮蔽，也为社区聚会创造了空间

① 木材地板
② 用锚栓固定的木龙骨
③ 钢筋混凝土梁
④ 钢筋混凝土柱
⑤ 长椅
⑥ 木材格栅
⑦ 方管钢

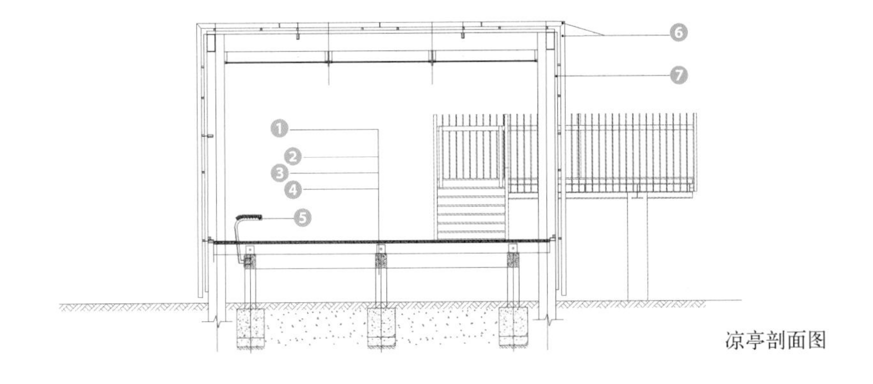

凉亭剖面图

凉亭布置图和主平面图

① 聚光灯
② 两步台阶下方
③ 七步台阶下方
④ 方钢管
⑤ 木材格栅
⑥ 木材地板
⑦ 石材台阶
⑧ 石材
⑨ 钢框架木长椅

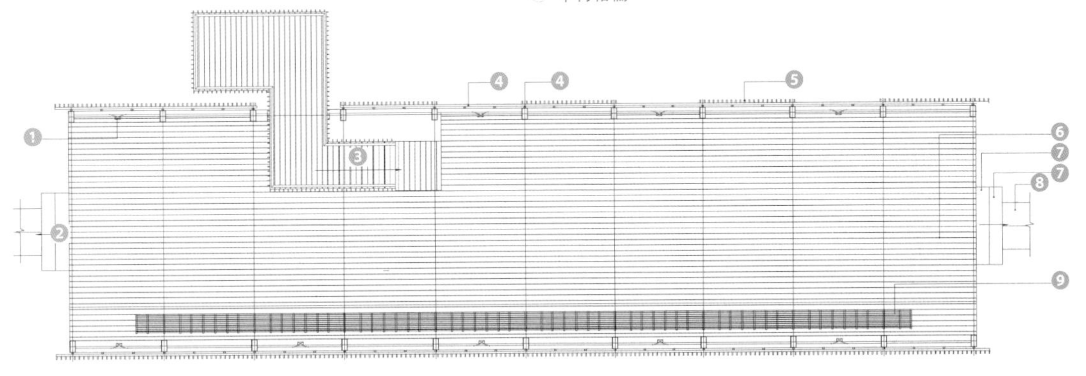

凉亭立面图

① 方钢管
② 木材格栅

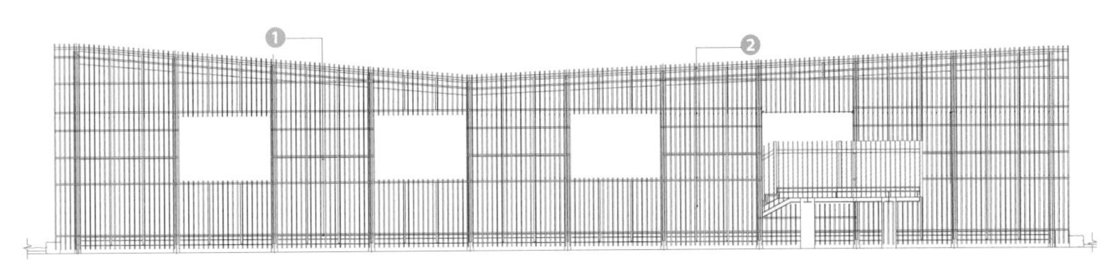

06

07

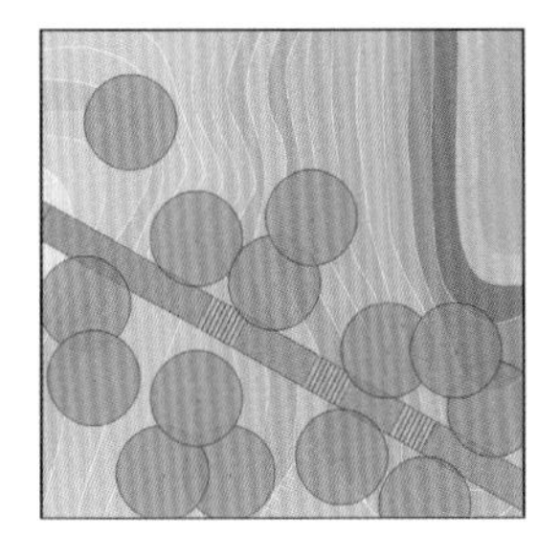

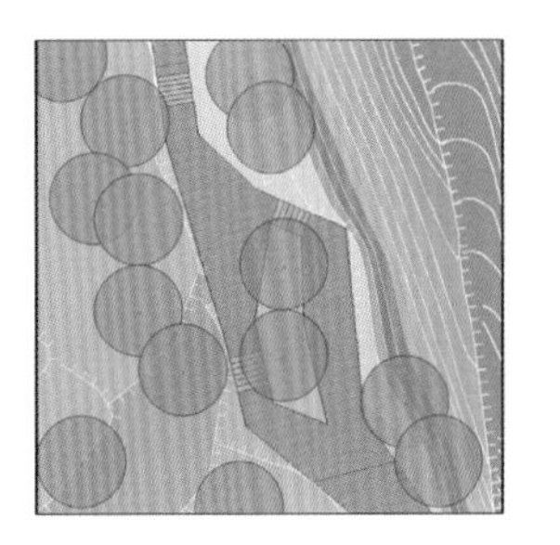

栈道图解 2

06| 红杉沿着高架步道两边栽种，步道呈南北向设计，在这里步行者能享受阴凉，而庄稼能享用日光。图中显示的是黎明时分的景色
07| 草地上方是吸引游客游览公园的凉亭和人行天桥
08| 观看和被观看：一座凉亭俯瞰夏季时满是向日葵的耕地
09| 草地上栽种着各种一年生花卉，而且这些花卉与向日葵轮种
10| 红砂岩山坡和生态基底得到了良好的保护，形成了独特的景观

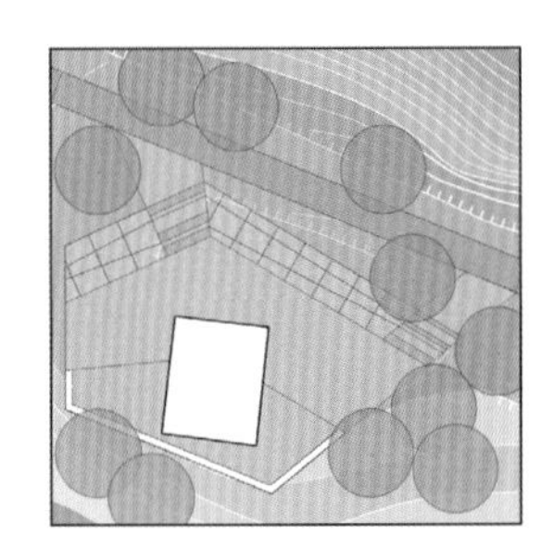

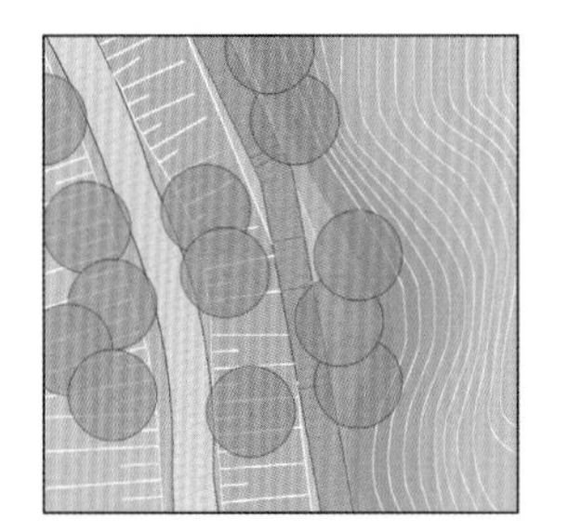

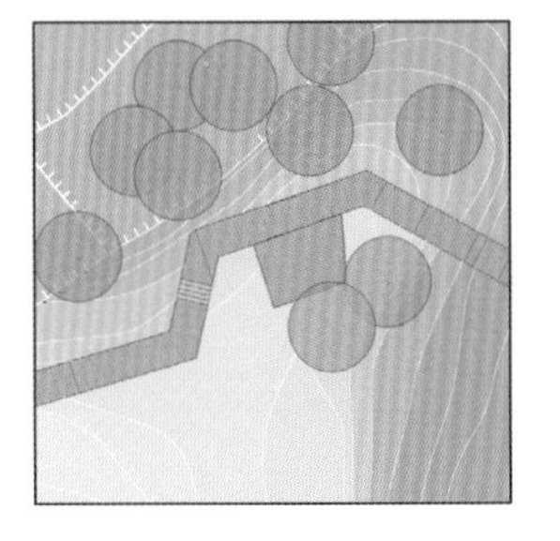

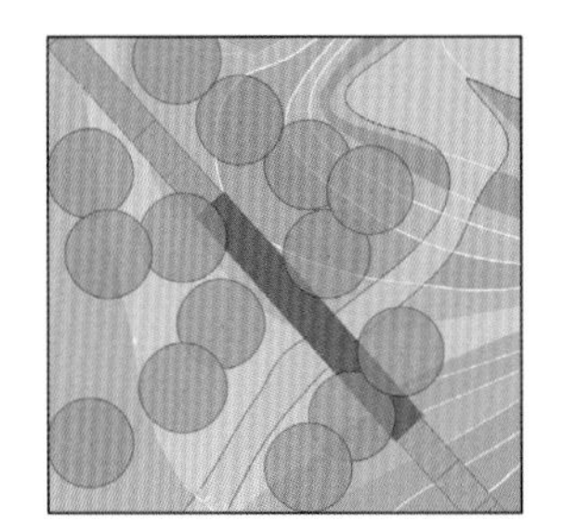

栈道图解 3

11| 一个水上码头在采用最少干预措施的条件下，
使得人们可以近距离地接触自然
12| 一个水上码头的远景
13| 步道连接不同的地点

凉亭 2 的剖面图

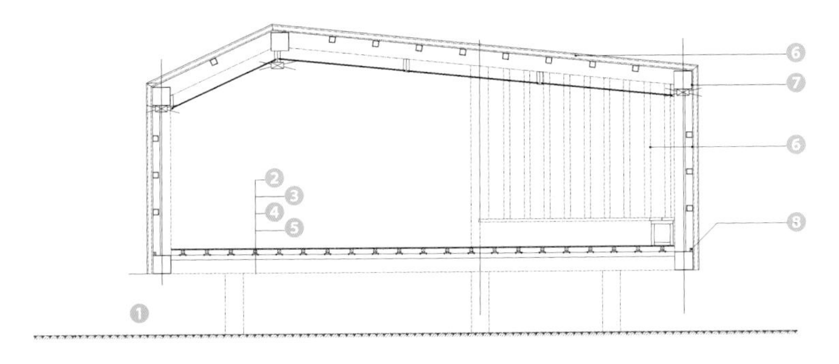

凉亭 2 的立面图

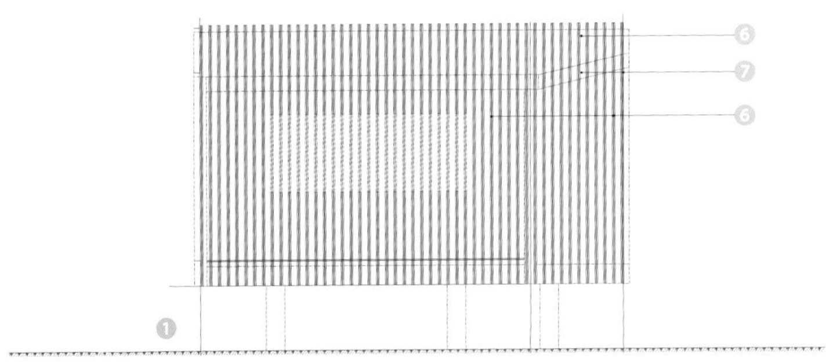

① 原地面
② 木材地板
③ 木龙骨
④ 支撑木方
⑤ 方管钢
⑥ 木材格栅
⑦ 方钢管
⑧ LED 线形灯

凉亭 2 的一楼平面图

① 长凳
② 实木
③ 方钢柱
④ 草本木材，木材之间嵌 5 毫米宽钢条
⑤ 方钢龙骨

洛什塔耶索恩河畔

项目地点 | 法国，罗彻泰利
项目面积 | 6 公顷
完成时间 | 2013
景观设计 | In Situ 景观和城市规划工作室
摄影 | In Situ 景观和城市规划工作室
业主 | 大里昂地区

在法国里昂的北部，洛什塔耶是片与众不同的区域。它沿着索恩河左岸绵延两千多米。这个向内的河岸能够免受河水水流地冲刷，并且具有开阔的视野，形成一条蜿蜒的曲线沿河伸展，其上串连着卵石河滩与沙滩。20 世纪初，它曾经是最受里昂工人阶级欢迎的沙滩，但是随着车辆开始占用大量空间，道路隔断了河流与村庄的联系，因而变得日渐荒凉。索恩河岸项目围绕着一条从洛什塔耶到与其相邻的更大的里昂城的河流展开。

设计师主要针对地形进行了设计，以加固被洪水侵蚀的河岸。项目的主要挑战在于重现旧河堤，重建一条连贯的慢行步道。通过弱化交通流量和交通强度，为步行者和骑行者提供更多的道路空间。设

01

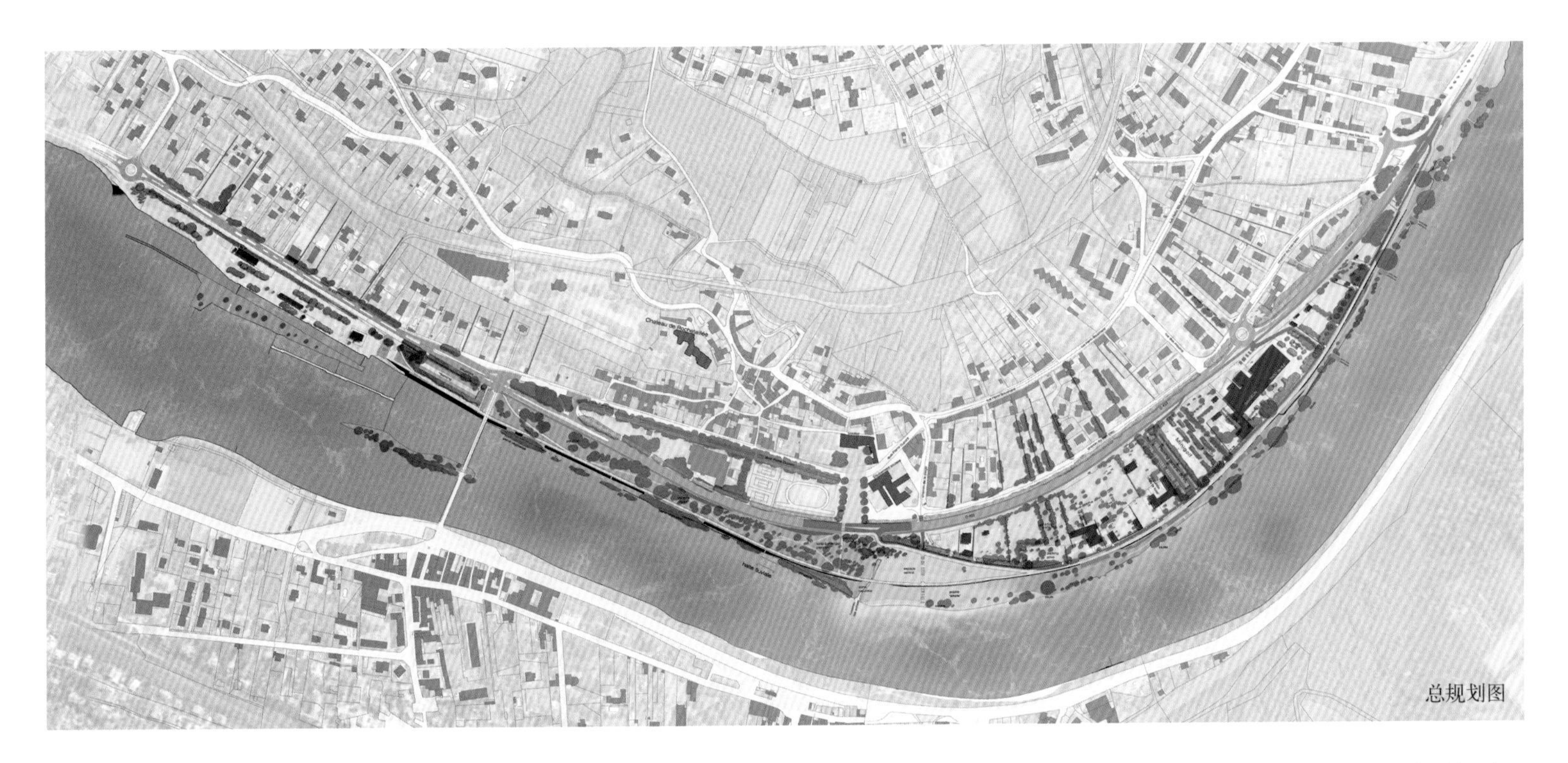

01| 绿色沙滩
02| 新河岸散步道

计师们还设计一片缓坡草坪，微微向河流倾斜，为索恩河构造了一个绿色河滩。这个宽敞的空间能够举办活动、音乐会和各种露天表演。在草坪上，根据坡度设置了木质躺椅和大桌子，为人们小憩和野餐提供便利。近岸处还有一些观景栈桥，这些栈桥可以用来钓鱼或欣赏索恩河风光。受人欢迎的露天咖啡馆，散落在河流沿线的长路上，步行者和骑行者总能找到适合自己的地方。一系列的场景沿着河岸展开，好似电影的一串分镜头：运输道路、游乐场、河滩、草地、蜿蜒的河流、小径、咖啡馆、码头。

沿河小径上，艺术家们为该项目特别创作了四个艺术装置：朗·鲍曼的通向未知的楼梯、任蒂尔的陨石、川俣的坐落在高处的小木屋以及福斯蒂诺的两面大镜子。这些艺术装置，像一部“河流电影”，用独特的景观标示了沿河路线。

02

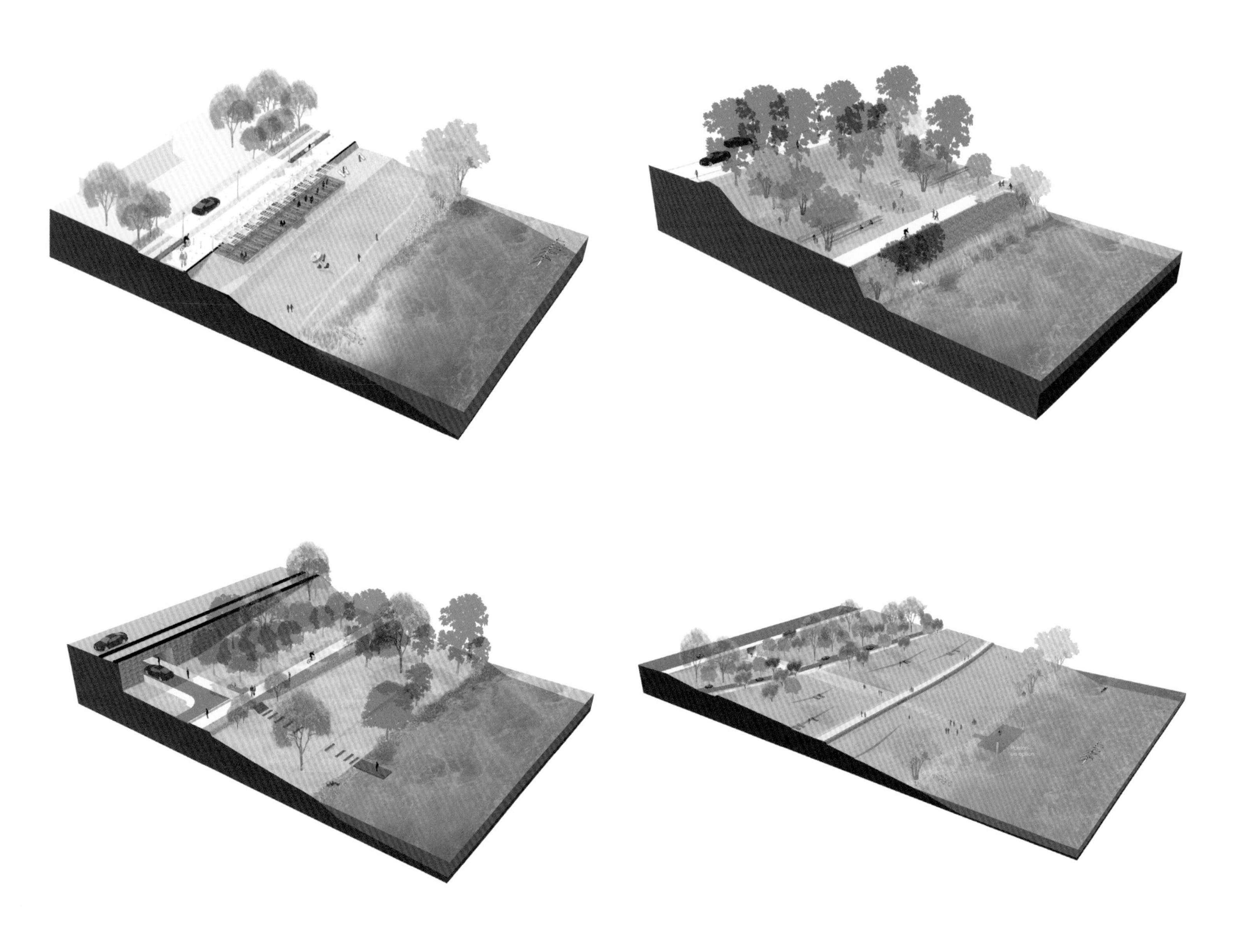

平台、散步道、浮码头和大草地的 3D 模型

05

06

03| “流行咖啡馆”系列装置
04| 曳船道和朗·鲍曼创造的艺术品
05| 绿色沙滩上的休息长椅
06| 通向岸边的台阶和道路
07| 朗·鲍曼创作的艺术品

07

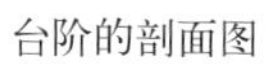

台阶的剖面图

阶梯式平台的剖面图

08| 安静的曳船路
09| 休息长椅随附景观的弧形设置
10| 树屋由塔达舍·卡瓦马塔设计
11| 森林的一角

浮码头剖面图

大草地剖面图

11

01

太原汾河滨水公园

项目地点 | 中国，太原
项目面积 | 2.57 公里
完成时间 | 2011
景观设计 | AECOM 有限公司
摄影 | 沈同生、斯科特·布罗斯、迪克西·卡里洛、周利、江丹
业主 | 太原市汾河管理委员会

该项目位于汾河沿线长风桥和中南桥之间的河段，全长 2.57 公里。汾河是太原的母亲河。该滨水公园自北向南延伸，它的扩建是太原城发展的一个重要的象征。该项目的设计旨在重现汾河的生命力，通过修建一个多样化的开放城市门户舞台来连接历史和现代性。

设计建立在传统和现代城市文化交替的基础上，将城市文化和组织与现代国际惯例融合起来，再创了各种空间体验。滨河公园呈现带状形态，公园东部毗邻主要为居民区的老城区。这部分的设计把重点放在当地居民的生活习惯上，因而创造了一种多样的生活体验和城市亮点。滨河公园的西部与该城的现代化区域连接，附近的建筑都呈现现代风格。这里，汾河滨水公园的景观设计倾向于采用更多的现代元素。

景观设计充分与现场地形契合。在尽可能减少项目垃圾填埋的基础上，设计纳入了滨水景观道、水上庆祝广场、茶文化村、城市露天剧场、艺术展示区、科学植物园、体育场和各种不同的空间，以创造各种多维景观，构成垂直视觉连接和有趣的移动体验。其中，滨水景观道为人们休闲、散步、欣赏汾河风景提供了便利。建筑师们利用现有地形设计了各种生态过滤区，这些过滤区可以收集雨水，并利用原生环境净化雨水。因为太原原本是一个缺水城市，所以该项目可能成为可持续发展的一个典范。

设计从传统太原庭院建筑获得灵感，将文化遗产的象征符号，包括玻璃片、托架和栓马柱，融入了现代设计细节。对山西传统文化的重新诠释体现在诸如扶手、长凳、灯具和标牌等景观元素上。

汾河滨水公园是老城区与新商业区的重要连接。它为城市发展创造了新机会，并改变了该城目前的消极工业形象。

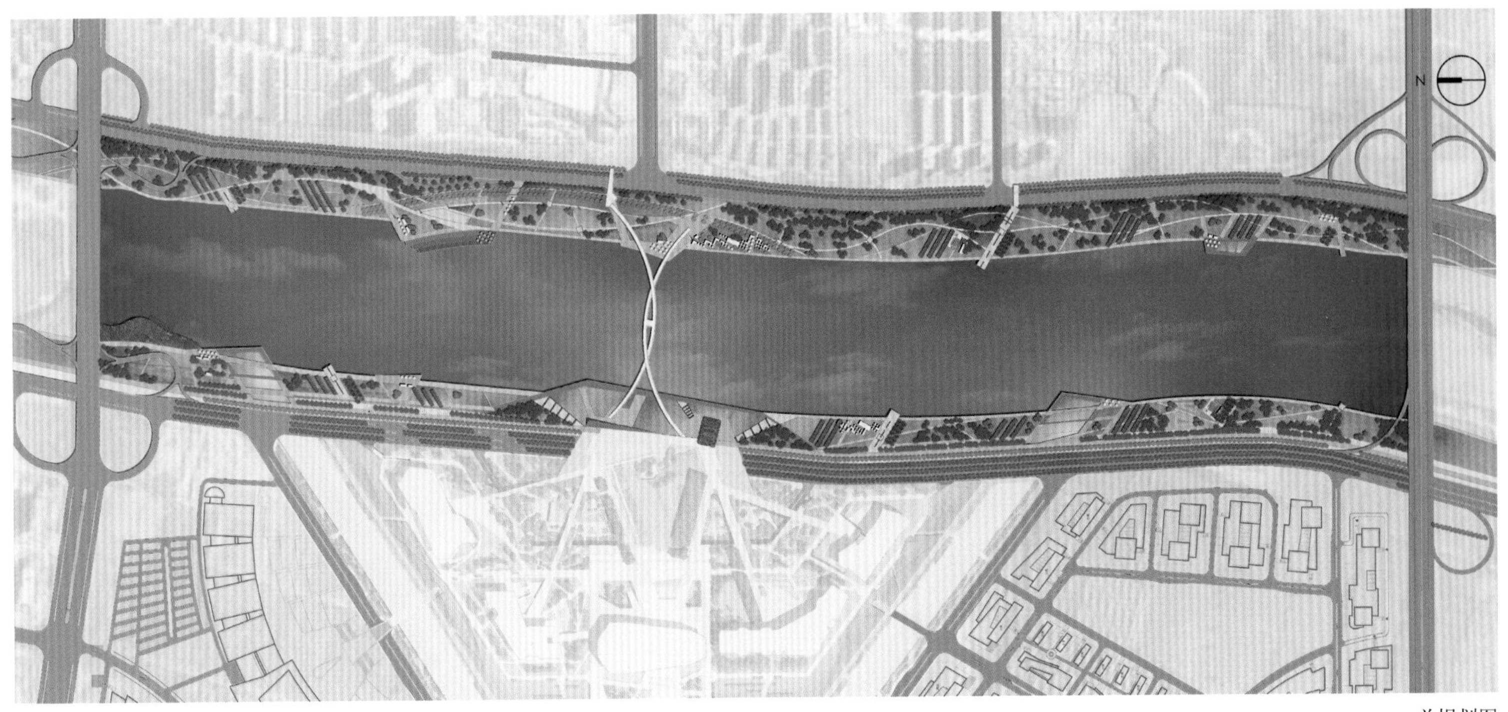

总规划图

01| 鸟瞰图
02| 庆祝广场

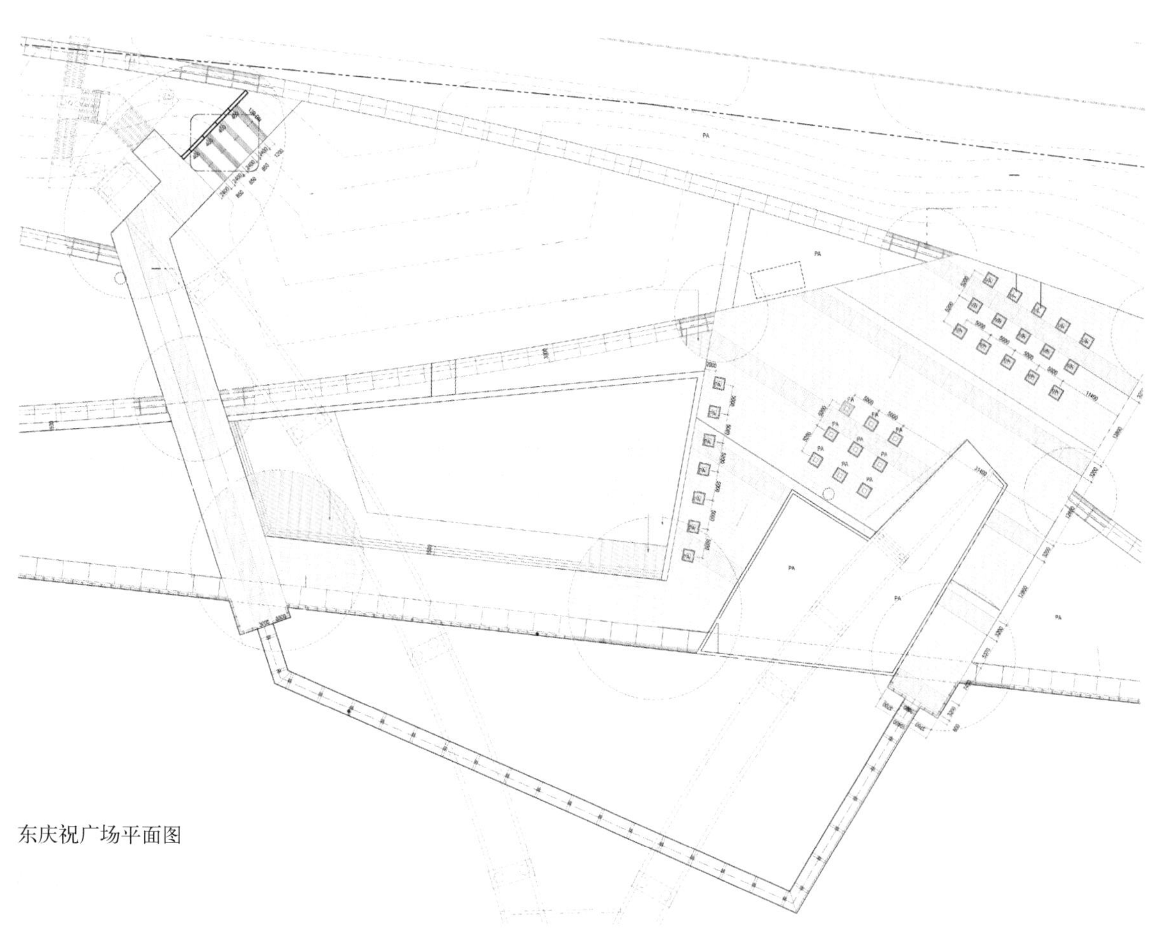

东庆祝广场平面图

西庆祝广场平面图

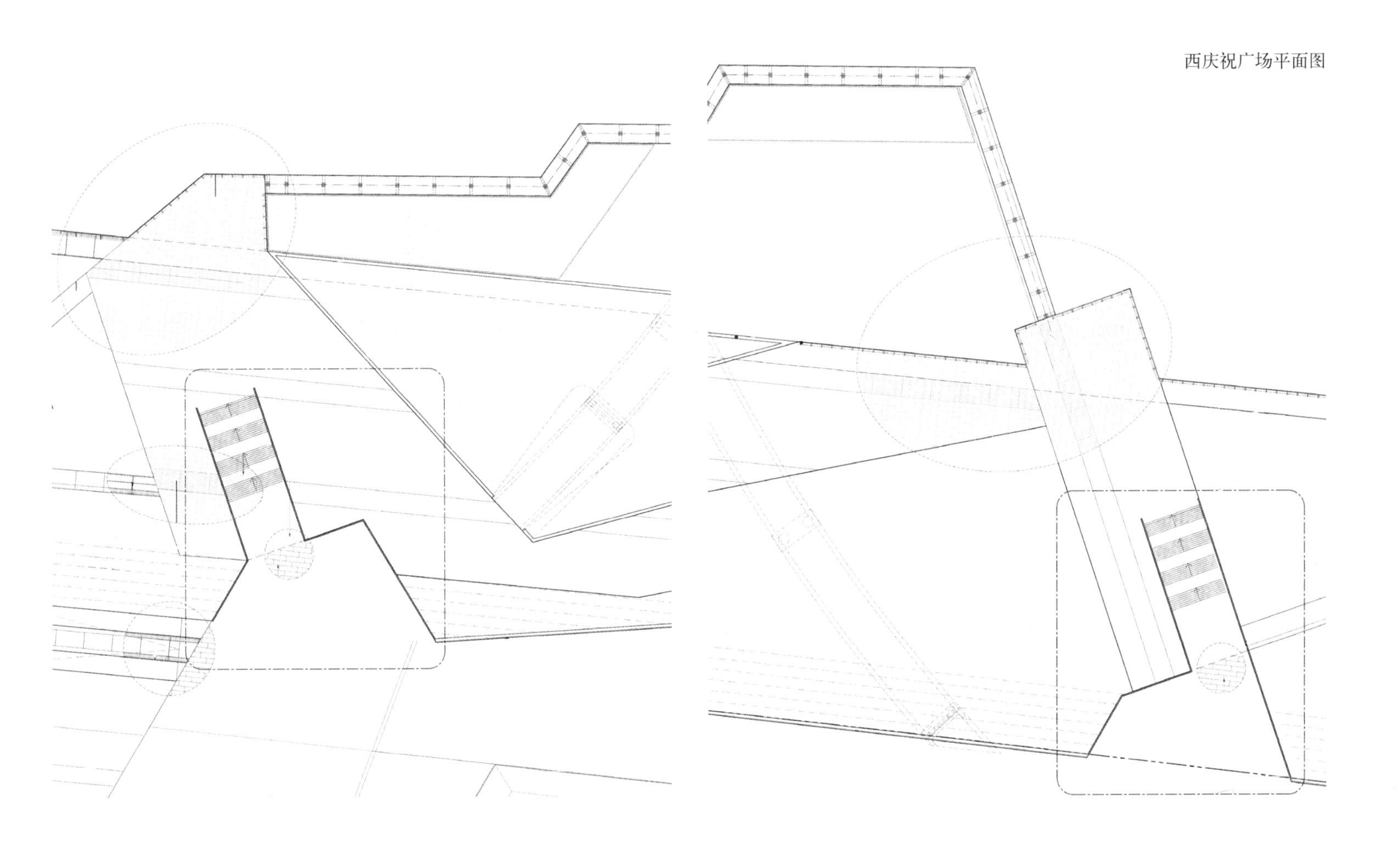

03| 滨水散步道
04| 水上码头

河边护栏剖面图

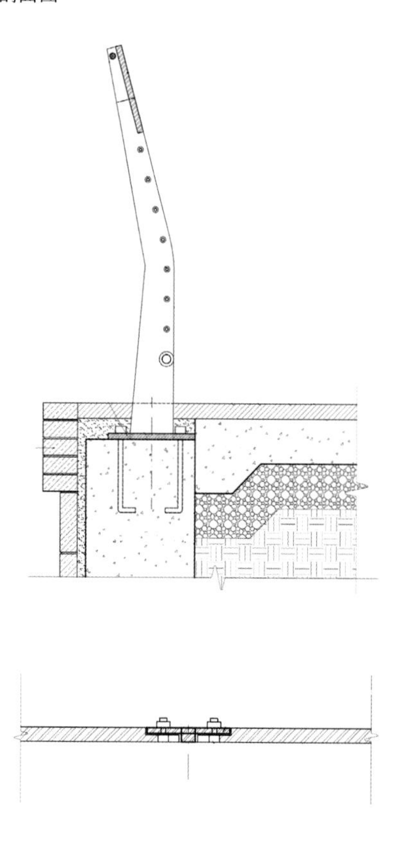

河边护栏细节平面图

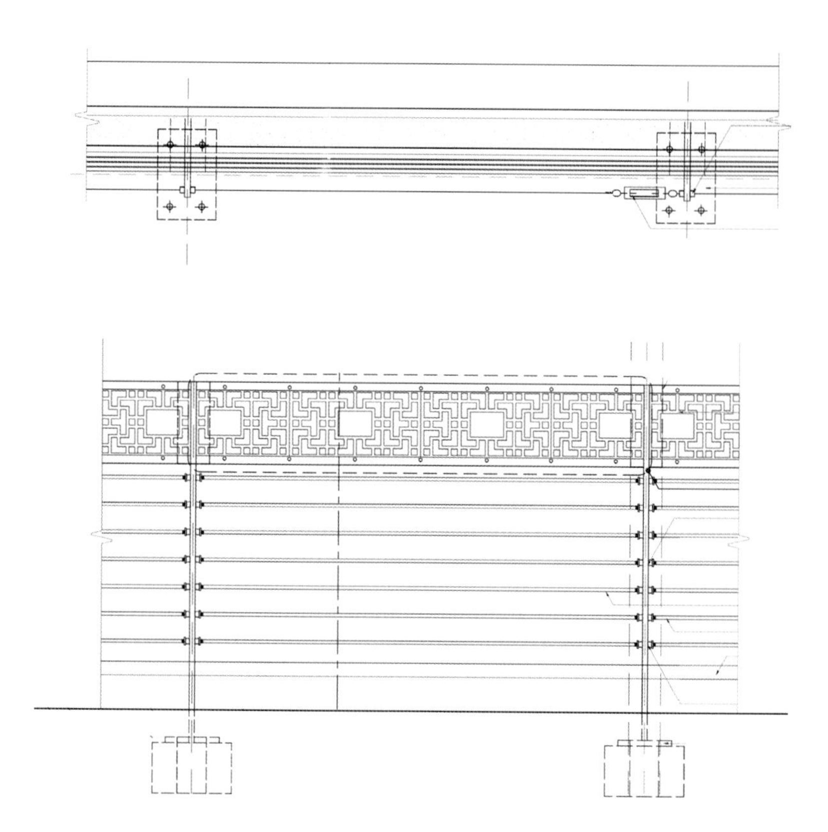

05–08| 定制户外设施
09| 汾河沿岸湿地
10| 跳泉创造了交互式乐趣

09

10

梧槽运河

项目地点 | 新加坡
项目面积 | 1.2 公里
完成时间 | 2013
景观设计 | 安博戴水道
摄影 | 林湘翰
业主 | 公共事业局 (PUB)

由于人口密集，总数近五百万，新加坡不得不采用一种综合方案来管理和利用水资源。梧槽运河是一条城市雨水运河，从武吉知马一直延伸到滨海堤坝。该运河流经密集的城市网络，并毗邻多段繁忙的交通路线。在改造前，它只是一条与混凝土排水渠并行的狭窄通道，只提供了有限的休息空间。梧漕运河的改造成了新加坡全球化进程的重要里程碑。

01

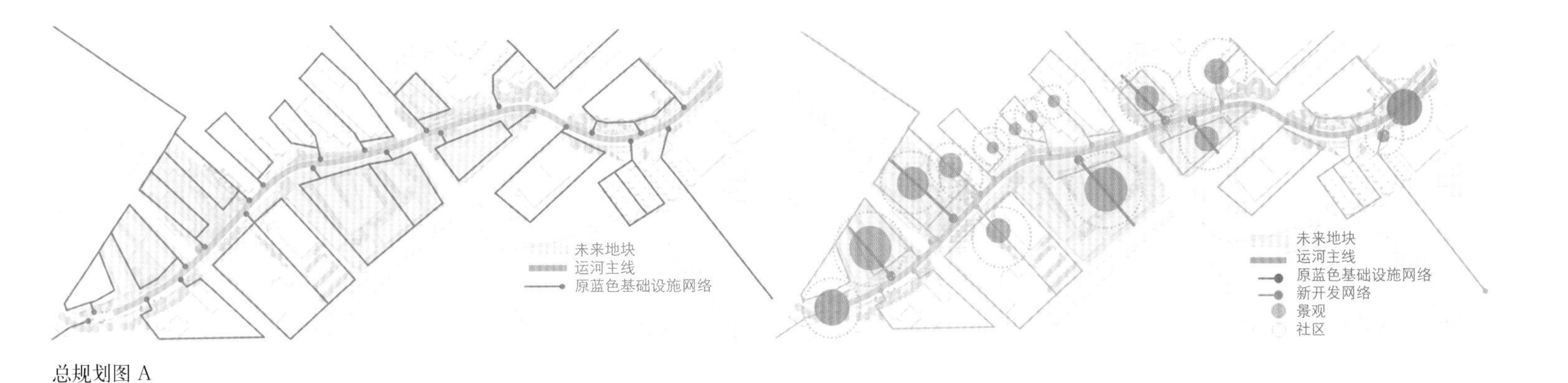

总规划图 A

作为“新加坡 ABC（活跃、漂亮和清洁）水体计划”的一部分，梧槽运河也经过了重要的排水系统升级。此外，在改造过程中，运河不仅被拓宽加深，而且还增加了一条城市散步道、很多长凳、观景台、桥梁、雨水花园和一个社区广场。社区广场位于城市散步道的末端，是该区的一个焦点。木平台提供了浓密的阴凉，能够举办容纳超过 300 人的大型社区活动。除了座椅和平台外，整条散步道沿线还有众多雨水花园。雨水径流在进入梧漕运河前会经过雨水花园的过滤，然后再流入玛丽安水库。

运河的新角色是创造一个“结”，将相互隔离的区域连接起来，并赋予码头、城市和水滨更加鲜明的形象。梧槽散步道与相邻的步行大道平行，是一种结合了绿色、蓝色和橙色（人类）元素的水景，繁荣热闹，生机勃勃。同时，这条绿化带还沿着运河为动物创建了一条绿色走廊，为居民提供了在家门口了解野生生物的机会。

新梧槽散步道的设计旨在让人们更加接近水边。设计采用了分层系统，区分了绿地、车辆、步行者和文化相关的不同城市基础设施，灵活地应对各种现行条件和计划，同时保持项目整体性。

总规划图 B

02| 通向克劳福德路的波状桥梁
03| 梧漕散步道

02

03

04| 夕阳桥
05| 花架遮阳棚
06| 11 个雨水花园周期性地通过运河伸展蔓延
07| 入口广场

斯普雷河滨河散步道

项目地点 | 德国，柏林
项目面积 | 1.2 公顷
完成时间 | 2006
景观设计 | gruppe F 景观设计事务所
摄影 | gruppe F 景观设计事务所
业主 | 柏林城市与发展公司

斯普雷河是一条流速缓慢的低地河流。因为斯普雷瓦尔德森林属于保护区，且柏林周边拥有许多湖泊，斯普雷河维持着只有几分米的极小水位波动。在城区，几乎所有河岸都修建了垂直河岸护堤。因为水质极差，再加上河流本身是一条联邦航道，斯普雷河仅在几个地方设置了直接通道。

设计师负责柏林政府区滨河散步道路段的规划，包括从框架规划到施工的所有工作。该项目的主要部分是整体设计概念、材料和设备指南、日常和游客要求的分析，以及船运泊位、楼梯和旅游基础设施的具体设计。因为散步道毗邻联邦新闻发布会和玛丽 - 伊丽莎白·吕德斯大厦等政府建筑，在施工规划和审核方面还考虑了更高的安全要求。

该设计概念的目的是提供尽可能多的前往滨水区的通道。因此，只在瓶颈路段安装扶手。压顶石稍微侧倾，以提高步行者对水边的认识。压顶石还嵌入了地面灯，以照亮散步道。

01

01 | 面向联邦新闻发布会大楼的风景
02 | 为了方便自行车、手推车和轮椅进入，设计师特别设计了一条“快道”
03 | 护墙沿线的座椅

该项目的铺装非常漂亮。它重新利用了老商业街的历史花岗石铺块，并辅以再利用的铺块。为了给自行车、手推车和轮椅通行提供便利，建筑师还新建了一条快车道。快车道采用花岗石铺面，表面平整。较高的街面通过楼梯和缓坡进入。

该项目通过一条方便步行者和骑行者的散步道及清新的绿植给柏林政府区的滨河区注入了活力。它很快变成了受到居民普遍喜爱的休息区或骑行区。

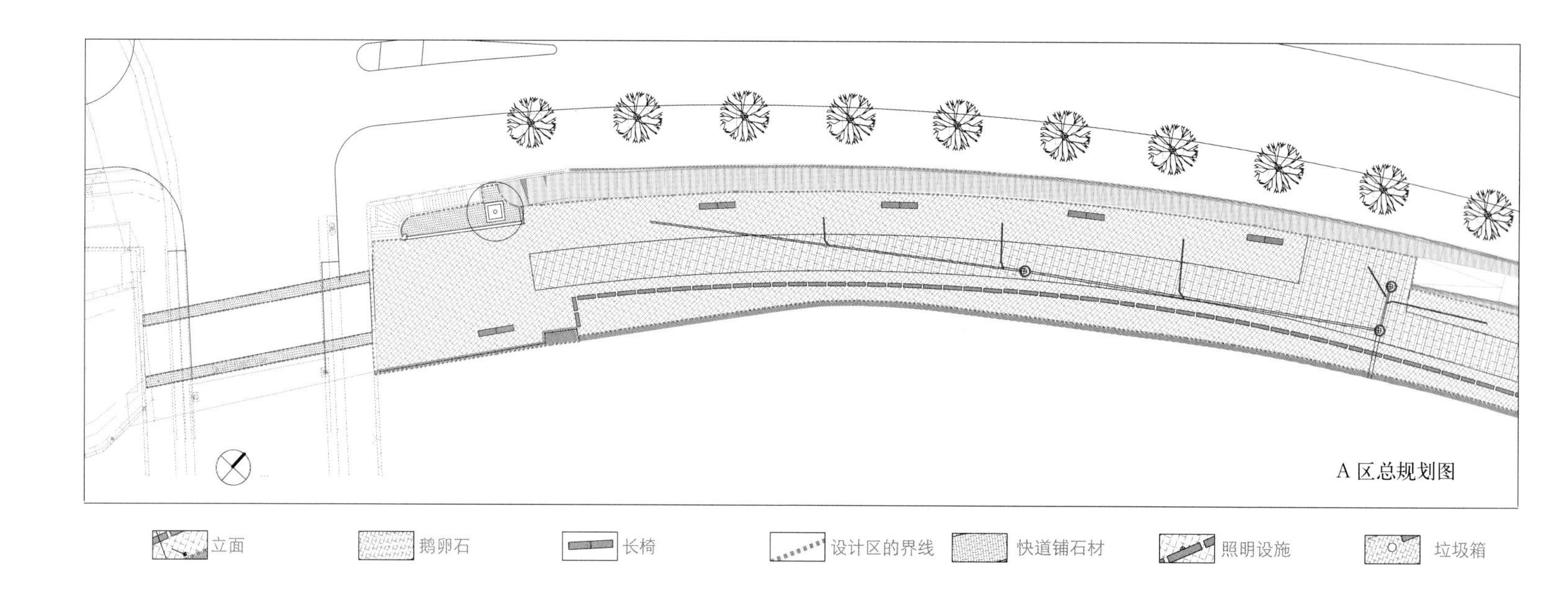

04| 花岗石块座椅
05| 面向中心车站的景色

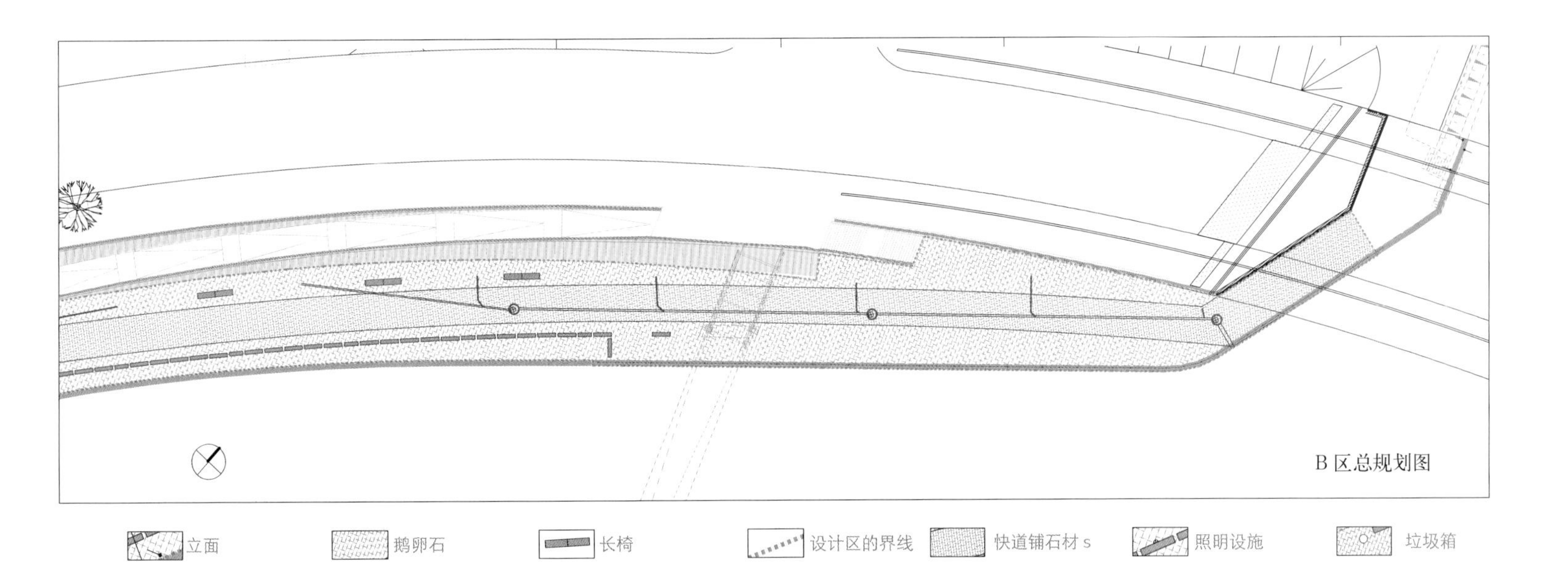

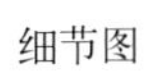

细节图

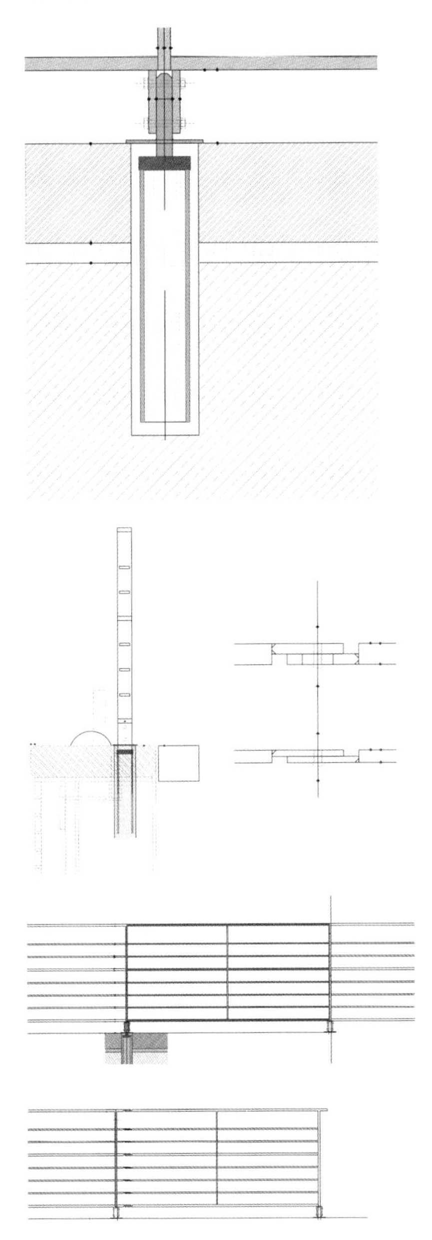

06| 通过台阶和坡道进入上层街道
07| 坡道
08| 安装地灯的滨水区细节
09| “快道”用作无障碍通道

步行天桥下方散步道的剖面图

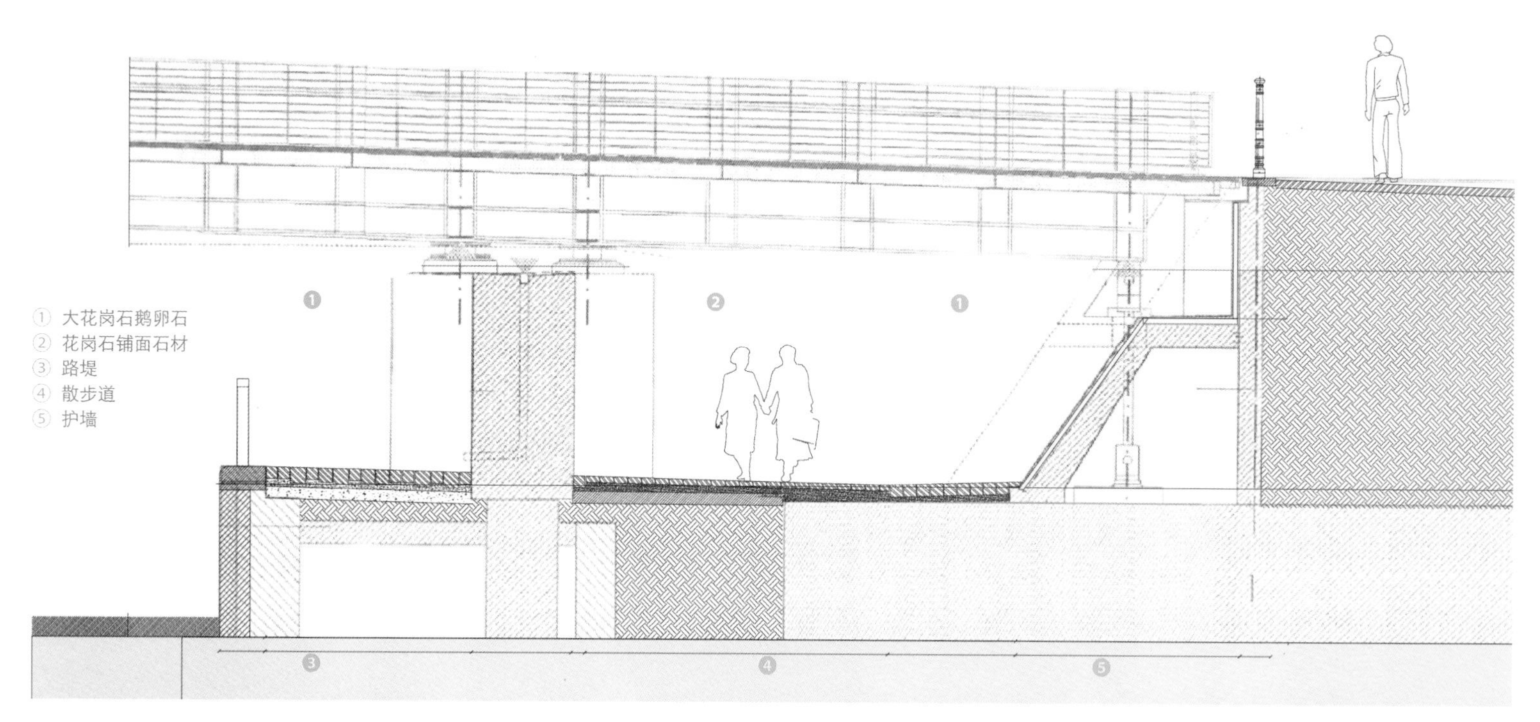

① 大花岗石鹅卵石
② 花岗石铺面石材
③ 路堤
④ 散步道
⑤ 护墙

散步道剖面图

① 大花岗石鹅卵石
② 花岗石铺面石材
③ 路堤
④ 散步道
⑤ 护墙
⑥ 顶石
⑦ 照明设施
⑧ 延伸坡道

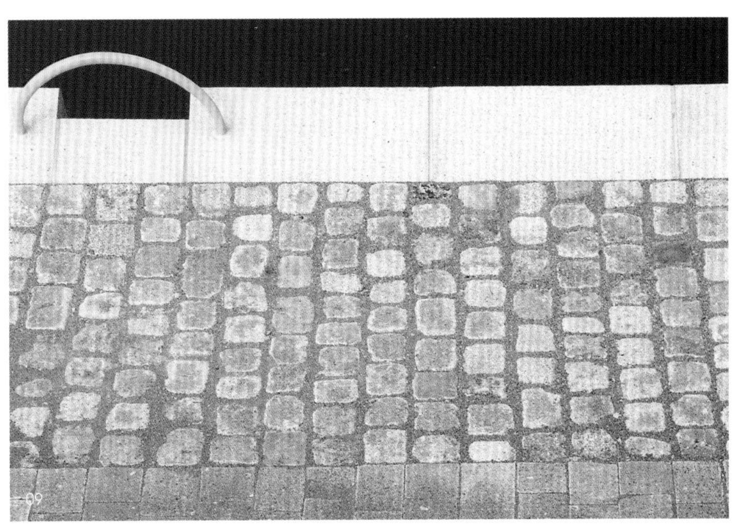

马德里·里约滨水空间

项目地点 | 西班牙，马德里
项目面积 | 150 公顷
完成时间 | 2015
景观设计 | Burgos&Garrido 设计公司，Porras La Casta 公司，Rubio & A-Sala 公司，West 8 公司
主设计师 | 希内斯·加里多
摄影 | 安娜·穆勒、杰伦·玛诗、马德里市政厅
业主 | 马德里市政厅

2003 年，马德里市政府决定掩埋一段 9.7 公里长的路段。该路段位于该城第一条环路（M30）上，属于环城道路的西部路段，跨越曼萨纳雷斯河的两岸。马德里·里约项目是整条 M30 环路的主要交通改造工程的一部分。该工程还包括位于该城不同地点的多处建设项目。

马德里·里约项目包括 9.7 公里长的河岸沿线公共空间的重新组织和城市设计。该区域属于曼萨雷斯河流经的马德里城区。这个大公园的占地面积达 150 公顷，其设计注重一种视觉效果，更精确的说，是视觉效果的具体化。它包括 12 座新步行天桥、6.1 公顷的公共和运动设施、社交、公共和艺术设施、一个城市沙滩、多个儿童游玩区，以及河流水工建筑遗迹的改建。

这仅仅是可见范围内的工程量，不能体现整个工程的工程量。因为从城市表面移走 M30 环路对项目具有更重要的影响。M30 环路一旦拆除，可能会产生很多后果。该项目还包括一个涵盖另外 688 公顷的总体规划。该总体规划以及公共和私人交通的布局决定了建设城市公共设施的多个新地点。它改善并启

01

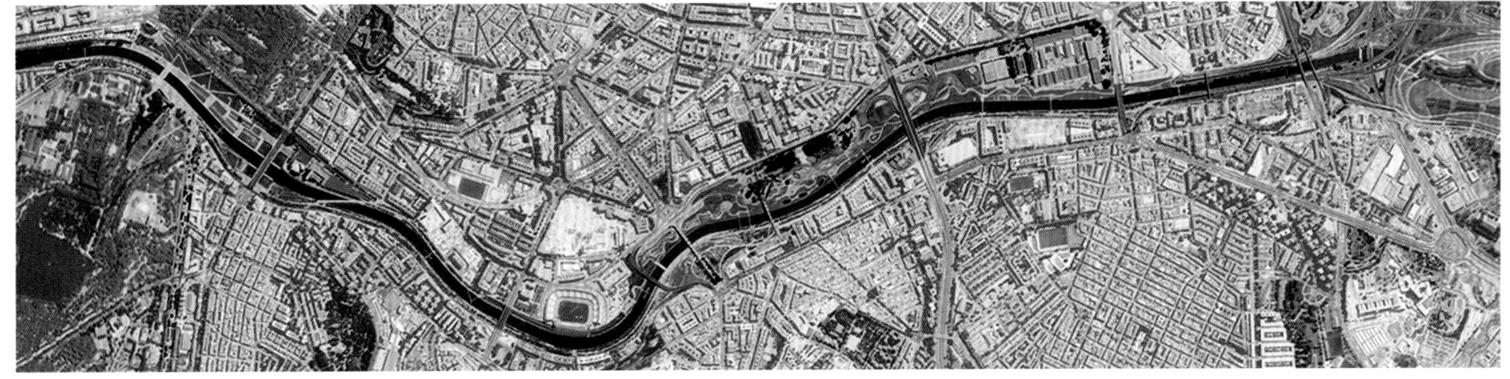

鸟瞰图

示了该区域所有公共空间的设计，而且所有项目都具有5年、10年或15年的时间计划。从整体看，马德里·里约项目主要具有两大极易辨识的城市目标。

首先，该项目旨在治愈位于城市和社会网络中的高速公路在过去40年里带来的创伤。它还要治愈隧道工程本身产生的伤口，因为隧道也非常重要，且具有侵略性。这个目标是如此完成的：设计和修建一条长达48.3千米的人行道；重新组织交通和公共交通线路和系统；新修建12座跨越河流的步行天桥并重新设计现有的6座，让这些天桥更加方便步行者通行。

其二，设计和修建一个完整的开放公共空间，该空间大部分为树木覆盖，能够为所有人使用——滑旱冰者、骑行者、闲逛者、登山者、跑步者、当地人和城市游客。纵向看，它将马德里漂亮的外部景观（大多数仍然处于自然状态）与具有明显的城市特征和极其密集的内部空间连接了起来。

马德里·里约项目的大部分（60%）表面区域——超过8.1公顷——主要位于地下道路上方，但它们也包括城市基础设施系统的技术室。因此，制定解决这些技术问题和细节的方法对项目获得成功非常重要。该项目从纵向将基础设施与上层建筑连接起来；将各种各样且显然混乱的工程结构与城市结构连接起来；将掩埋建筑的陡峻地形与城市平面和一个略微起伏的自然空间连接起来。因此，地下结构的地形和深度发生了重大改变。

马德里·里约项目总体而言是世界上最大的“城市毯式建筑”之一。植被是该项目顶层采用的主要材料，以创造一种茂密的生态环境——一种建立在静态地下基层之上的动态景观。它可能是将大型基础设施和已建城市网络与周边自然环境进行完美融合的项目之一。该项目的目的是创造这样一个地方——景观、城市、建筑和城市基础设施共同创造了一个更加多样化的环境，以及一个更加绿色，更加适宜居住的城市。

01| 葡萄牙大道
02| 松树大道

02

公园平面图（绿色区和步行区）

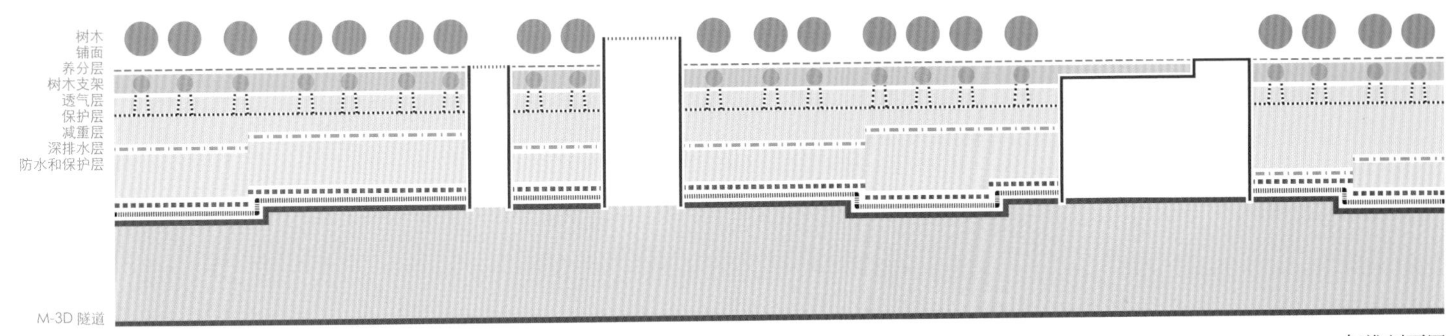

标准剖面图

03 | 松树大道和改建水坝
04 | 圣女波多黎各花园

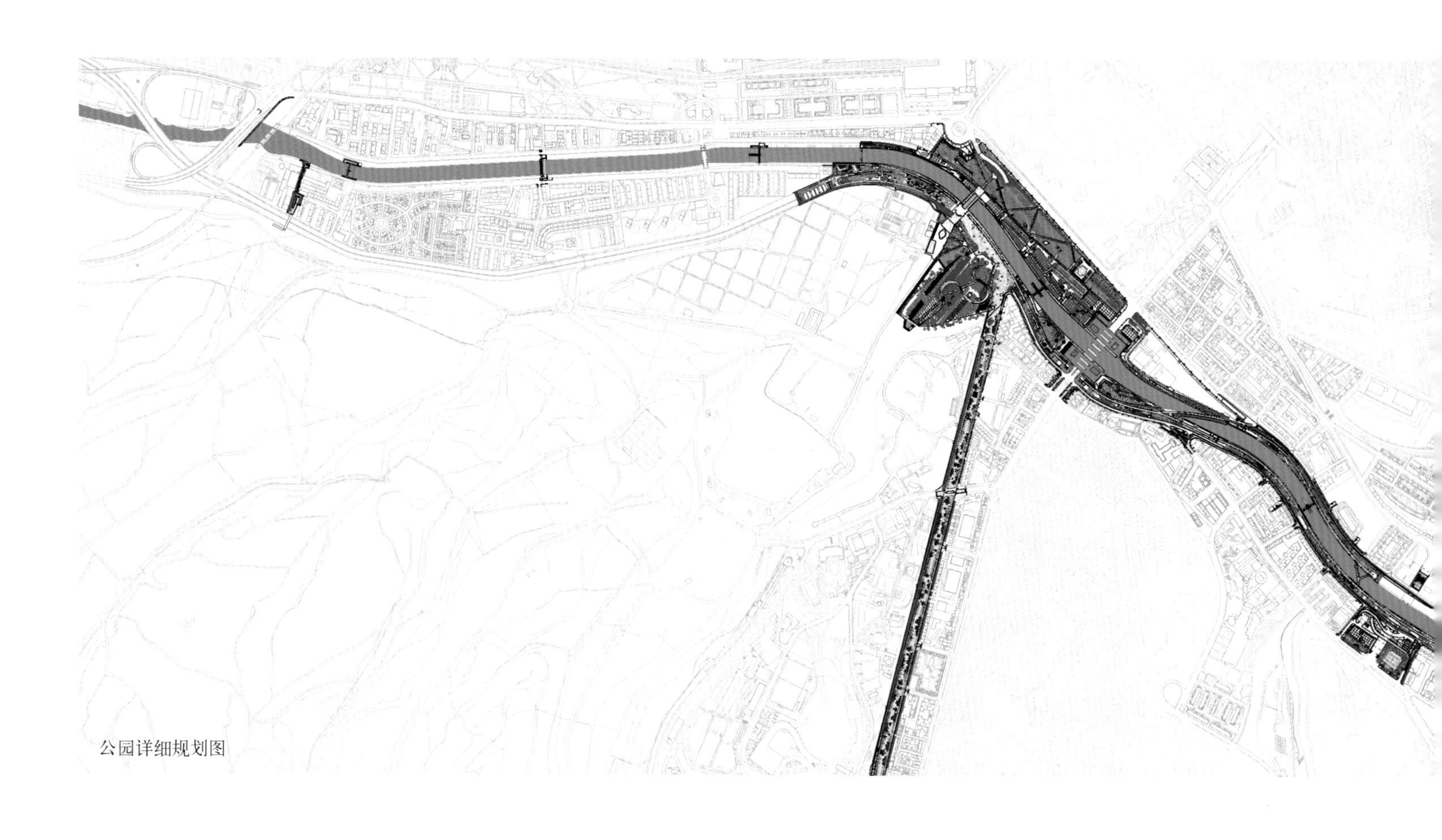
公园详细规划图

05

06

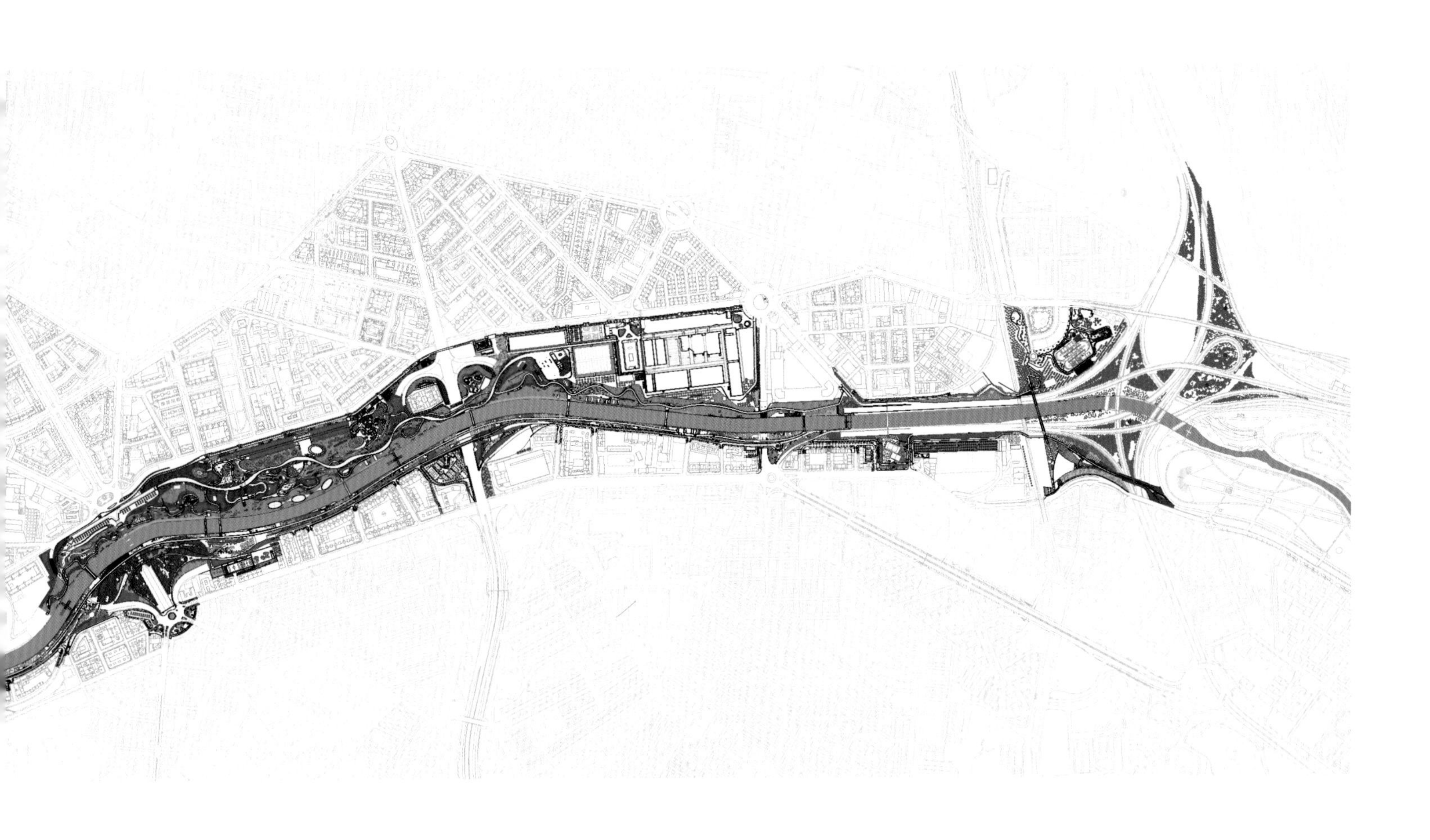

05–06| 松树大道
07| 圣女波多黎各花园

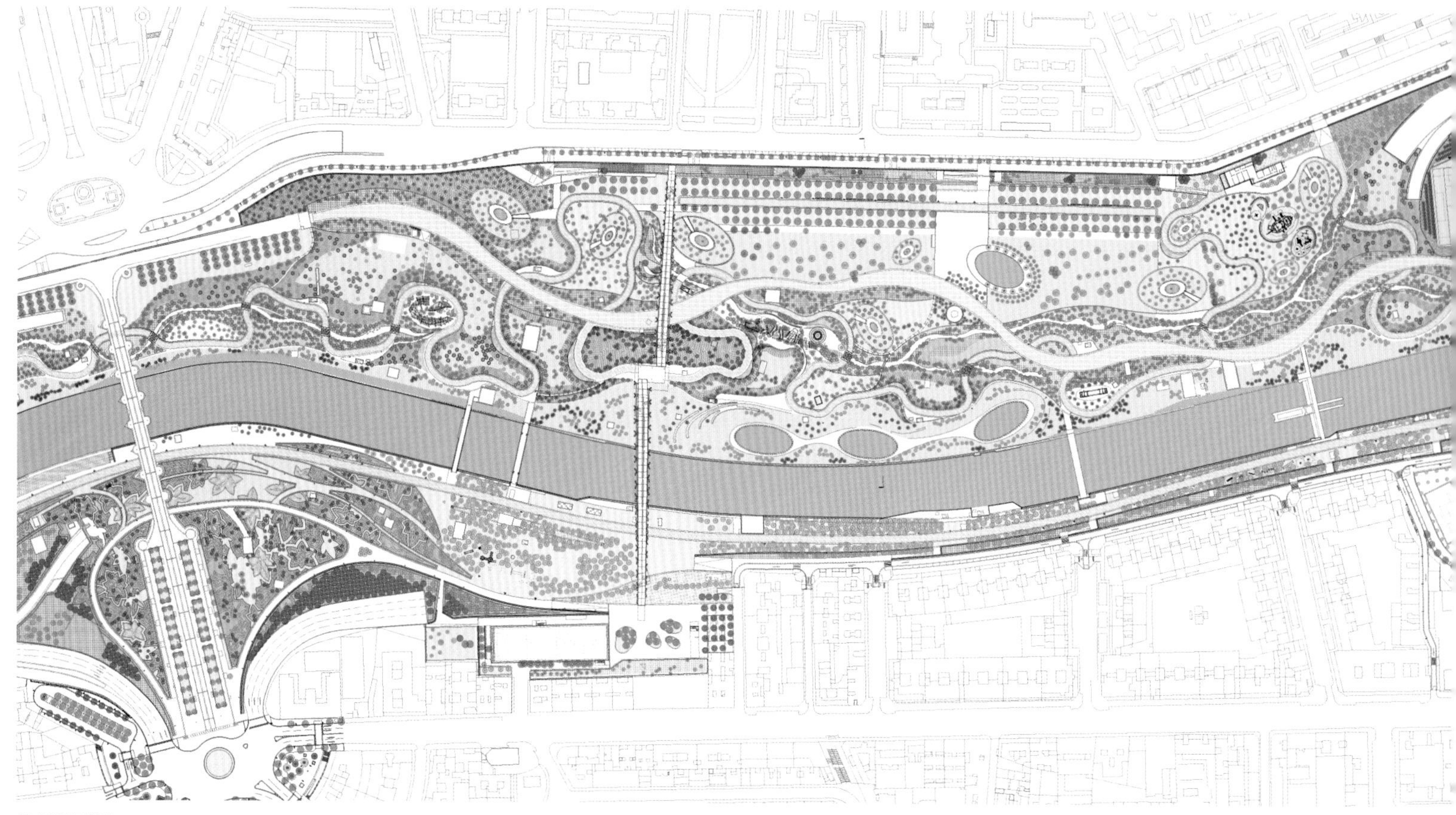

公园平面图

08

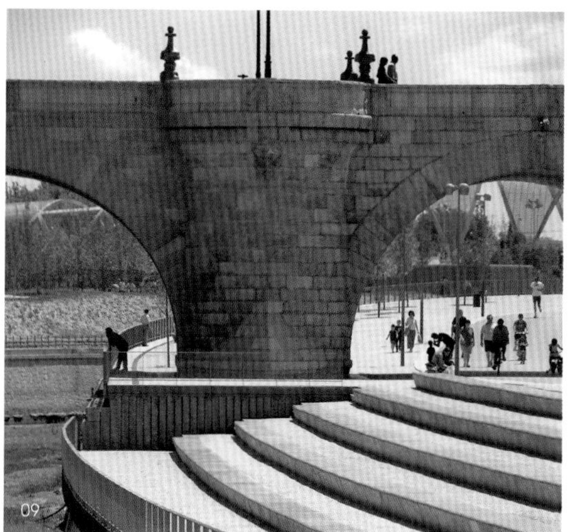

09

10

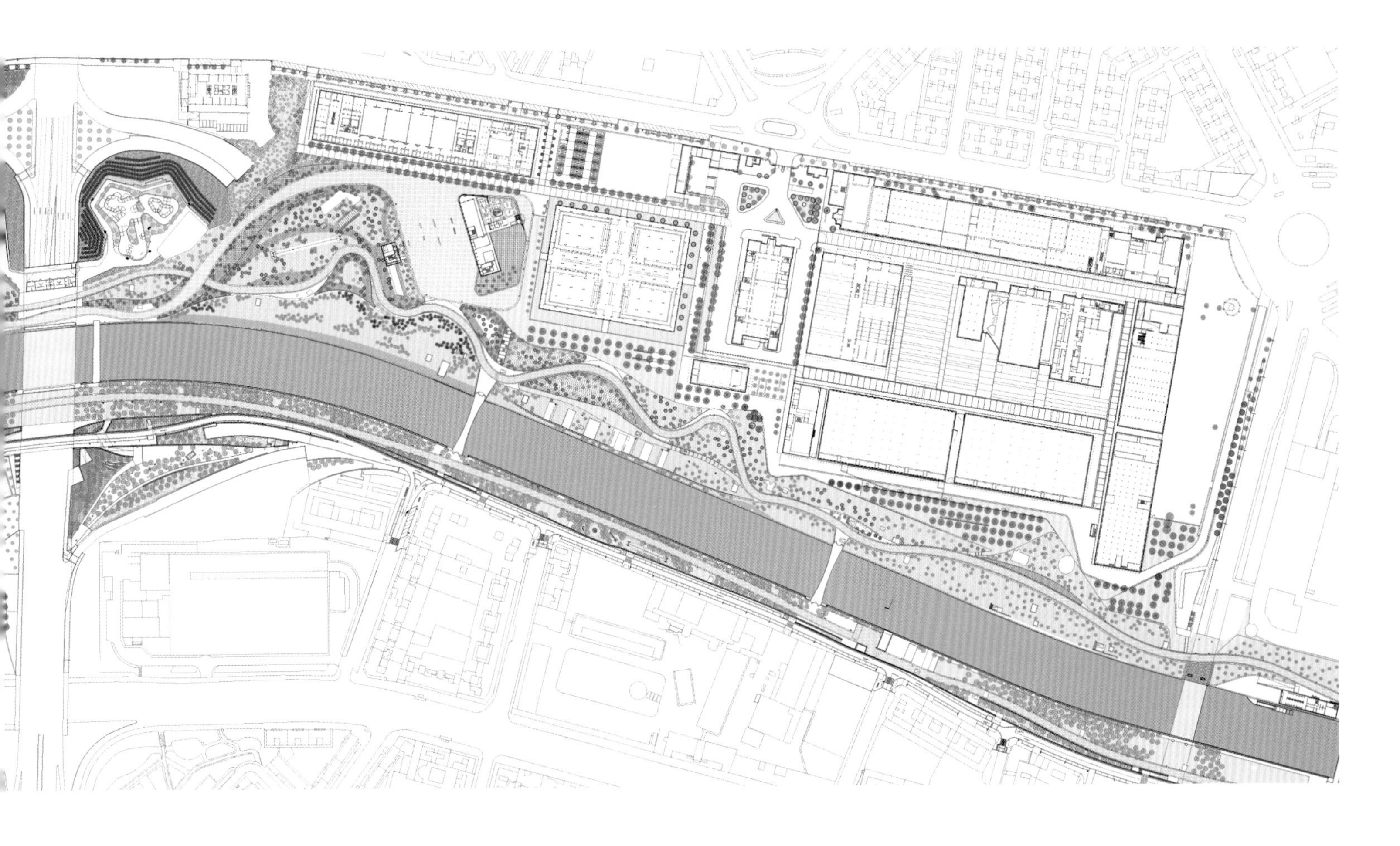

08–10| 托莱多桥
11| 阿尔甘苏埃拉公园

韦莱涅市中心步行区步道

项目地点 | 斯洛文尼亚，韦莱涅市
项目面积 | 1.7 公顷
完成时间 | 2014
景观设计 | ENOTA 设计公司
摄影 | 米伦·卡比奇、布兰科·纳维斯尼克、尼克·纳维斯尼克
业主 | 韦莱涅市政府

韦莱涅“步道”是一条主要城市干道，也是一个重要的城市空间。它是韦莱涅市中心的轴线之一。韦莱涅是一座规划于 20 世纪 50 年代的年轻城市，建立在现代主义花园城市的设计理念之上，因此对斯洛文尼亚人来说是，这一个独特的城市。该项目的目的是完成该城市未完成的规划，并帮助其回归花园城市的原始定位。由于需要为公共交通预留较多的空间，这个改建项目必须满足两个看似矛盾的要求：“更多绿化、更多项目”才能成功。

现有步道是由一条约建于 30 年前的交通道路改建而来的。尽管重新铺了路面，但它却从未进行过足够彻底地改变。步道保留了公路的性质，路面过宽，且因为缺乏内容而显得单调。它是一种介于公路和步行区的混合空间——主要为中学和社区健康中心的学生和工作人员快速前往内城提供了一条捷径，没有考虑到散步的需求。

经改造，这条宽阔笔直、具有清晰的起点和终点的连接通道转变成了一系列微环境——一系列由轻微弯曲的窄路连接成的局部扩宽路面。这些扩宽部分（实际上是广场）采用漂亮的混凝土环境设施（长凳）。精心布置的环境设施能够吸引行人放缓脚步，并为更多的规划项目构建空间。部分步道绕行于周

01

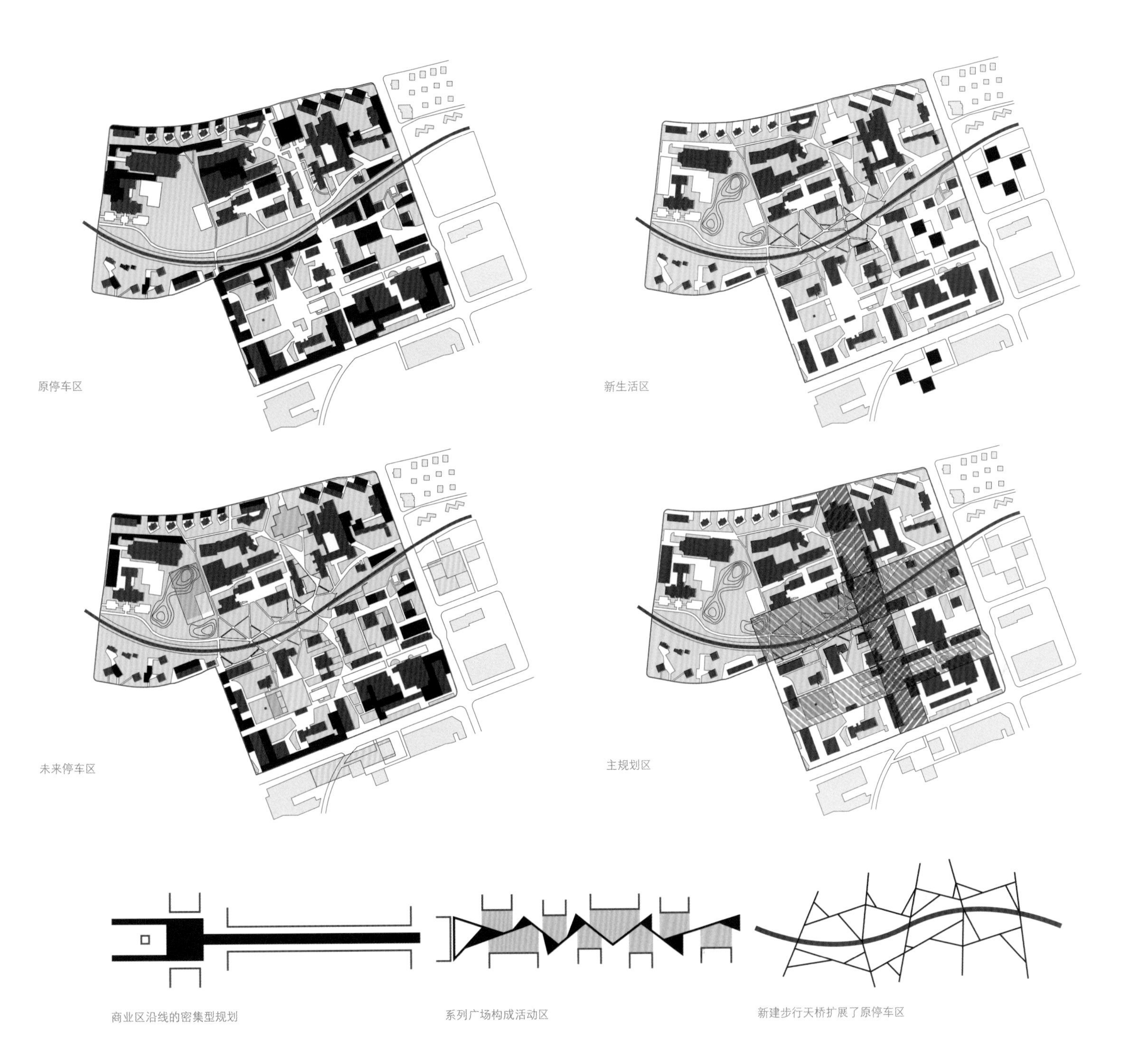

01| 河边阶梯式看台

边建筑，沿路创造了更大的开放空间，为未来从建筑向外扩建或修建其他所需设施保留了空间。在项目初期，为节省成本，所有新建公共空间都只是简单地设计成沙地或草地，特别是以沙地在草地和铺设城市空间之间构建了一条成功的中间地带。这个地带具有多种功能，而且所需投资不多。

该步道在改建后变成了韦莱涅的一条主要活动轴线。其中心路段是沿河的露天剧场。帕卡河水流湍急，每年都会有数次大幅涨水，但在其他大部分时候水位相对较低。因此，它的河床非常深，所以直到今天，虽然河流是城市的一道亮丽风景，帕卡河却让人们看不到的深处流动。宽敞的桥梁同时也意味着，人们在穿过的时候很难看到河流。设计师们通过缩小桥梁，并将其位置迁移到前轴线以外的地方，从而获得了修建一个圆形剧场的空间。该空间缓慢向河流水面倾斜。河边漂亮的圆形剧场以新桥梁为背景，变成了韦莱涅的活动中心，而河流也再次成为市民心中的一个重要地点。

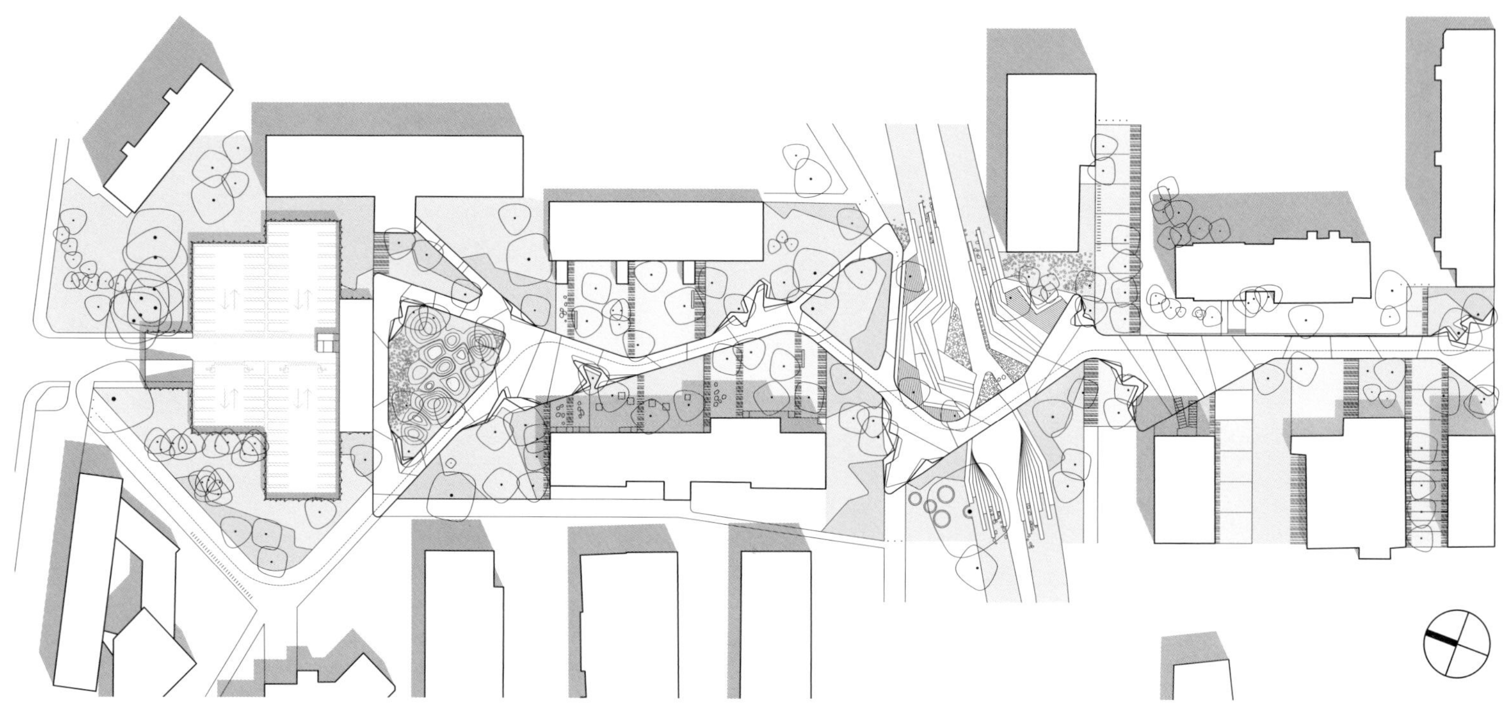

总规划图

02| 鸟瞰图
03| 河边阶梯式看台为儿童戏水提供了场所

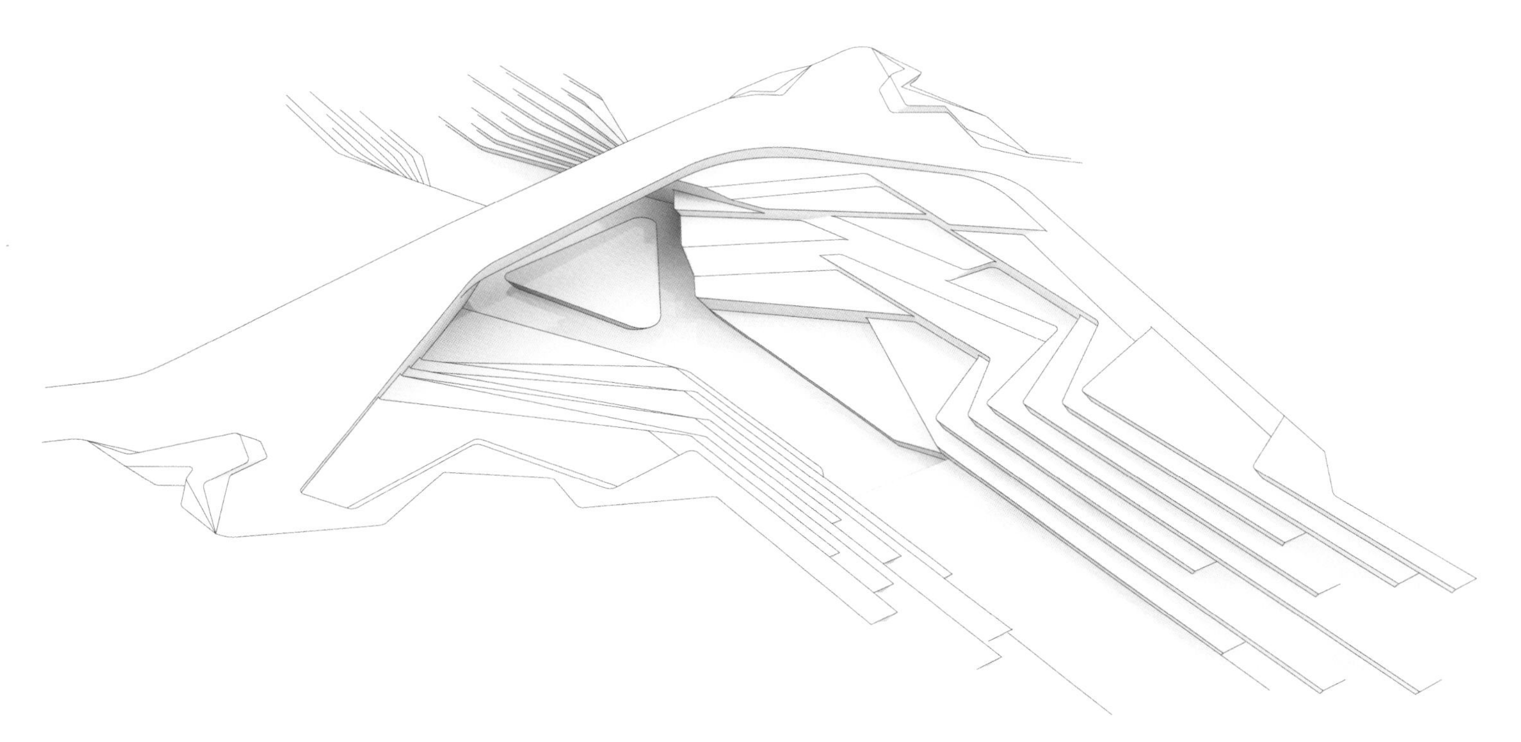

阶梯式看台 3D 图

混凝土元素

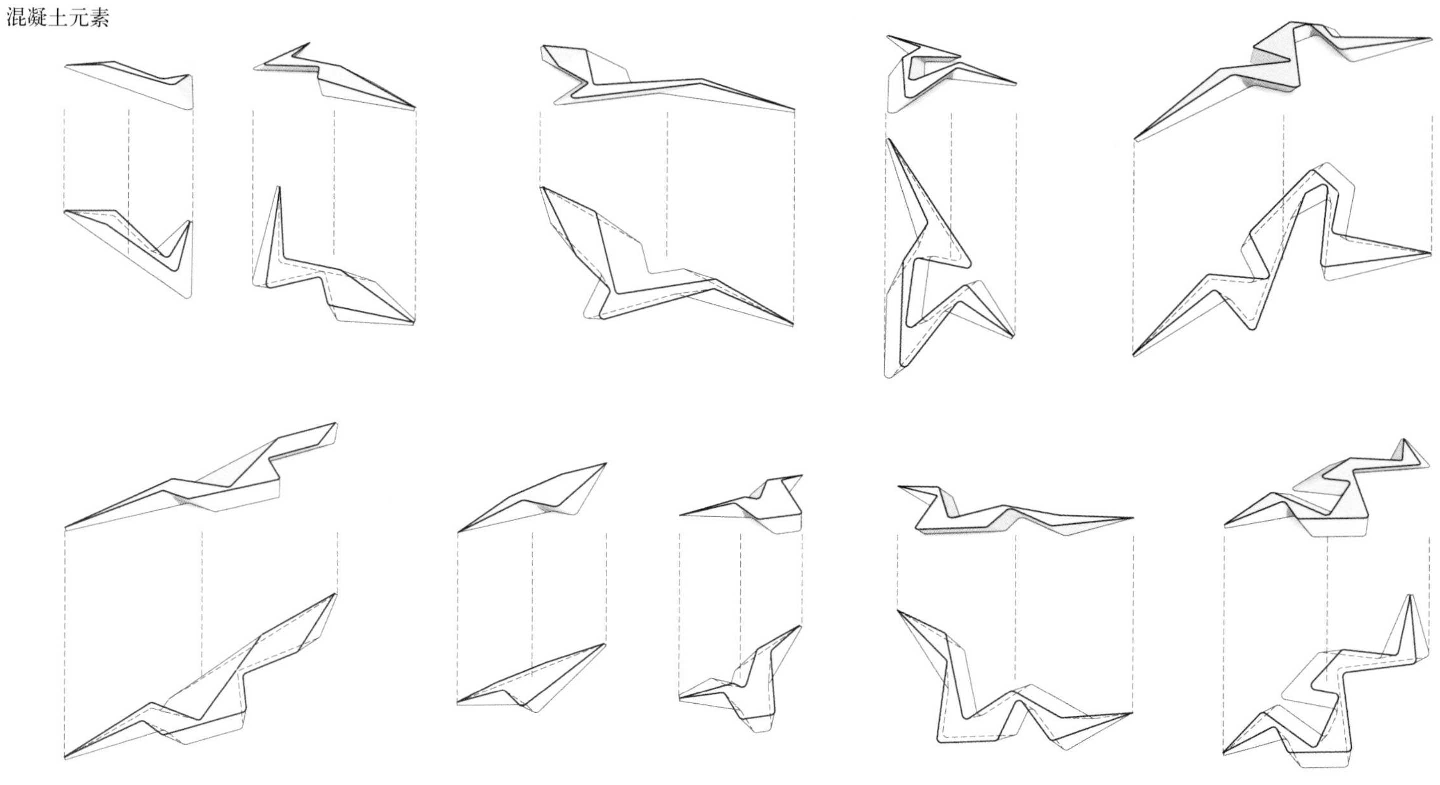

04

05

04–07| 不同视角的河边看台

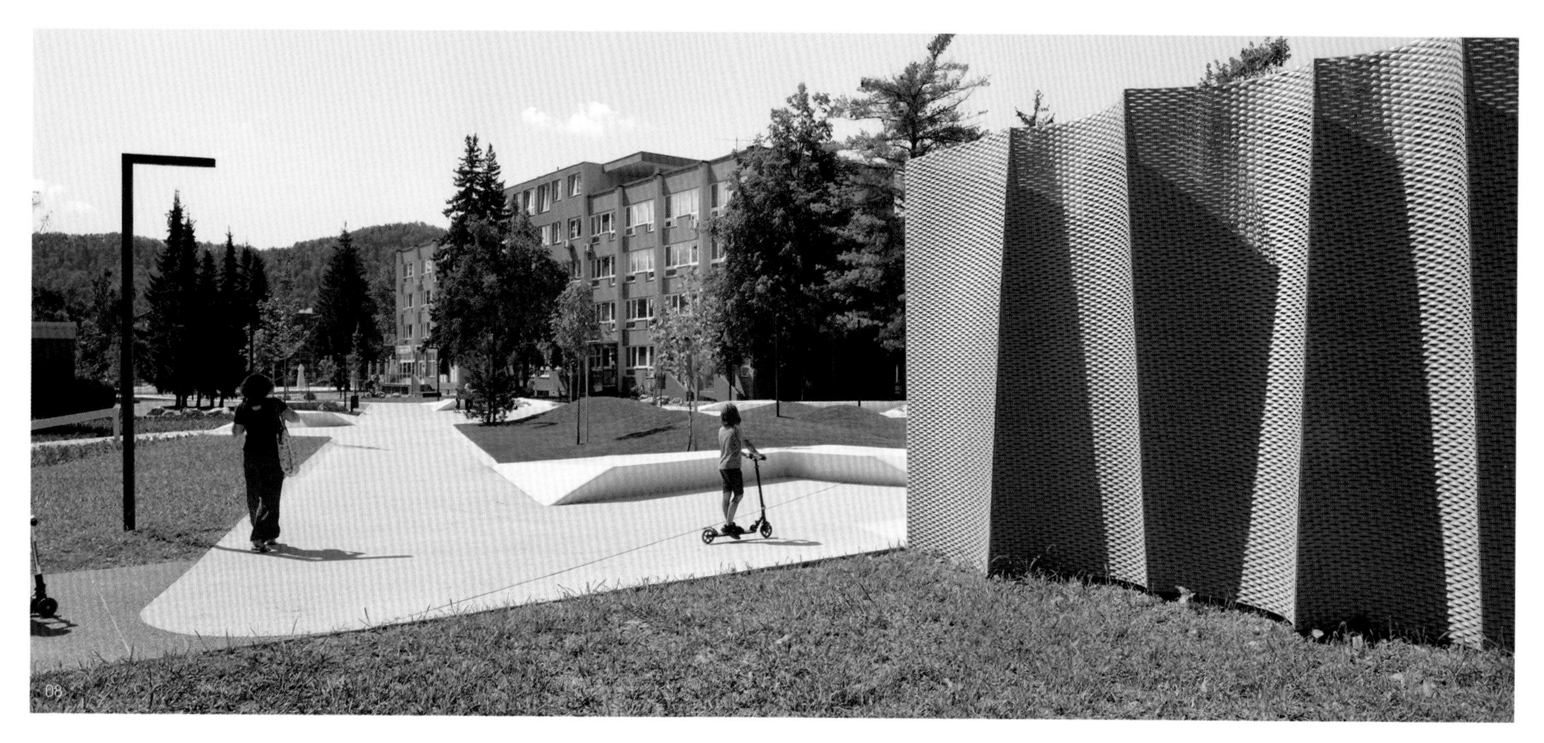

08

剖面图和立面图

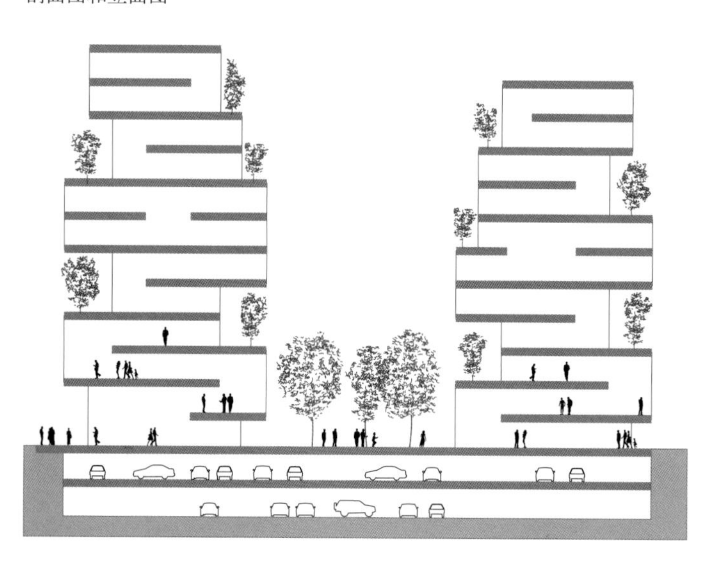

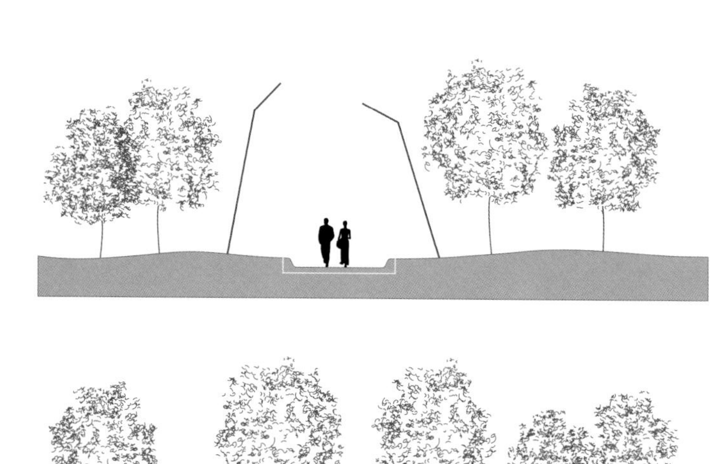

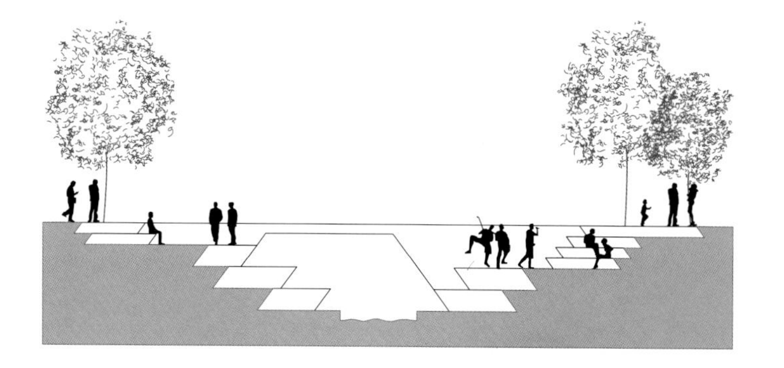

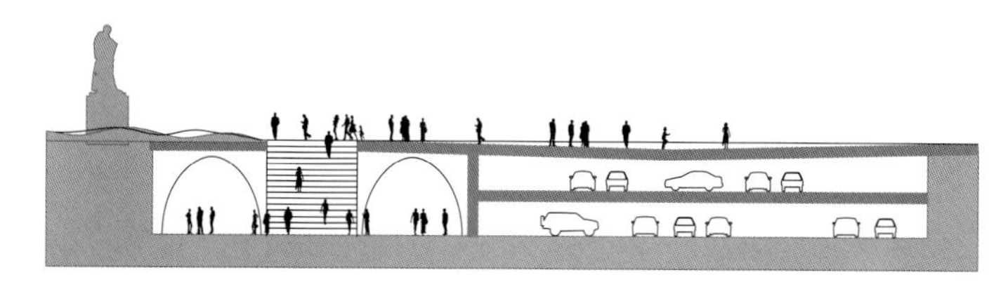

08| 公共规划
09| 从新桥梁看到的景色
10| 步道全貌
11| 聚集在此观看表演的人们

奈梅亨河流空间

项目地点 | 荷兰，奈梅亨
项目面积 | 120 公顷（冲积平原）
完成时间 | 2016
景观设计 | H+N+S 景观设计事务所、Trafique 公司
桥梁设计师 | Zwarts&Jansma 建筑事务所、Ney-Poulissen 建筑和工程事务所、NEXT 建筑事务所
摄影 | 希比·斯瓦特、H+N+S 景观设计事务所
业主 | 奈梅亨市政府和河流工程办事处

01

荷兰处于西北欧的低地三角洲。在过去一千年里，这里众多河流的河堤越来越高、越来越坚固。然而，因为气候的变化，河道流量有所增加，极高的水位将更加频繁地出现。自 1995 年的河流泛滥后，荷兰河流空间计划被提上了日程，其目的是将更多的空间返还给河流，以减少洪水风险。

荷兰河流空间计划的目标是为河流提供更多空间，以让较高水位的水流安全通行。沿河有 30 多个地点采取了措施，以增加河流空间，减少洪水危险。这些措施的采用是为了提高紧邻周边环境的质量。

这是河流空间计划中最复杂的项目。项目在历史中心和瓦尔河北岸之间修建了一条旁通渠，从而在瓦尔河中形成了一个加长的小岛，而新修的几座桥梁则增加了该区的连通性。这座小岛以及旁通渠共同构成了一个河流公园，它不仅能减少洪水危险，还能创造休闲、娱乐和美学价值。

这个河流公园成了奈梅亨瓦尔河新抗洪计划的亮点。其设计基于河流的水文动态、侵蚀和沉积过程以及潮水的变化。这个城市河流公园是开放的，而且设计充分融入了考古和历史元素。这种创新的公园设计使得空间能够以不同的方式加以利用，包括在新小岛上举办各种活动和展览。

设计由三个元素构成：创造、增加和水流运动。“创造”层面表示施工阶段修建、挖掘或抬高的元素。第二层“增加”展示了景观在未来将如何变化（自然和已建环境）。第三层“水流运动”显示了水位在不同季节中的波动。

体验河流景观和融入河流动态是设计的主要目标之一。有些小路在水位较高时偶尔会被淹没，只有通过踏脚石才能通过。此外，河流的通达性也有所提高。再则，设计还全面考虑了沉积和侵蚀过程产生的条件，将逐渐创造不同的生态类型——河流景观的独特特征。这个曾经频频受洪水泛滥的区域如今变成了人们可以通行、逗留和娱乐的地方。

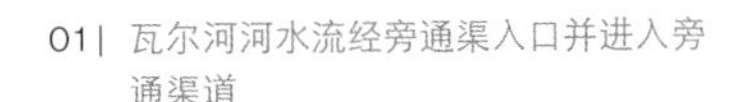
01| 瓦尔河河水流经旁通渠入口并进入旁通渠道

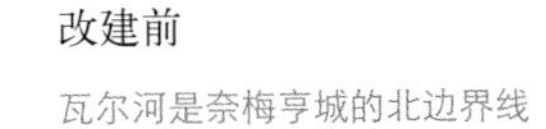
改建前

瓦尔河是奈梅亨城的北边界线

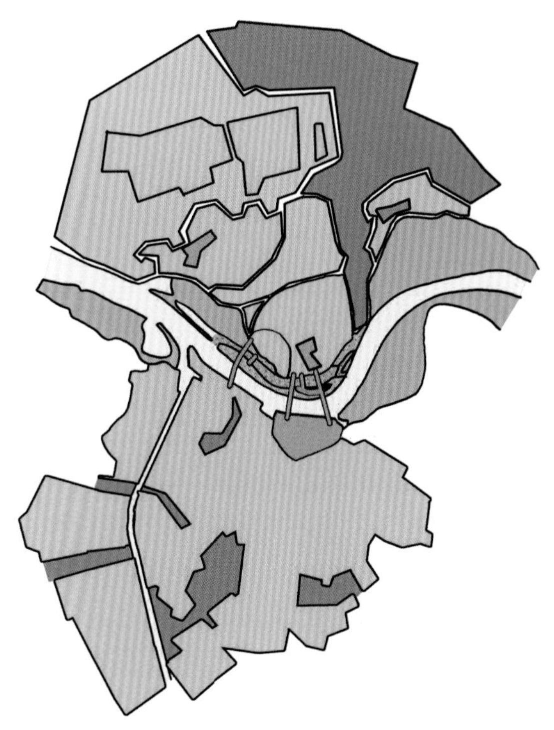
改建后

瓦尔河和新旁通渠道及河流公园是城市的一部分

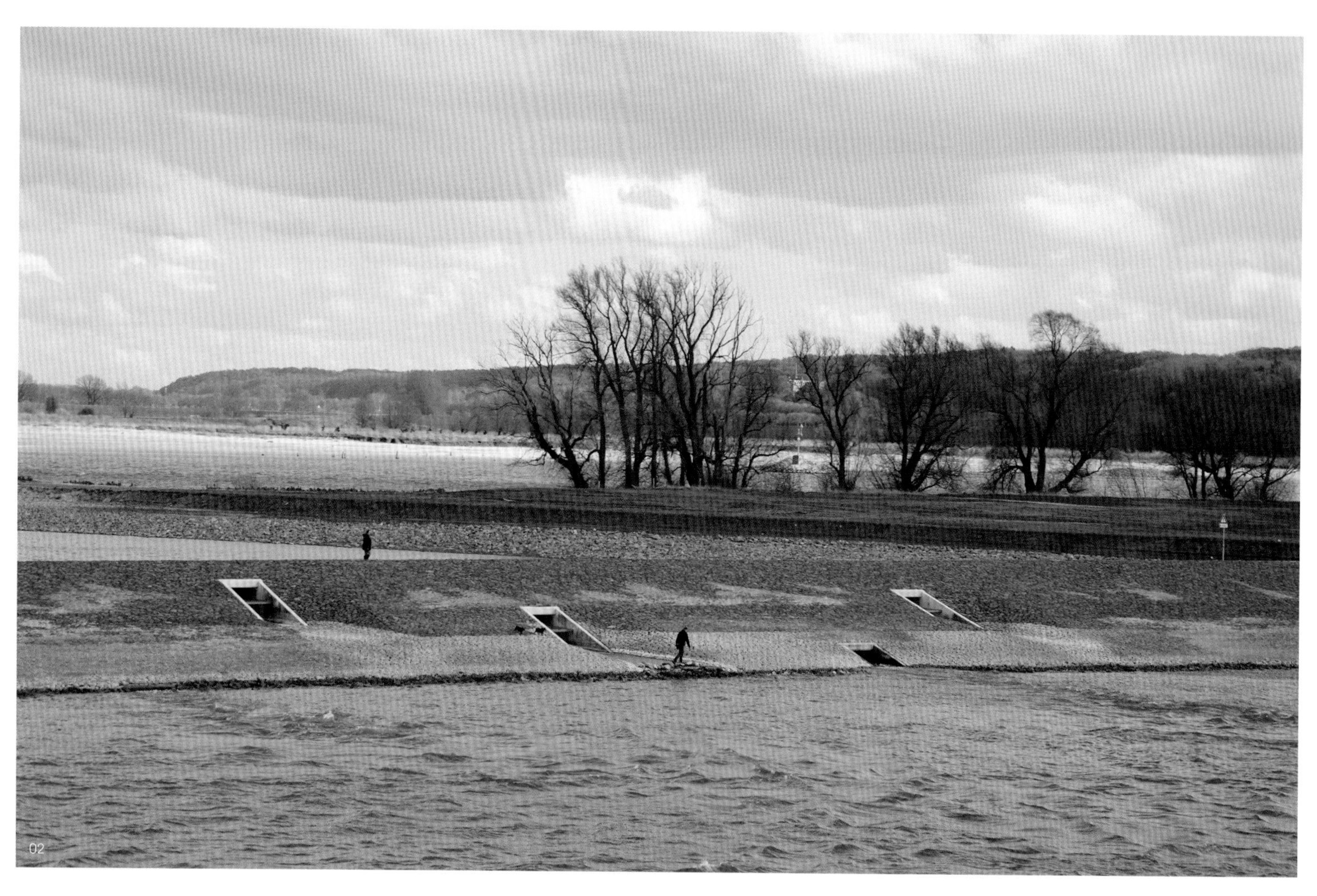
02

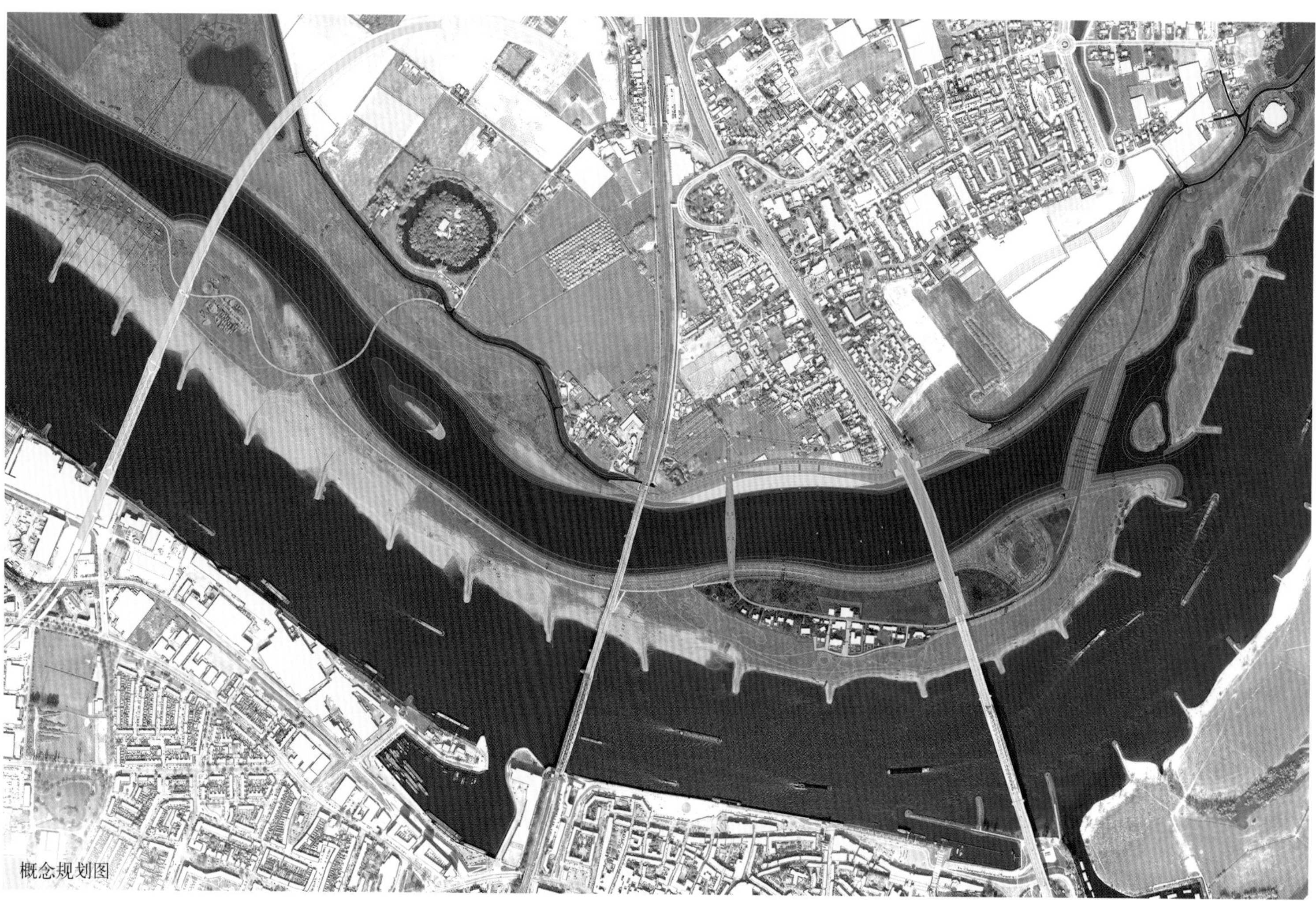
概念规划图

02| 旁通渠入口设置了向水道输入淡水的管道
03| 规划区和新桥梁以及前景中的高压岛

水文历

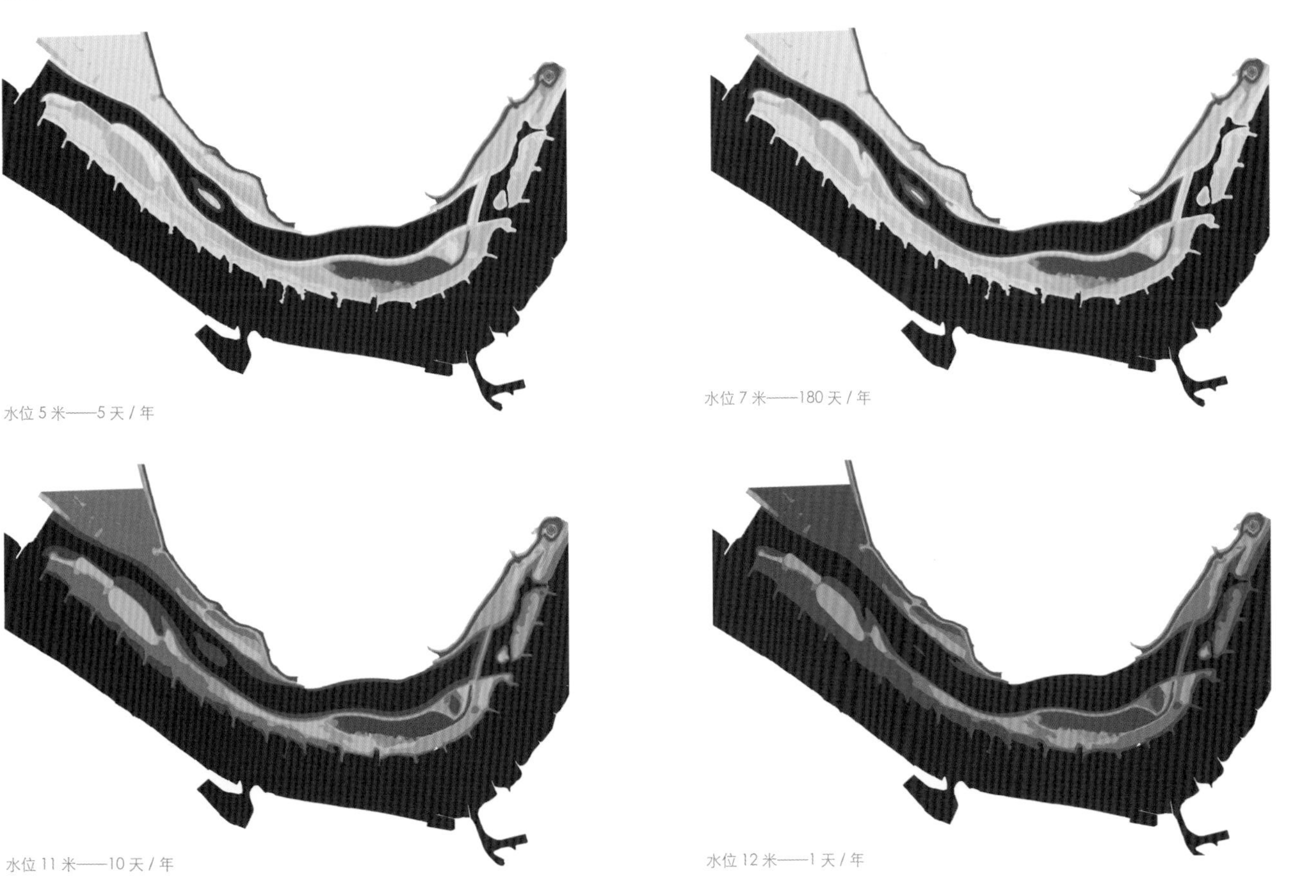

水位 5 米——5 天 / 年

水位 7 米——180 天 / 年

水位 11 米——10 天 / 年

水位 12 米——1 天 / 年

旁通渠剖面图

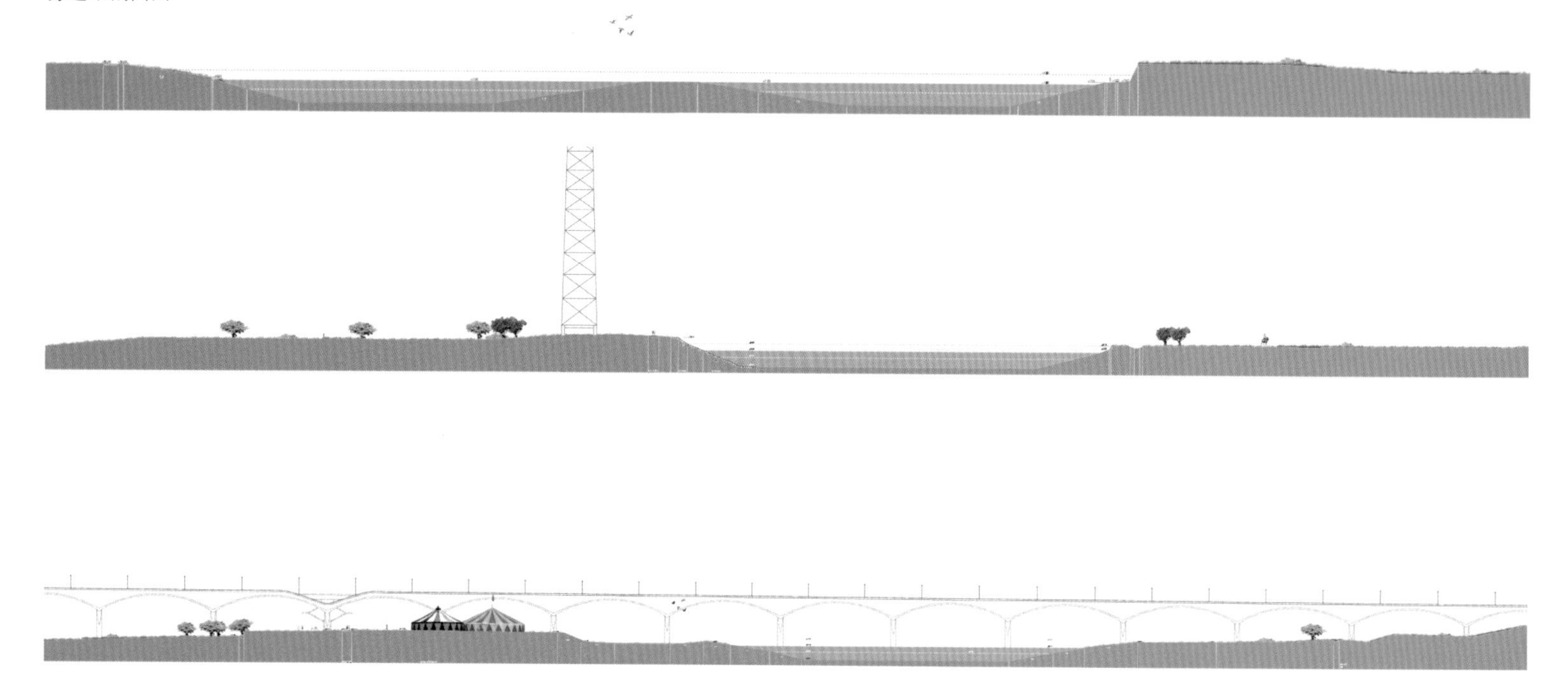

04| 改建前没有旁通渠时的洪水泛滥情况
05| 瓦尔河大桥（Zwarts en Jansma 建筑师事务所设计）
06| 城堡大桥（NEXT 建筑师事务所设计）
07| 散步道大桥（Ney-Poulissen 建筑师和工程设计公司设计）

04

05

06

07

里约热内卢奥林匹克大道

项目地点 | 巴西，里约热内卢
项目面积 | 25 公顷
完成时间 | 2016
景观设计 | B+ABR Backheuser e Riera 设计公司
摄影 | 米格尔·萨、安德烈·桑切兹、弗朗西斯·费格雷多、波多诺弗 / 市政厅
业主 | 里约热内卢港口区城市开发公司（附属于市政府）

奥拉康德海滨占地面积约 25 公顷。在过去的 50 年里，该区域一直被视为一个环境恶劣的工业废弃区。奥拉康德海滨不仅是港口区，也是市中心改建和振兴计划的一个基本部分。该项目旨在通过扩张、连接和改善公共空间来提高当地居民的生活质量和社会经济技术及环保可持续性。项目关注市民和步行者，彻底改变了一个汽车优先于步行者的城市。为了确保达成目标，一片广阔的区域被划分成了三个部分，并且禁止车辆进入：

- 奥林匹克大道，位于属于港口区的旧仓库和第二排建筑之间。该区被改造成了一条宽敞的绿色步道，仅允许步行者和一条新电车路线通行，从而与汽车道隔离开来。该散步道及自行车道的边道设置了供人们放松、游玩和聚会的空间。奥林匹克大道为市民们创造了合适的休闲空间。在这里，市民们可以进行长距离散步、跑步、骑车、滑冰等活动。此外，这里还能当作礼堂使用，因为那些仓库经过改建后，变成了可举办各种活动的多功能结构。

- 玛娃广场，被视为该区最主要的公共空间。位于奥林匹克大道沿线的这个中心区不仅是各种步道的交叉口，而且是一个有重要纪念意义的公共空间。设计师在此设计了一个与周围建筑比例协调的大厅。此外，具有建筑和文化意义的建筑如明天博物馆和里约艺术博物馆也是该区的景点之一，

01

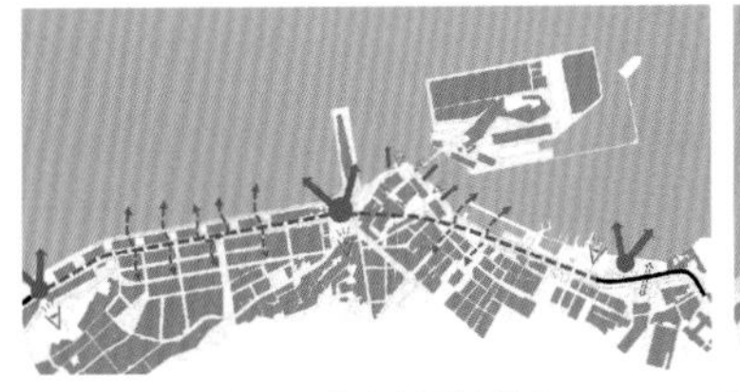
掩埋高架桥并建立新视觉联系和城市关系

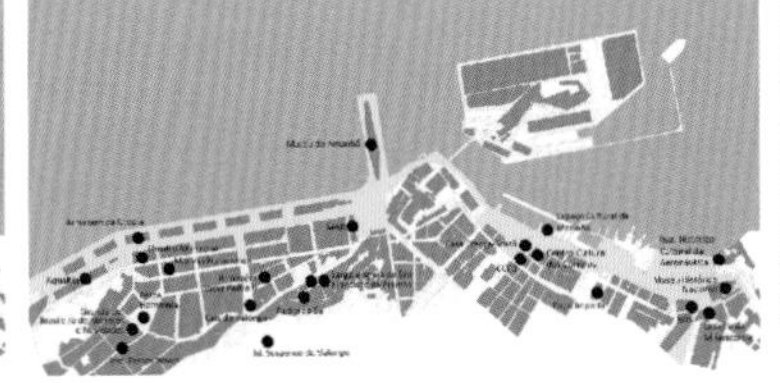
精心设计过的文化景点

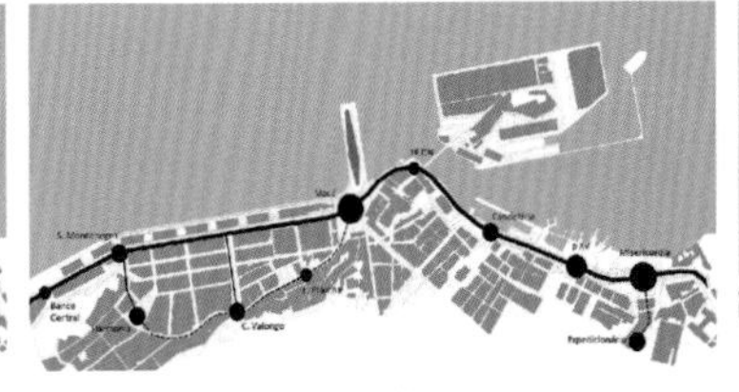
连接原来和新建景观柱的通道

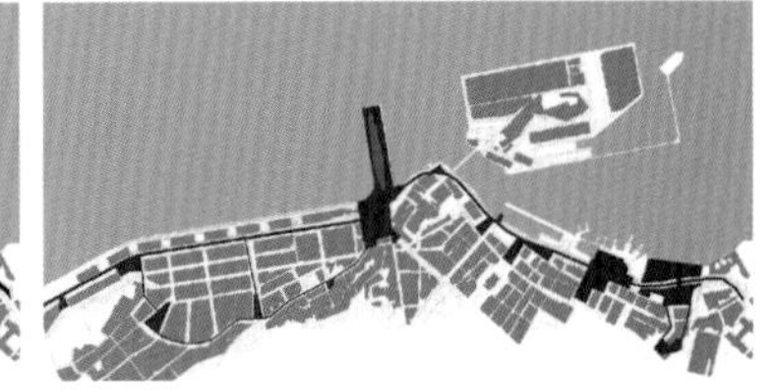
步行者最终占用的空间

分析、策略和采取的行动

总规划图，包括五个主要区域

① 奥林匹克大道
② 玛娃广场
③ 第一海军区
④ 坎德拉里亚
⑤ 米塞里克迪亚广场

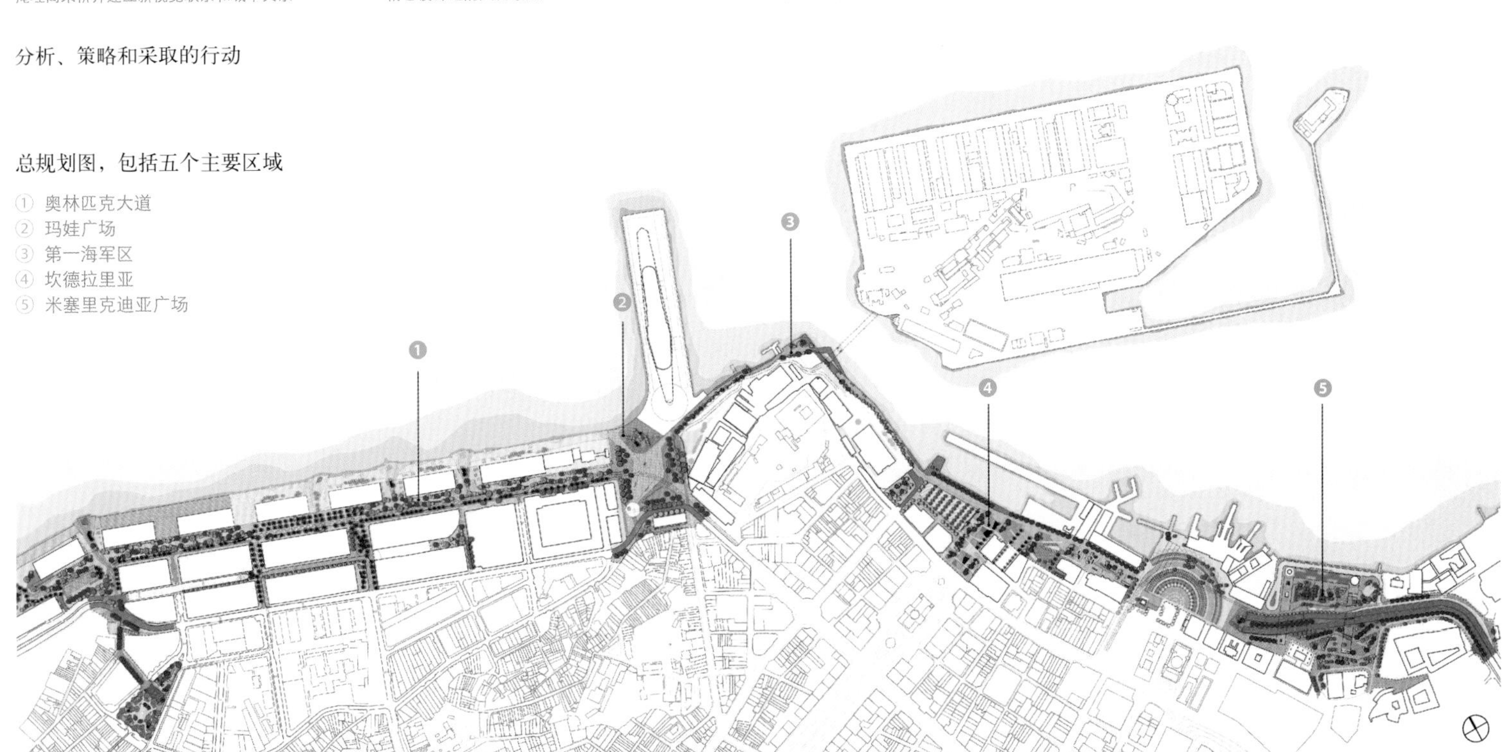

01 | 玛娃广场相当于一个大门厅，提供进入建筑的通道，并将不同建筑连接起来，为群众聚会和参加特定活动提供了一个空间

也需要合适的空间供人们观看，以示对它们的尊重。因此，广场从功能上被设计成兼容十字路口、邂逅场所、景观和建筑景点，以及供大型群体聚会的开放空间。巴朗·玛娃雕像是广场的一个地标建筑。设计师们改变了雕像的位置并增加了一个基座，使之突出并呼应广场的规模，从而恢复其历史价值。

- 奥拉康德海滨走廊沿着海滨延伸，没有任何已建元素。该部分是由几个释放的空间构成的，这些空间彼此独立，但又构成了一个整体。众多空间如第一海军区（属于海军）被城市重新占用，有些地方还采取了极其特别的措施，如因为现有桥梁无法征用而在其下方修建步行桥，以提供从海滨走廊的一边到另一边的真正可步行的延续性。其他空间设置在轴线两边，包括一些已建成空间和一些待改进空间，如幸运广场。设计师在幸运广场设计了一条宽敞的地下通道，以实现尽可能增加步道沿线的持续性目标。

这三部分共同构成了里约热内卢的一个新区，专门用于改善市民的健康。设计师利用优质的设计和材料对公共空间进行了全新的诠释。该项目采用铺面如花岗石、LED 街道照明和改善性的设施，并且没有采用标准化方案，而是执行特别的植物设计方案，从而赋予了空间独特性。

从用途来看，该项目使得不同的交通模式（电车、自行车、机动车和其他交通）协调有序，打造了休息和游玩空间，重塑了历史建筑和海湾风光。项目试图将这座已建城市重新融入瓜纳巴拉湾，并且支持未来会出现的活动。

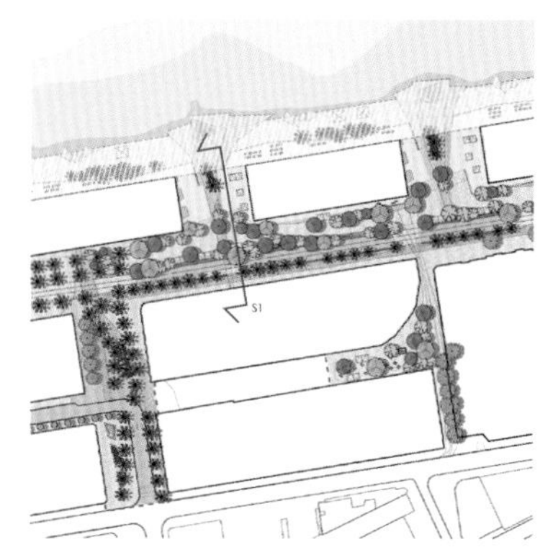

A 奥林匹克大道：一条可步行长轴，为非机动使用者提供空间。使用者包括步行者、骑行者、滑冰者、跑步者，他们共享具有一条新电车轨道的空间

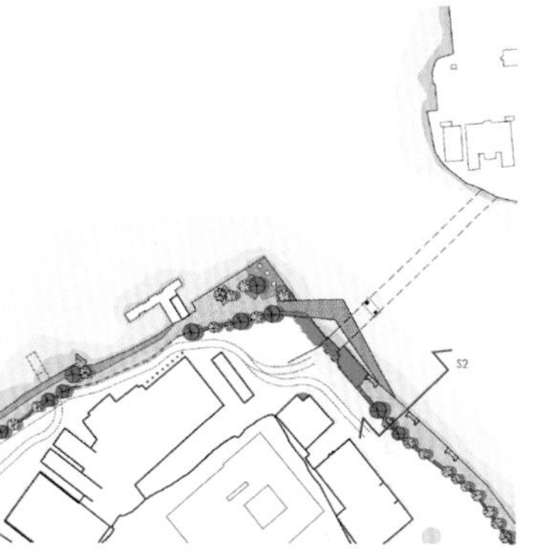

B 奥拉康德海滨走廊：第一海军区之前属于海军，如今在改建后被返还给市民，建立了散步道的整体延续性

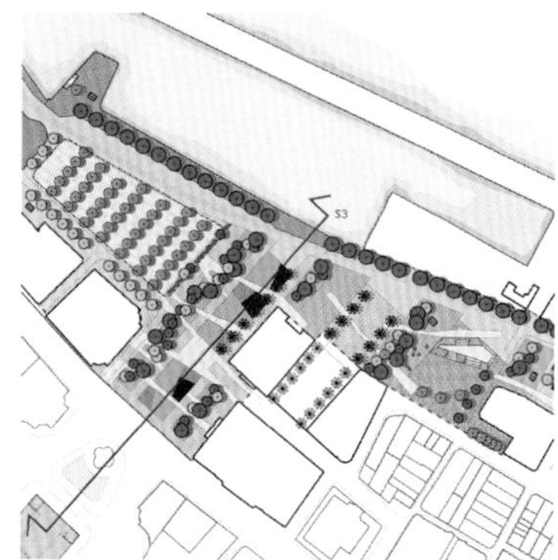

C 奥拉康德海滨走廊：坎德拉里亚是连接市中心和海港的一条重要走廊，拥有坎德拉里亚教堂的清晰视角

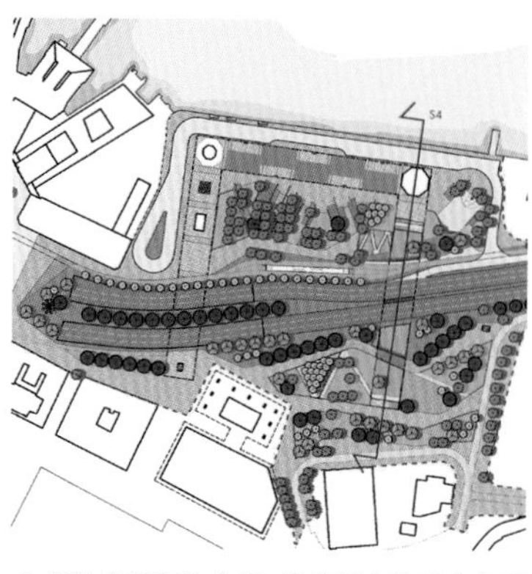

D 奥拉康德海滨走廊：米塞里克迪亚广场原本被一条高速公路分成两部分，如今这两部分用一条宽敞的地下通道连接起来，变成了一个大型的漂亮公园

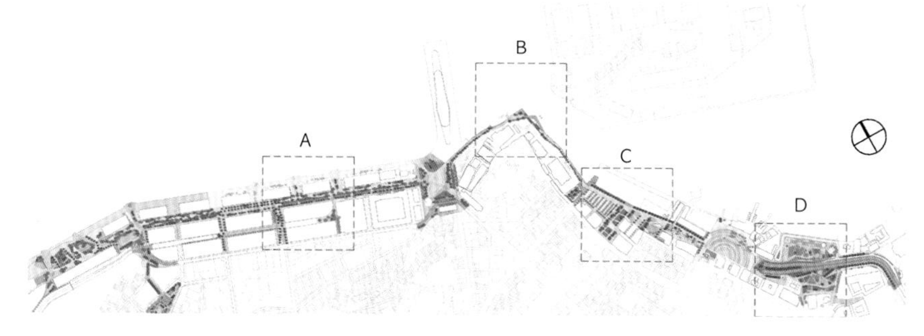

A 散步道的横剖图

B 第一海军区的横剖图

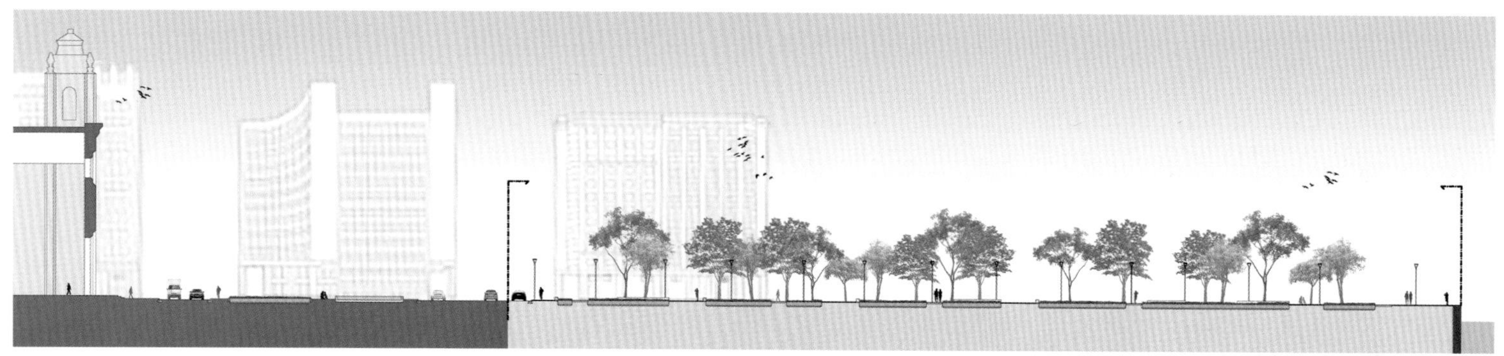

C 坎德拉里亚的纵剖图

D 米塞里克迪亚的纵剖图

02 | 巴朗-马乌阿雕像被迁移至玛娃广场的中心，此举恢复了这座雕像的重要性，创造了一个打破冗余连续性的地标，并突出了这个大规模空间

03 | 使用者可以自由进出玛娃广场

04

05

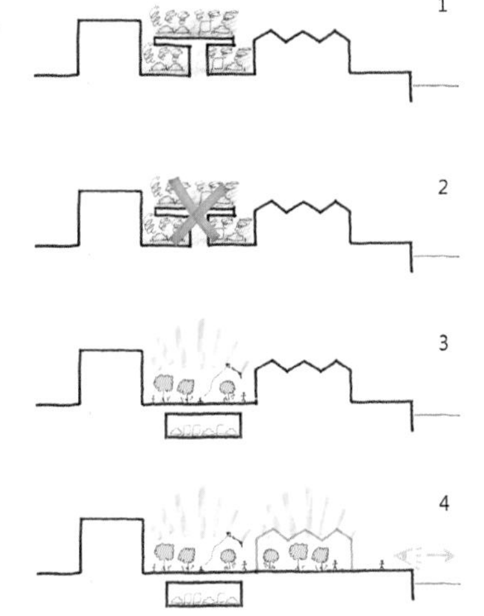

范式的变化：从轿车通行高架桥转变为与海湾连接的漂亮空间

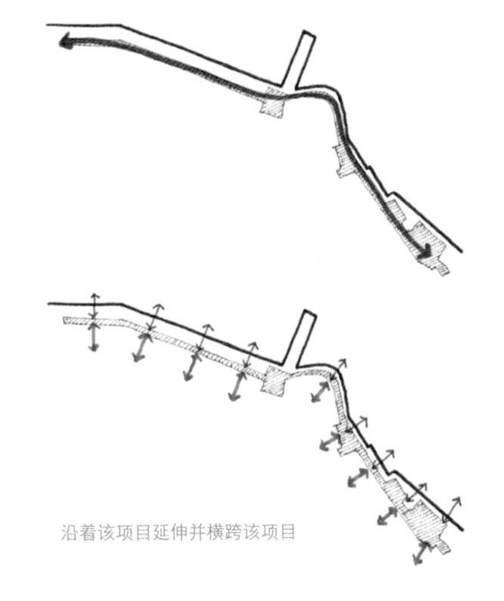

沿着该项目延伸并横跨该项目

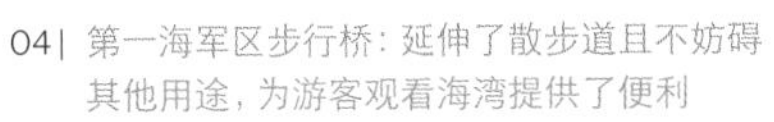

04| 第一海军区步行桥：延伸了散步道且不妨碍其他用途，为游客观看海湾提供了便利
05| 第一海军区给人们提供了休息空间和面向海湾的景色
06–07| 恢复了与海湾的联系
08| 奥林匹克大道：禁止车辆进入，并栽种绿树以创造质量空间

09

10

11

12

09| 奥林匹克大道：多种交通工具
10| 玛娃广场：设计和材料的质量为未来项目提供了新标准
11–12| 坎德拉里亚：提供了休息以及利用文化场所、办公室、酒吧和餐馆等市中心附建设施的空间
13| 重新利用原历史理石块创造休息区
14| 奥林匹克大道上的骑行者
15| 米塞里克迪亚：一座宽敞的地下通道成为了该公园的一部分

01

充满惊喜的棕榈散步道

项目地点 | 西班牙，马拉加
项目面积 | 7.5 公顷
完成时间 | 2011
景观设计 | Junquera 建筑事务所
摄影 | 耶稣·格拉纳达、希里欧普公司、西麦斯公司
业主 | 安达卢西亚房地产公司

这个绿色空间是建筑师们基于利用当地植物物种控制阳光和海风，运用西班牙历史上诞生的民众智慧，在查阅资料和进行调查研究后提出的方案。其目的是为了塑造一个带状城市公园，将其建成一个供人们聚会、休闲和散步的滨水大道。

阿拉伯文化是西班牙遗传基因里的一个重要部分。从设计室内空间、住房、清真寺和学校方面看，这种文化是智慧的、复杂的。在这些建筑中，庭院和私人花园是主要元素。相反，共用或公共空间则被设计成一个通行区或市场，而不是用于放松、休闲或休息的区域。一方面，有关室内空间的西方文化并不追求完美，然而另一方面，公共空间的设计会特别关注两种用途：其一是面向市民开放，其二是利用大街、广场、公园等为住在该城的社会群体提供一种身份标志。

西班牙是比较两种文化的一个样例。西班牙城市中的很多广场和街道都给予了西班牙人众多教诲，允许他们融合两种文化，建造一种文化熔炉，以创造一种带有自己身份标志的建筑。当建筑师接手马拉加的这个超越性项目后，他们决定研究两种文化的融合：首先是西方建筑，其次是建立在阿拉伯文化大众智慧基础上的公园。

这类公园在地中海南部的农耕区非常常见。在公园中，棕榈树分布在 20 米 ×20 米的网络中，树木之间相距 3 米，相当于一条宽 3 米的小路，用于采摘和修建灌溉渠。紧邻棕榈林，是一条滨水大道，满足了人们亲近滨水空间的需求。在滨水大道一侧，设计师特别设计了一个白色波浪状遮阳棚，为步行者提供荫凉。

建筑师们得出的结论既简单又复杂：位于棕榈林中的空间在阳光、荫凉和被棕榈树的树干减弱的微风之间创造了一种平衡，也就是说，它创造了一种微气候。这种微气候能够满足多种植物，如果树、谷物和蔬菜等，对气候和舒适度的要求。

马拉加的“充满惊喜的棕榈散步道”复制了棕榈树栽种的这种秩序。它将农业种植园变为其他装饰性种植园和其他休闲、放松相关的用途，在一种舒适的微气候条件下创建一系列连续、多样的惊奇滨水散步空间。

建筑师认为这个已经被转化成城市空间的农耕区是创建当地公共空间的新模范，因为它具有多样化的性质，拥有广阔的农业种植园。这些空间可以用众多不同的方法在不同的区域建立，以适应每个现场的特殊需求。这也是建筑师利用并运用自己的经验、继续开展始于马拉加的试验的原因。

01 | 新滨水区
02 | 令人惊叹的水景

总规划图

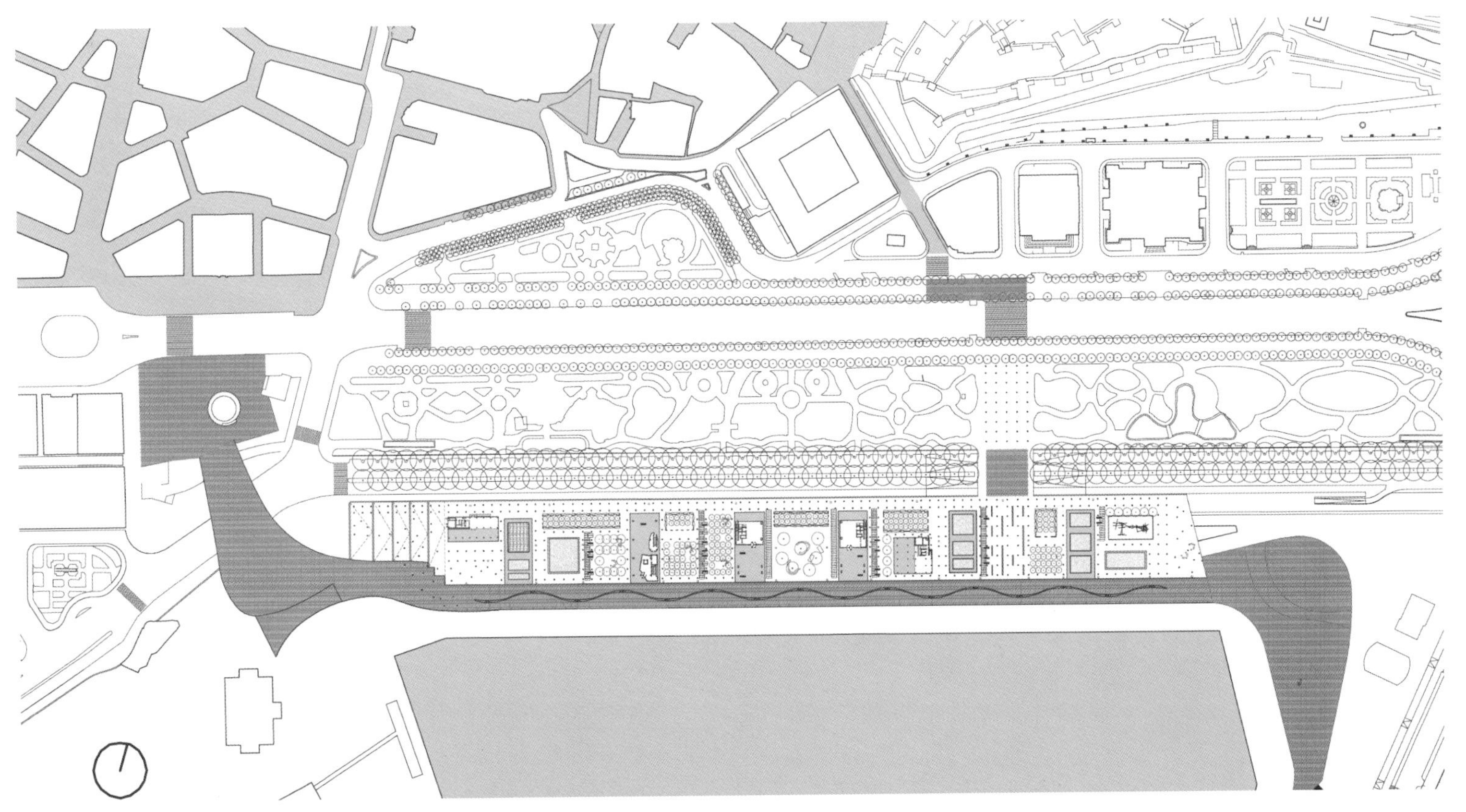

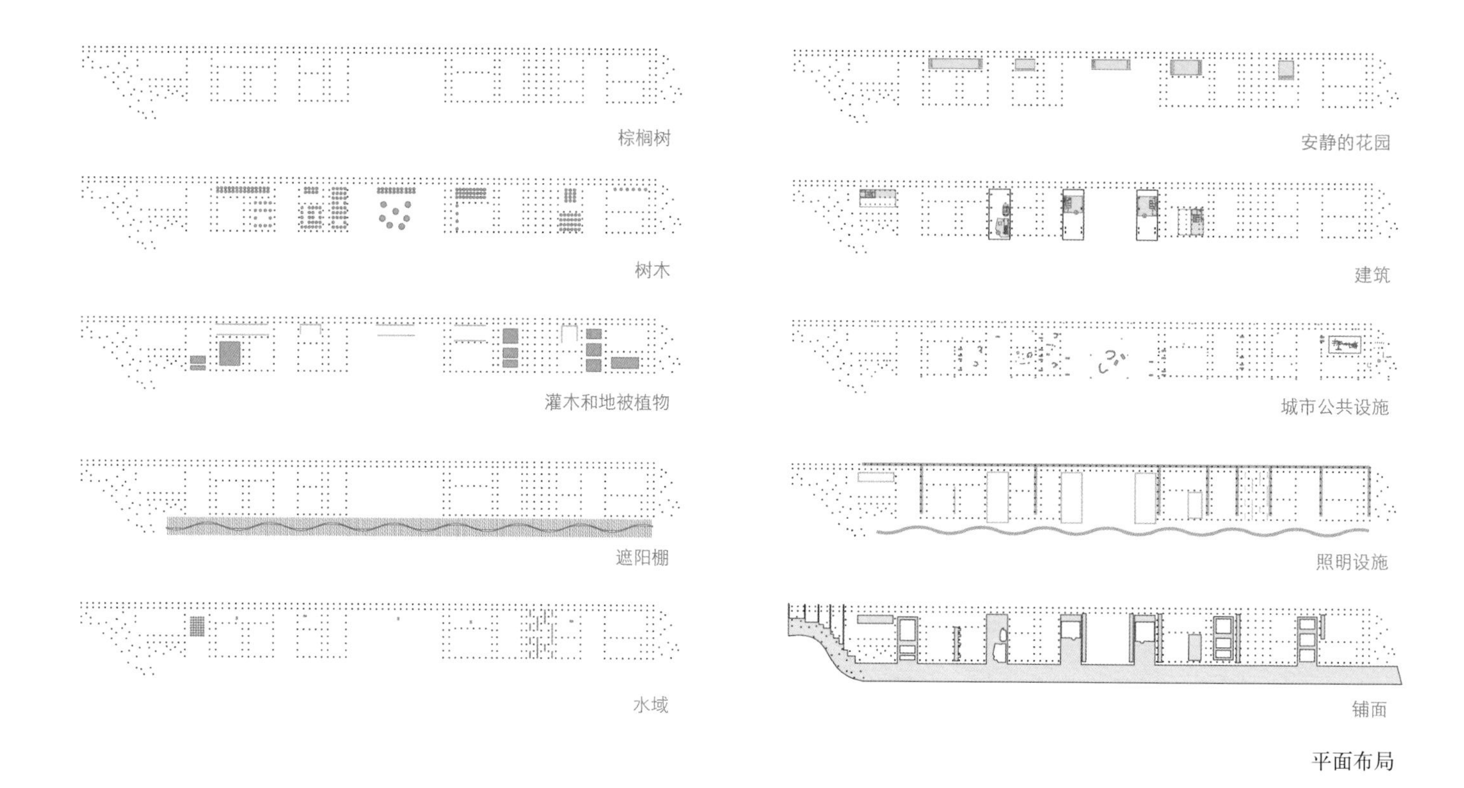

平面布局

03| 港口、散步道、遮阳棚、棕榈树栅格
04| 花园和水上广场
05| 安静花园的鸟瞰图

植物分布图

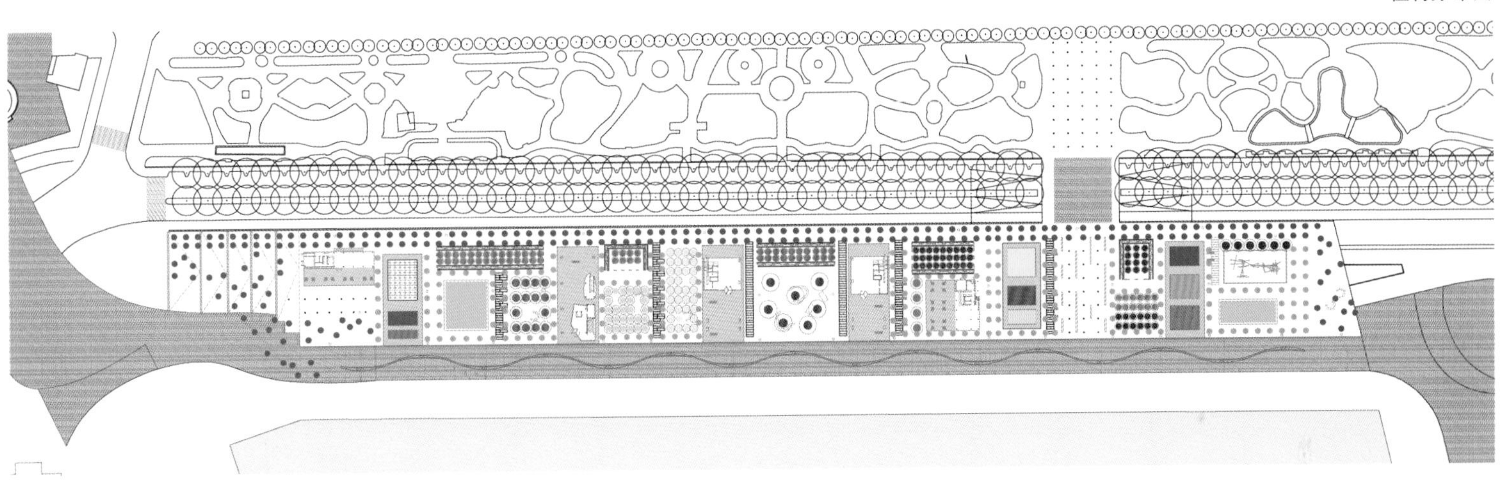

植物规划

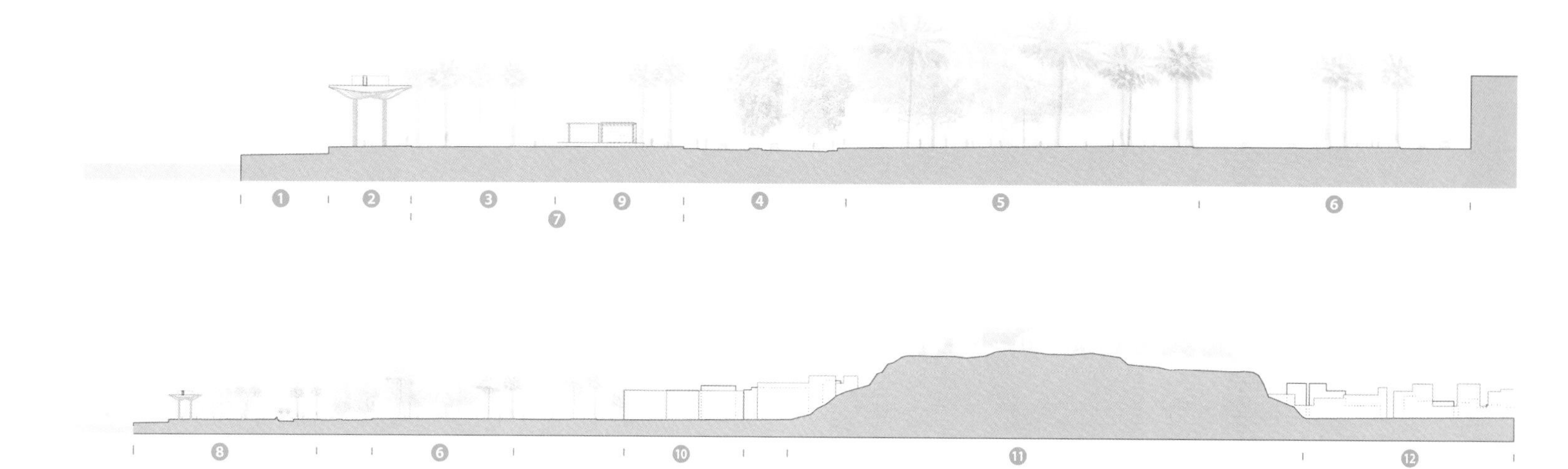

① 港口
② 散步道
③ 棕榈树
④ 帕塞欧罗斯街
⑤ 公园
⑥ 帕塞欧帕克街
⑦ 棕榈林
⑧ 充满惊喜的棕榈林
⑨ 酒吧
⑩ 城区
⑪ 希布拉尔法罗城堡
⑫ 历史市中心

剖面图

06

07

06| 波浪般起伏的遮阳棚
07| 安静的花园
08| 从海面看到的散步道
09| 棕榈树丛、博物馆和散步道

01

洛克威栈道

项目地点 | 美国，纽约
项目面积 | 13 公里
完成时间 | 2017
景观设计 | WXY 建筑和城市设计工作室
摄影 | 阿尔伯特·维卡、埃斯托
业主 | 纽约市经济发展公司、纽约公园

洛克威海滩社区因收容世界各地的受难者和流浪者而著名。几年前，这个半岛曾受到飓风桑迪的袭击。但是现在，这里的东海岸已经呈现出一派复苏的新迹象。

设计师将栈道修建在新栽种了树木的沙丘之上。栈道的波浪形状、沙色订制混凝土预制板让栈道体验如同穿越沙丘的步道一样令人难忘。栈道沿线还有新设计的多条通道：一条从街道出发，经由点缀着彩色回收玻璃的坡道；另一条从海滩出发，海滩设置了以回收仿木塑料做成的弧形平台，以维持下方沙丘的稳定。防波提、沙丘和其他保护性结构的设计都能耐受暴风雨和潮汐带来的影响。栈道两边安装雅致的钢护栏，还设置了现代座椅墙、阶梯式座椅、俯瞰平台和其他设施。由板块拼成的图案呼应了蜿蜒的海岸线，而蓝色混凝土板则成了一种新超大字体的“像素”，宣示了这个热闹的海滩社区的身份。这些巨大的字母从极远的地方就能看到。

设计师在海滩 94 号街和海滩 95 号街附近新建了一个主入口。这里设置了阶梯座椅，并将过时的交通环岛改建成了一个大型广场，以此吸引游客和居民前往海滩。在夜间，前往海岸的游客能够看到嵌入蓝色混凝土板的夜光，这种设计令人想到许多海洋生物的生物发光。这些安装在栈道的扶手上照明设施，被称为 LED 城市之光，是一场城市设计比赛的结果，也是首次大规模安装。

新建的高架栈道是创意基础设施的典范。它符合新标准，并让“洛克威栈道”作为地标建筑重现位于纽约皇后区长岛之上的这个社区。

整条栈道沿线是新设计的通道：通过点缀着彩色回收玻璃的坡道与街道连接，通过用回收木塑复合地板制作的弧形桥面板与沙滩连接，以确保下方沙丘的稳定性（WXY 建筑和城市设计工作室设计）

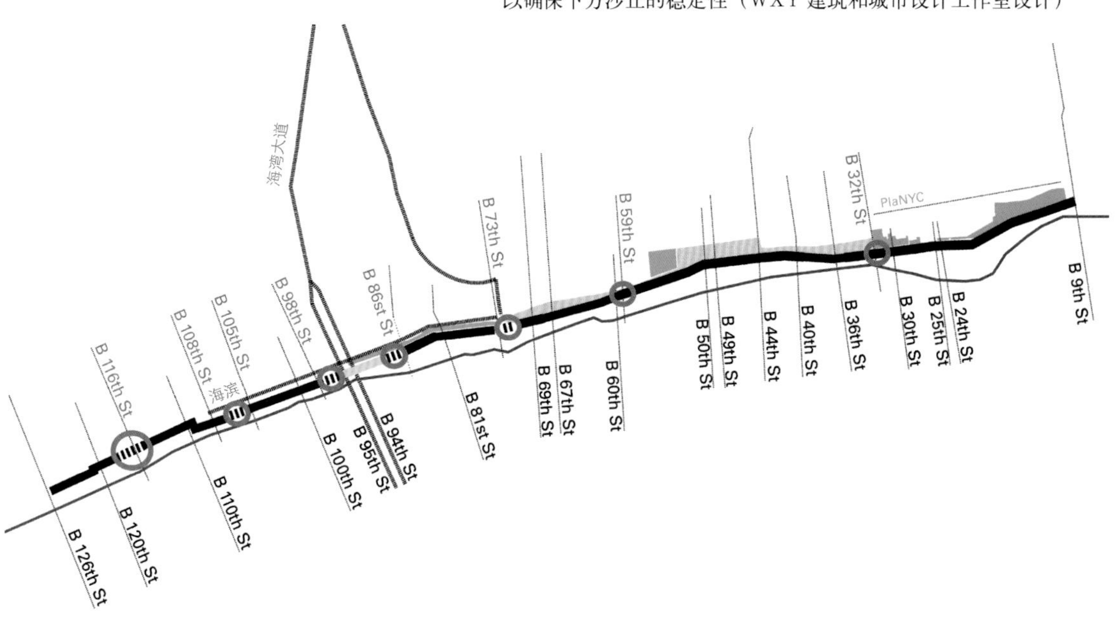

01| 纽约洛克威栈道曾被桑迪飓风摧毁，但如今已成为一条沙丘步道，在这里遥遥可见远处的纽约城

02| 新沙丘步道全长 13 公里，栈道的波状沙土色订制预制混凝土板拼写出闪闪发光的大型“Rockaway”字母，同时还有七条新设计的通道安装了滨海便利设施

02

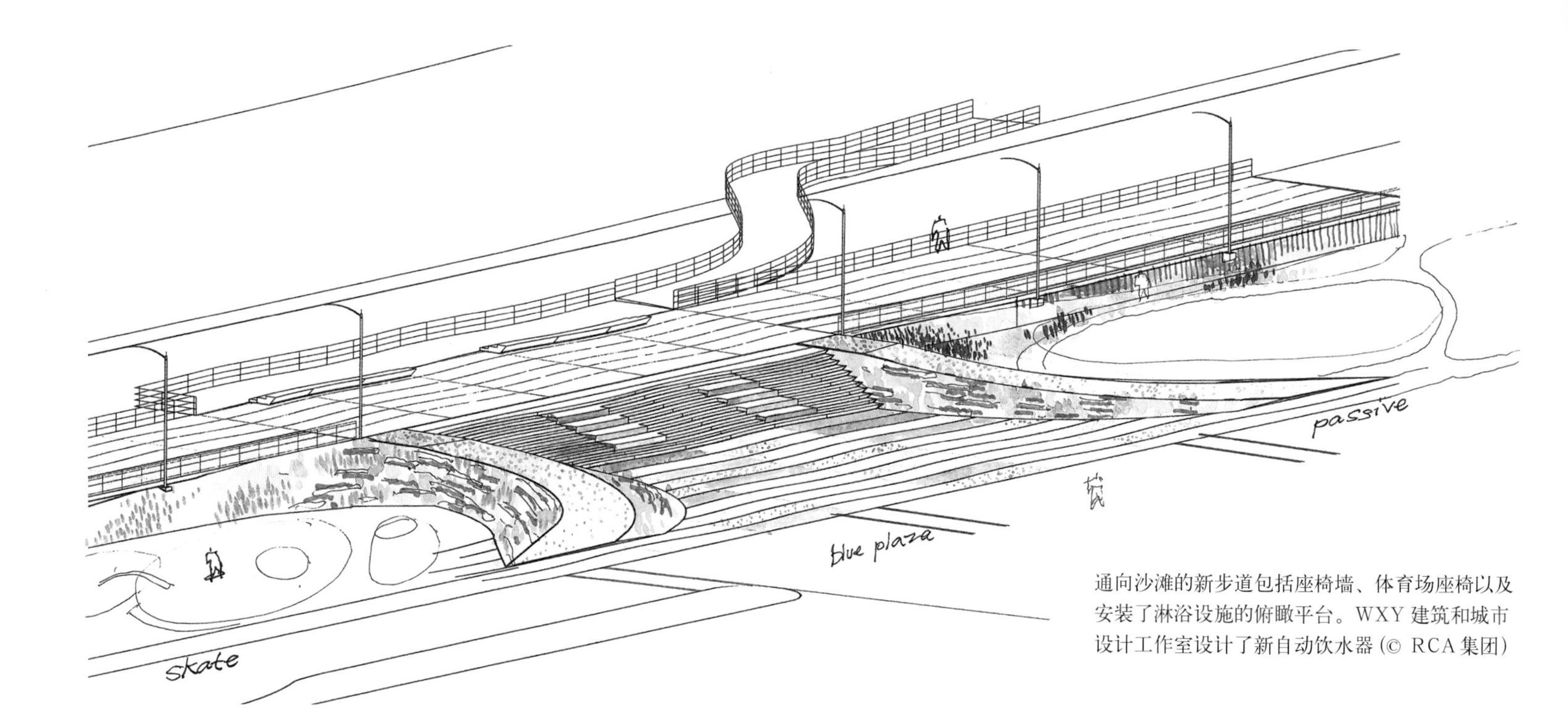

通向沙滩的新步道包括座椅墙、体育场座椅以及安装了淋浴设施的俯瞰平台。WXY 建筑和城市设计工作室设计了新自动饮水器 (© RCA 集团)

03| 美国陆军工程公司设计的沙滩改造项目保护新栈道和自行车道，而新栈道后方则修建了一条栽种植物的截水沟
04–05| 从鸟瞰图看，栈道被设计成沿着海岸线拼写的“R-O-C-K-A-W-A-Y”的字母形状，图中显示的是 W 路段

04

05

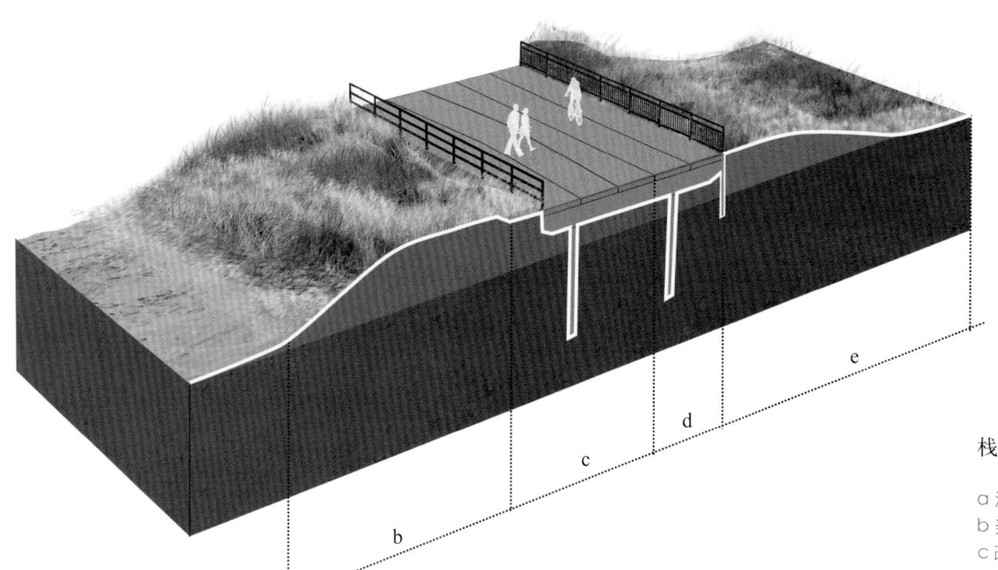

栈道剖面图（© WXY 建筑和城市设计工作室）

a 洛克威沙滩
b 美国陆军工程公司设计的截水沟
c 改建的栈道
d 自行车道
e 植物覆盖的截水沟

06

07

08

06| 海滩步道更新工程

07| 栈道施工阶段需要利用吊车铺设波状沙土色定制预制混凝土板

08| 新钢筋混凝土栈道悬架在历经百年冲击而成的平原上方，附建设施包括超过 4.5 公里长的护墙和植树沙丘

09| 栈道两边安装漂亮的铁护栏和造型夸张的现代长椅。桥面图案映射蜿蜒的海岸线，结合蓝色板块作为构成新超大字体的像素，而字母宣示了该社区的身份

10| 整条栈道沿线点缀着便利设施和用于休息和聚会的地点

11| 新栈道设计反映了洛克威街区的周边环境，同时也表现了洛克威作为服务于所有人的一处休闲地点的更重要角色

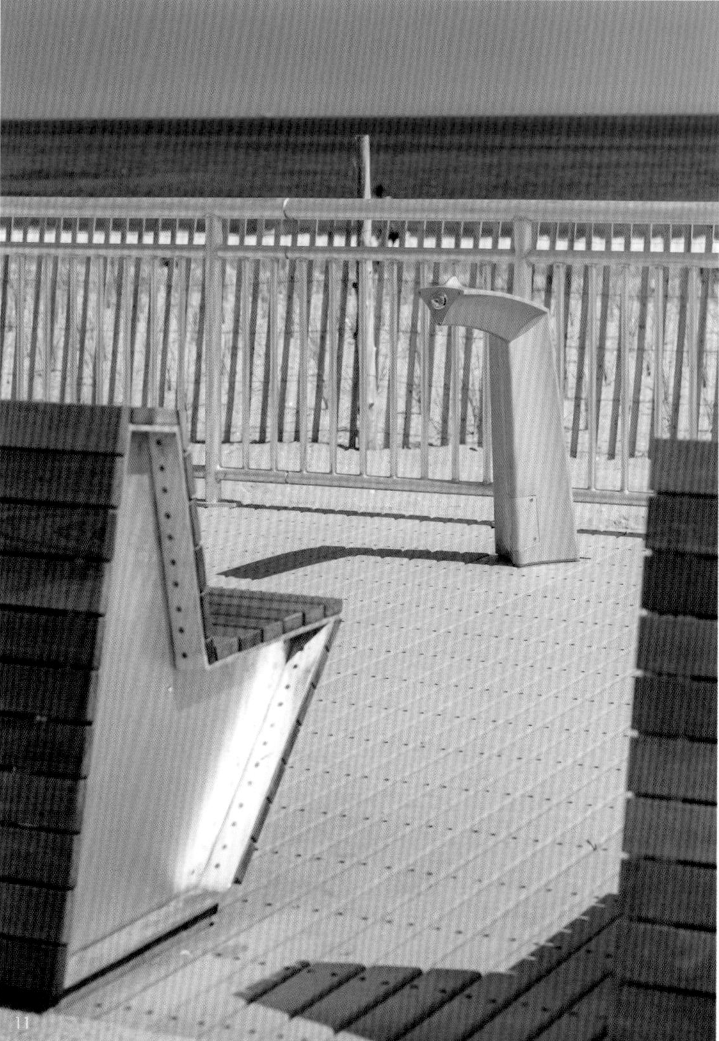

01

斯特兰德恩滨海散步道

项目地点 | 挪威，奥斯陆市
项目面积 | 1 公顷
完成时间 | 2015
景观设计 | LINK 景观设计工作室
摄影 | 托马斯斯·马耶夫斯基
业主 | 挪威地产公司（NPRO）

斯特兰德恩滨海散步道是挪威首都奥斯陆市阿克尔码头区的多阶段改造计划的第一期项目。该项目通过修建一条 12 公里长的面向公众开放的散步道来连接城市的东部和西部，是复兴奥斯陆后工业滨水区的总规划的一部分。该区开发商希望通过重塑这个户外空间、改变该区的零售概念和引进新办公空间来复兴阿克尔码头。

阿克尔码头是奥斯陆最活跃的城区之一，集中了公寓、购物商场、文化机构和餐馆。该区受到居民和游客的一致喜爱，每年接待约 1200 万人。

景观改造增加了人们与漂亮的奥斯陆峡湾的视觉和地理通道，同时也促进了滨海散步道沿线的社交互动和多样化。该项目面临的主要挑战之一是重新设置和简化滨海散步道的横剖面，重新组织和巩固散步道，以创建一个面积更宽、受众更广泛的滨水区。此举创造了更多散步和休闲空间，提高了举办其他自发和无计划活动的灵活性。改造后的滨水区能够提供一种更加动态的峡湾景观体验，创造更多的“生活空间”。

设计师提出了一种适合该选址的街道设施概念，提升公共空间的社交互动角色。街道设施的设计是与挪威街道设施设计和制造公司维斯特里以及家具设计师拉尔斯·索恩和阿尔特·特威特合作完成的。该概念以活动的多样性和用途的灵活性为基础，其标志性的颜色受到了“橙色信号”——奥斯陆航海历史的遗迹——的启发，这种颜色常见于后工业时代的滨水区。

改造后的滨海散步道激活了该区，给奥斯陆的一个重要社交互动和活动中心注入了新活力和吸引力。如今和以往任何时候都不同的是，人们可以在这里坐躺、用餐、读书、聊天或安静地散步，同时欣赏漂亮的峡湾景观，且无须光顾餐馆或酒吧。

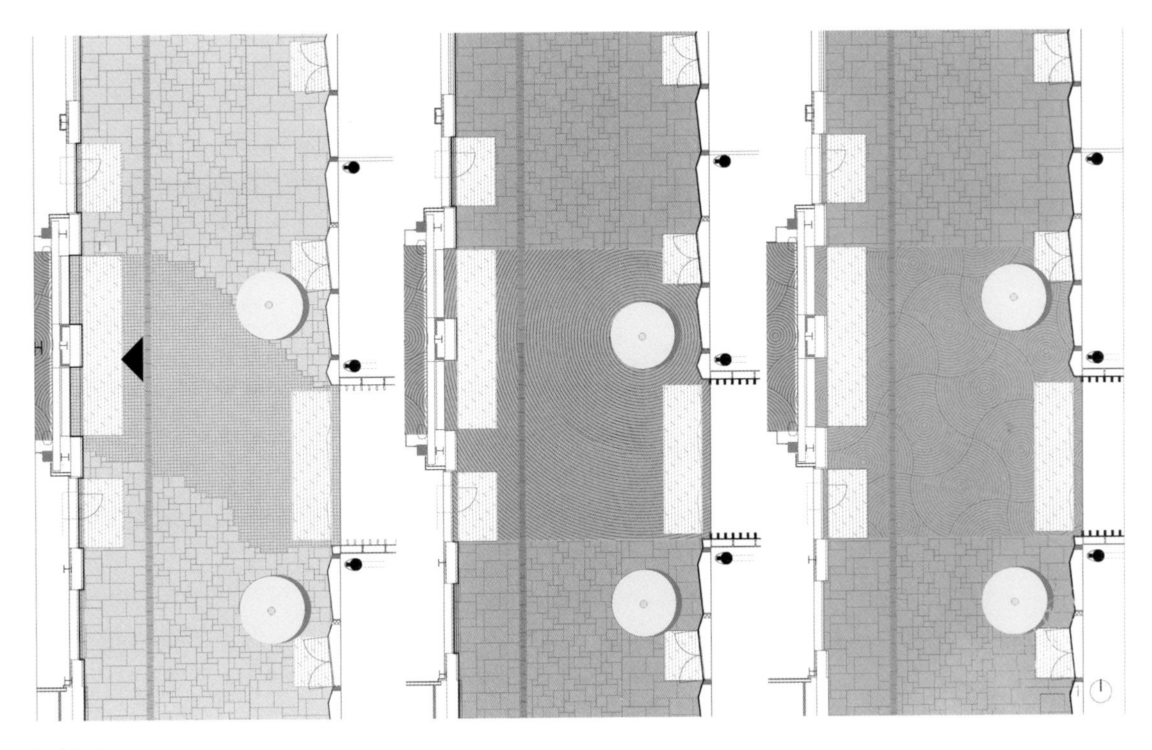

路面范式

01| 滨水阶梯式平台吸引人们前往并停留
02| 新散步道创造了一个更加动态的"生活空间"

03| 专门设计的街道设施
04| 新散步道的全貌

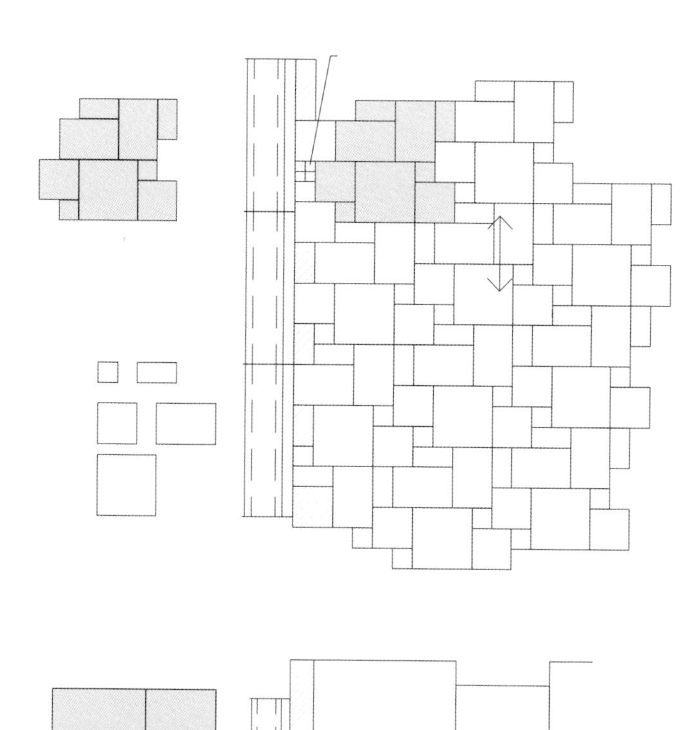

步道和车道的详细铺面

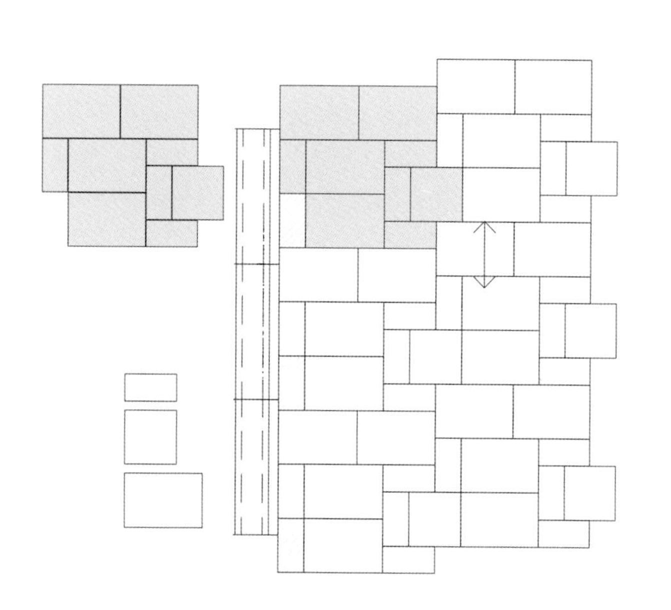

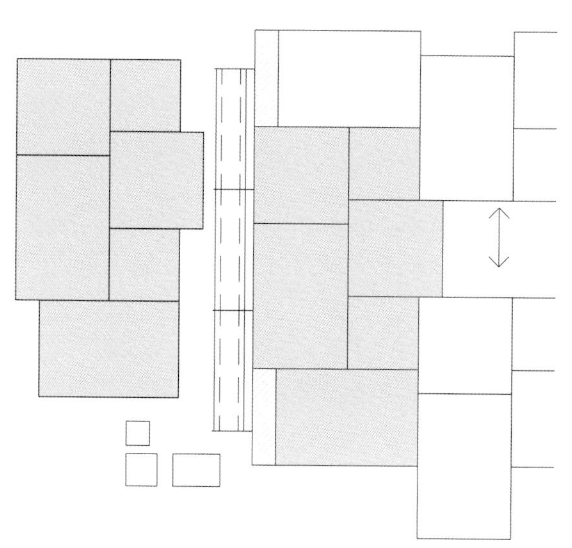

04

整体铺面图案

06

05

07

05| 铺面图案简洁、生动
06| 标志性颜色使项目显得特别
07| 黄昏时分的散步道
08| 灯光让阶梯式平台更加迷人

08

01

巴达洛纳海岸滨水步行道

项目地点 | 西班牙，巴达洛纳
项目面积 | 6.2 公顷
完成时间 | 2012
景观设计 | ESPINÀS I TARRASÓ 建筑公司
摄影 | 茱莉亚·埃斯皮纳斯、阿德里亚·古拉
业主 | 巴塞罗那城区

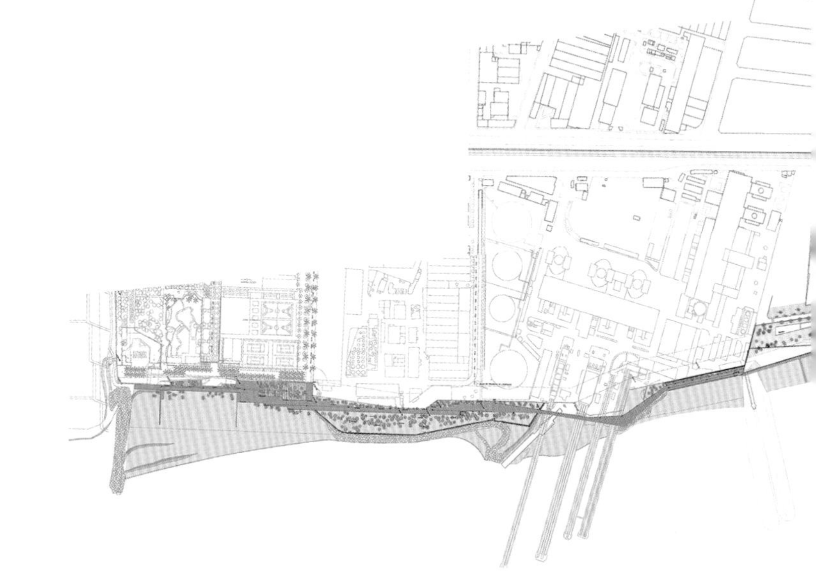

项目位于巴塞罗那马塔罗火车站与海岸之间，传统上一直属于工业区。在该项目启动之时，部分海滨正被改建成住宅区，但城市和这片新区之间的连接问题却一直悬而未决。该项目要求对过去的工业遗迹进行改造，同时还对该城具有悠久历史并留存在沙滩中间地带的标志性设施进行改良。

工程通过对海岸拦截区域的布局进行大规模改建，进而调整地下水利管理系统。因为海上陆地区划定的区域靠近旧工厂和铁路，这一地理位置极大地限制了散步道的设计，同时也奠定了本次设计的基调。

作为城市和沙滩的重要过渡元素，项目组专门设计了滨海步行道。步行道与城市、马蒂·埃·普霍尔铁路的地下入口衔接的同时，还通往新建的庞特·德尔加油站入口、铁路站前广场。庞特德尔加油站和火车站前广场是两大主要标志性空间。

项目所在地区为海上陆地区，这样的地质地貌特征为边界处步行道的整合设置了障碍，也增加了本项目的复杂性。为了解决该问题，该项目修建了两条纵向人行道：一条是现场浇筑混凝土步道，一条是木栈道。从横向看，这两条采用不同材料的步道也构成了从坚实的地面到沙地的过渡带。

看台、台阶和边界均采用人造石，其质量和颜色与居民区的材料和沙滩相协调。然而，在这里出入海岸需要横跨铁路。通过严密的测高法，项目组不但解决了这个地形上的麻烦，而且就地利用，反将其变成了该地区的一大特点。

铁路下的通道作为海岸入口前的全景区被开放。通道内设计了光滑的斜坡式台阶，直通滨海步行道。阿尼斯德尔单（一个西班牙酒厂品牌）和拉·劳那的众多旧工厂可谓是城市地标，这些地方与新区中的广场具有一致性。考虑到这一点，再综合考虑选址问题，设计石油桥现有结构的入口时，延续了滨海步行道的设计风格。

散步道的南端位于玛利亚·奥西莉亚多拉拦截区的出口处和码头防护墙之间，从沙滩看去变成了一条陡峻狭窄的通道。缓坡设计使沙滩景象一览无遗。步行道中还建造了一个斜坡广场，根据规划，广场内设有大面积看台区域。这些看台不但延用了沙滩色彩，更重要的是，无论从哪里观看海滨景色，这些看台都是最佳的制高点。

01 | 滨海散步道及其与码头的连接通道
02 | 滨海散步道和第3区的全景（新居民区）

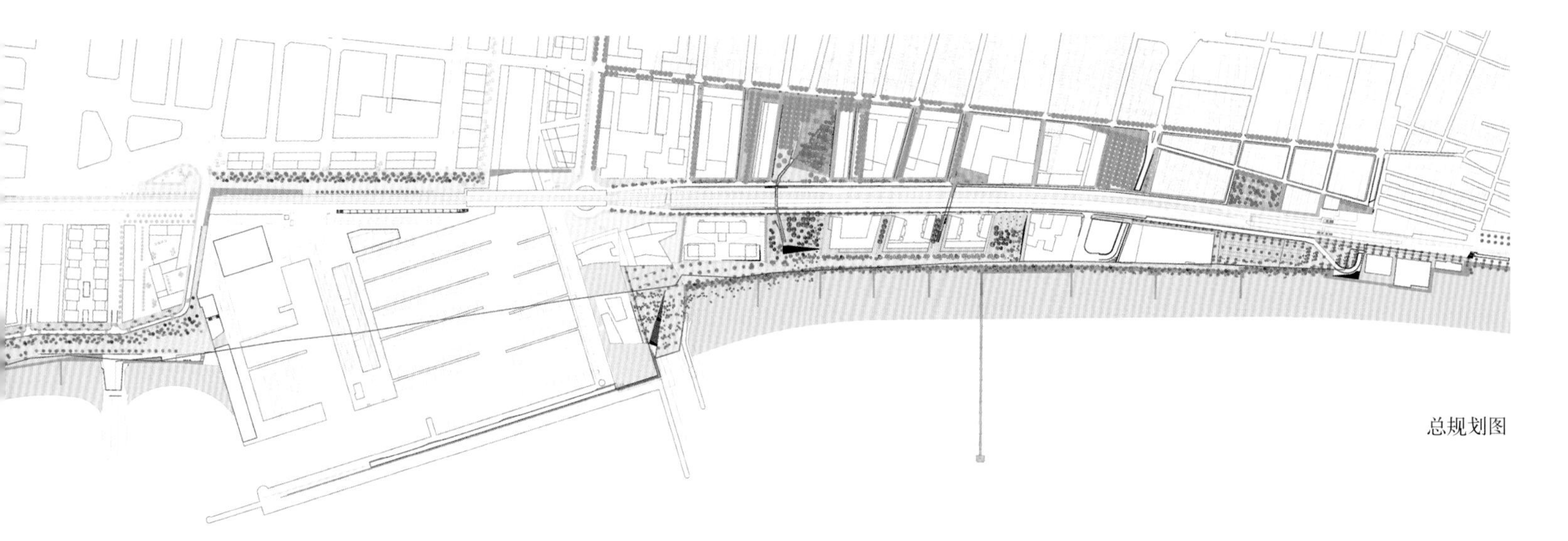

总规划图

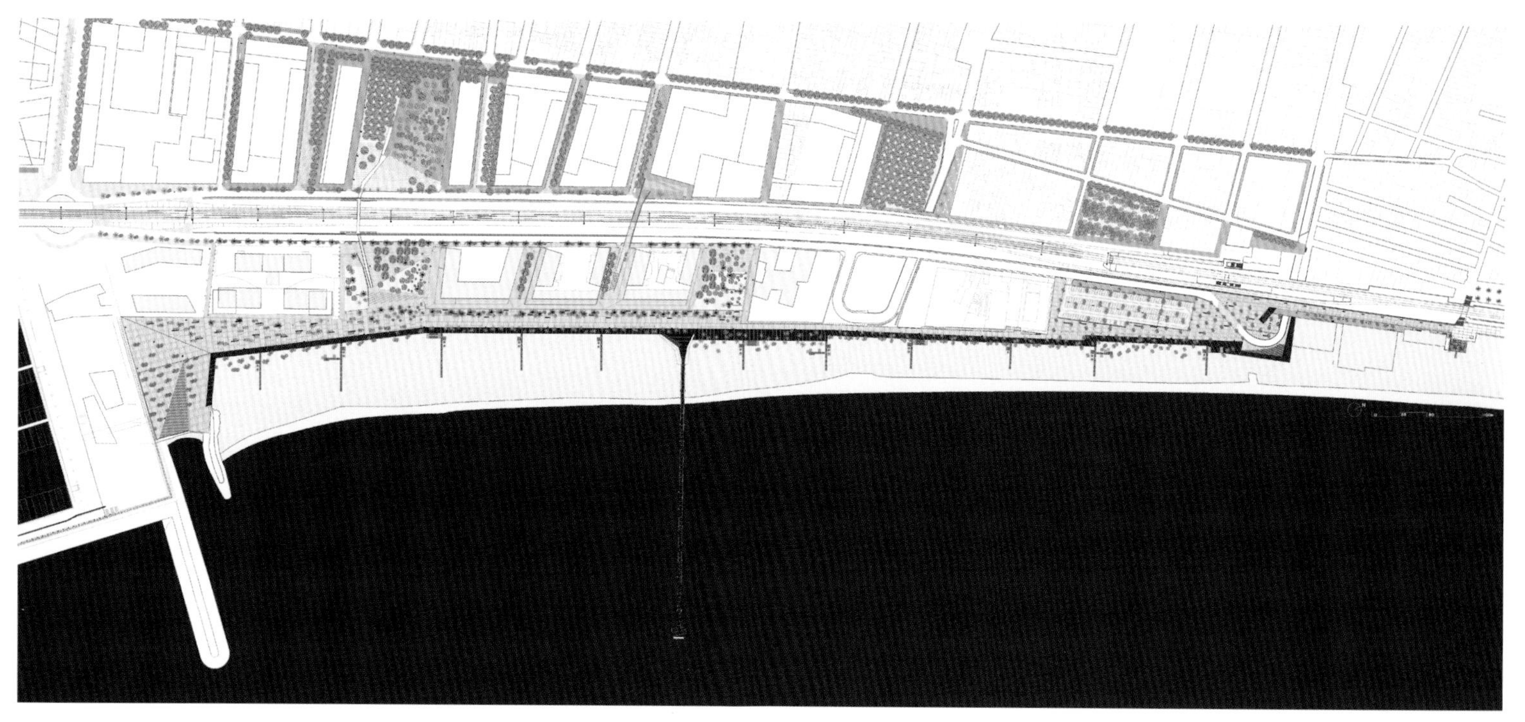

第三区（新居民区）和散步道全貌

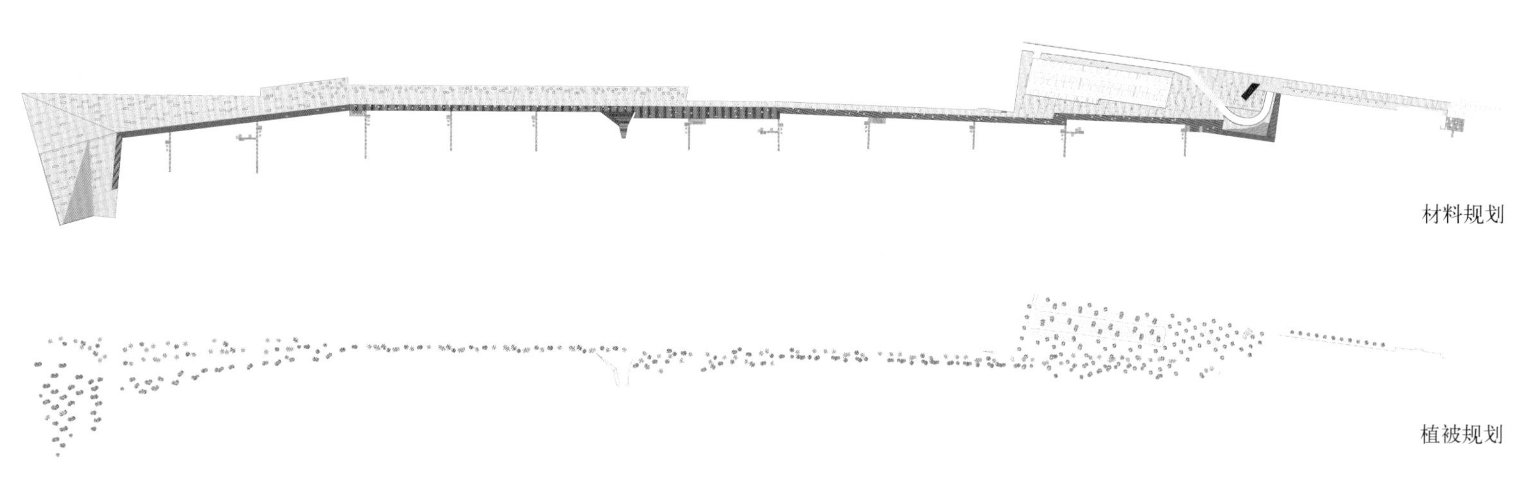

材料规划

植被规划

03| 石油桥通道的全貌
04| 石油桥的视图
05| 石油桥通道
06| 地下通道的出口

07| 码头和滨海散步道的连接处
08| 地下通道
09–10| 铺设细节

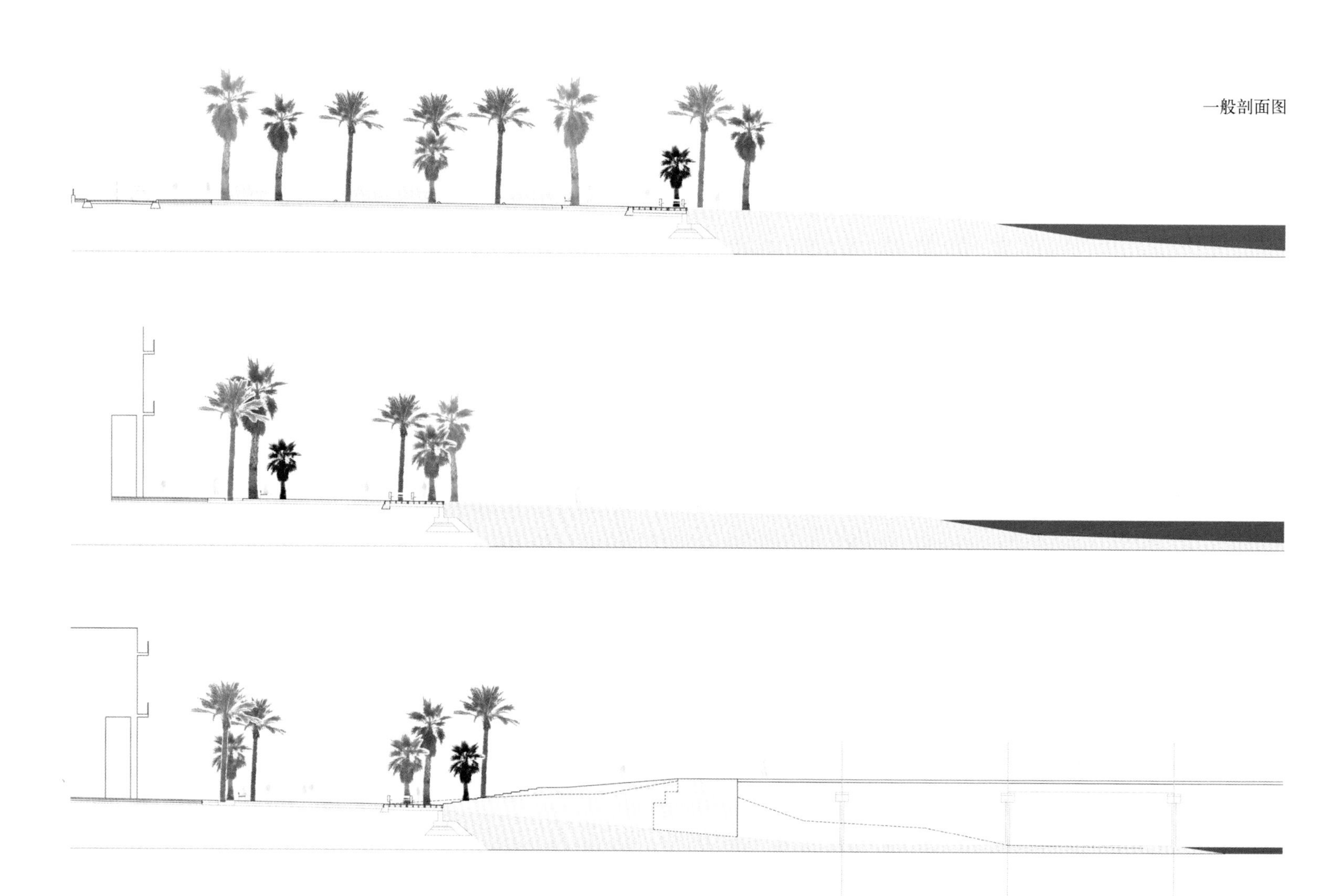

08

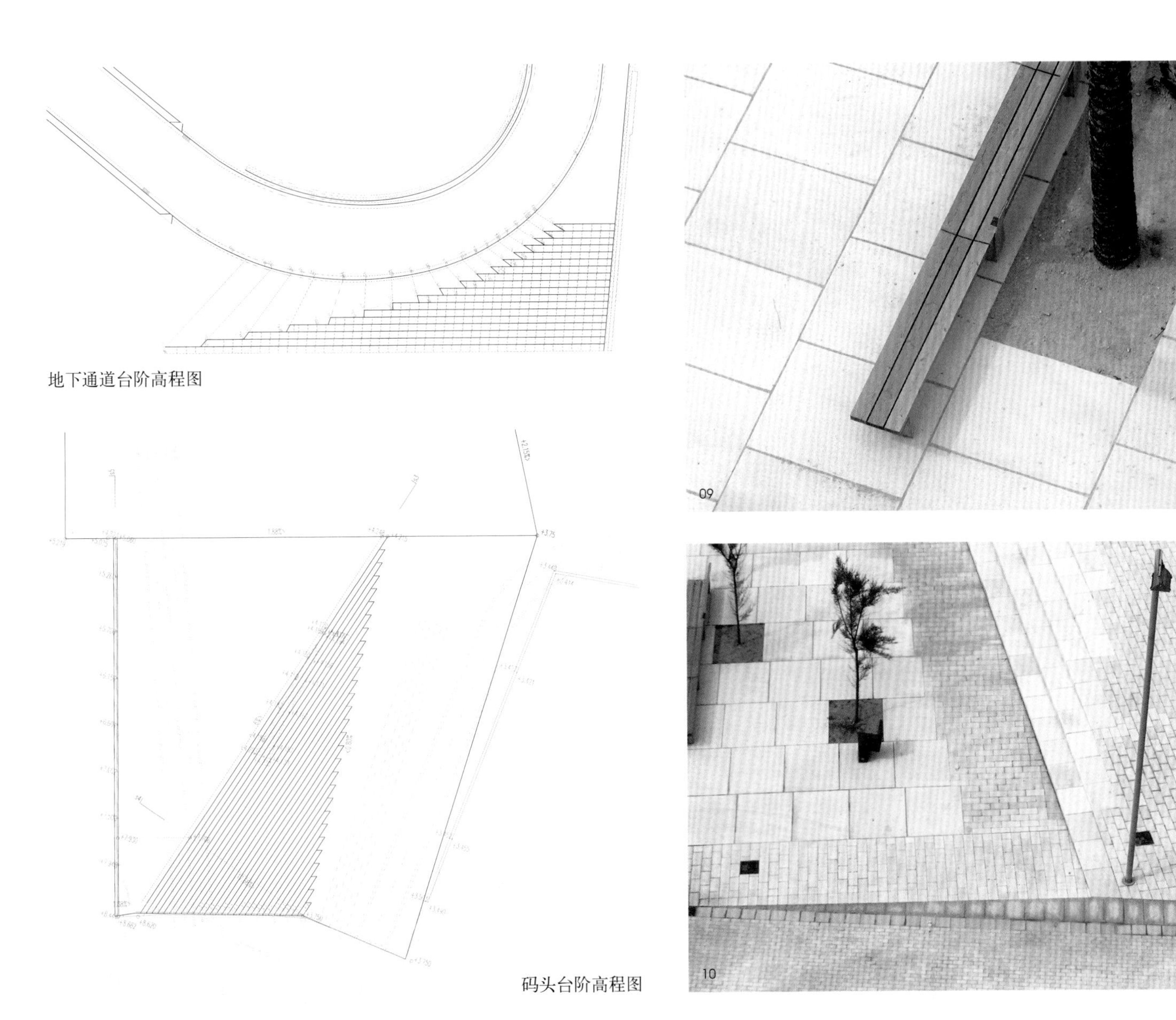

地下通道台阶高程图

码头台阶高程图

09

10

贝鲁特西码头

项目地点 | 黎巴嫩，贝鲁特
项目面积 | 1.9 公顷
完成时间 | 2014
景观设计 | 克里斯·布兰德福德协会
摄影 | 法迪·查希恩
业主 | 索立迪尔区政府

贝鲁特中心区拥有两个码头，分别位于滨水区的西面和东面。贝鲁特西码头位于中心区的西面，距离贝鲁特露天广场和历史中心只有很短的步行距离。西码头于 2001 年对外开放，主要为私人和船主所用。业主要求将该空间改建成面向公众开放的空间。码头的这种开发规划是逐步实施的，因为它将成为贝鲁特首个具有公共通道的码头，并将成为一个主要的公共目的地。

该公共空间需要容纳预期增长的公共游客。码头位于现场的南面和东面，包括新零售建筑、餐馆和位于新游艇俱乐部之上的居民楼。景观设计旨在将栈道沿线空间和相邻开发现场内的空间连接起来，创建一系列清晰、连续和易辨认的空间。

设计理念提出将低矮的石头墙和花盆的线条延伸至主要公共空间，以创建公众可以使用的目的地。栈道按规律设置照明设施、街道设施和通往浮桥的通道，从而变成一个单一的统一实体，将不同的场地连接起来，并通向主要公共空间。

新公共空间位于栈道的东部尾端，其设计具有很大的弹性，能够容纳举办各种不同的活动，无论规模的大小、私人还是公共活动。照明设计包括安装公共高架平台、室外餐馆和广场的景观照明设施，以创建统一的区域夜间形象，加强每个建筑和景观元素构成的建筑展示。极简风格的灯柱按照不规律的间隔散落在散步道沿线，在需要的地方发出光亮，从而维持一个相对较低的照明级别，进而在展现地中海风景的同时避免灯光溢散。

01

01| 贝鲁特西码头
02| 从较高平台看到的码头景观

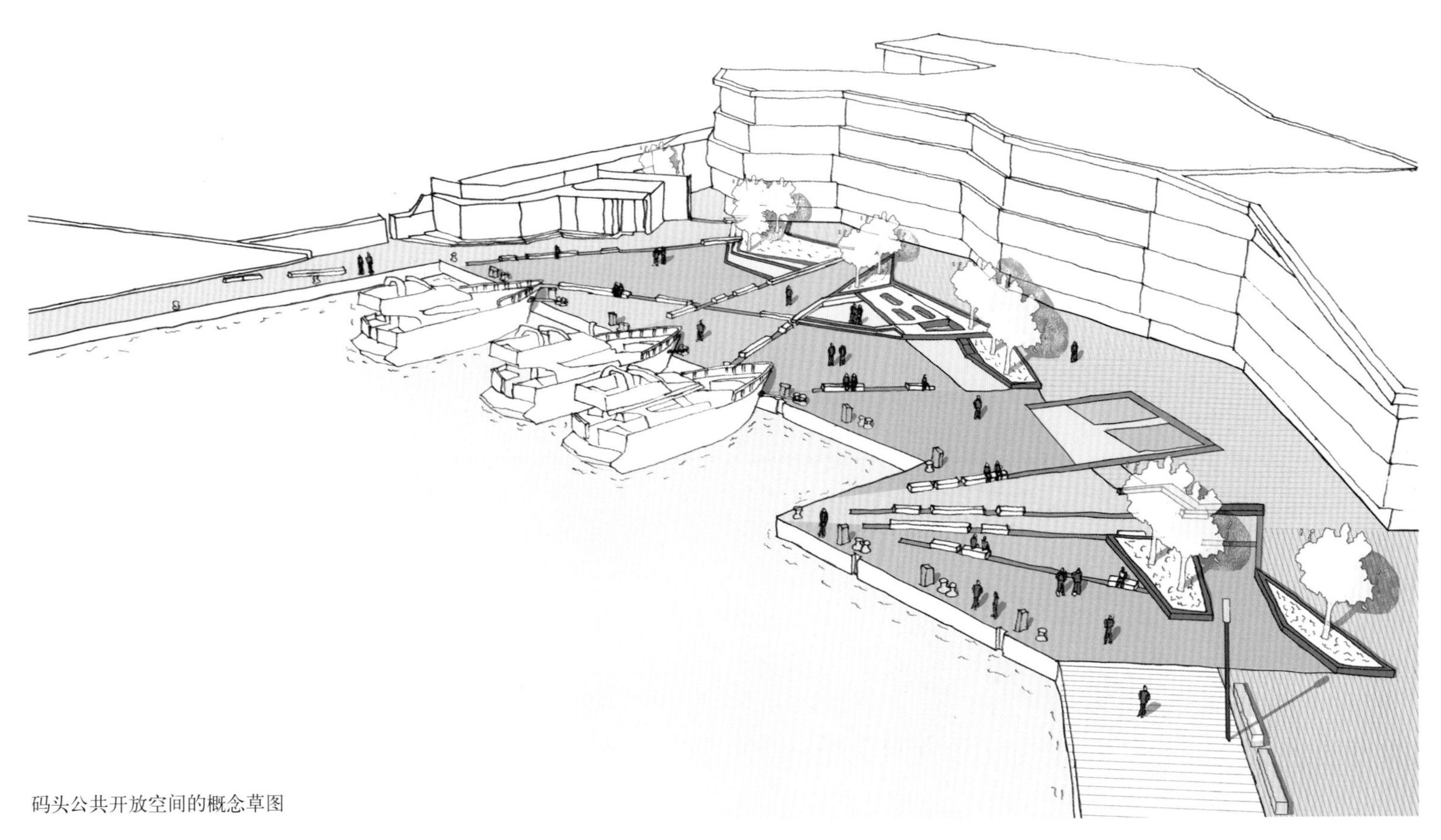

码头公共开放空间的概念草图

整体景观总规划图

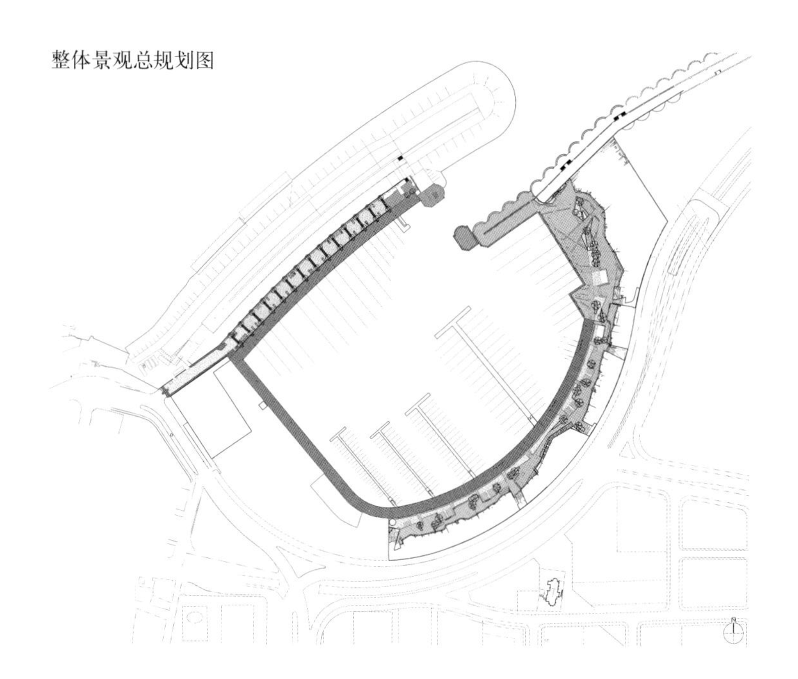

04

03

05

码头公共开放空间的概念设计布置图

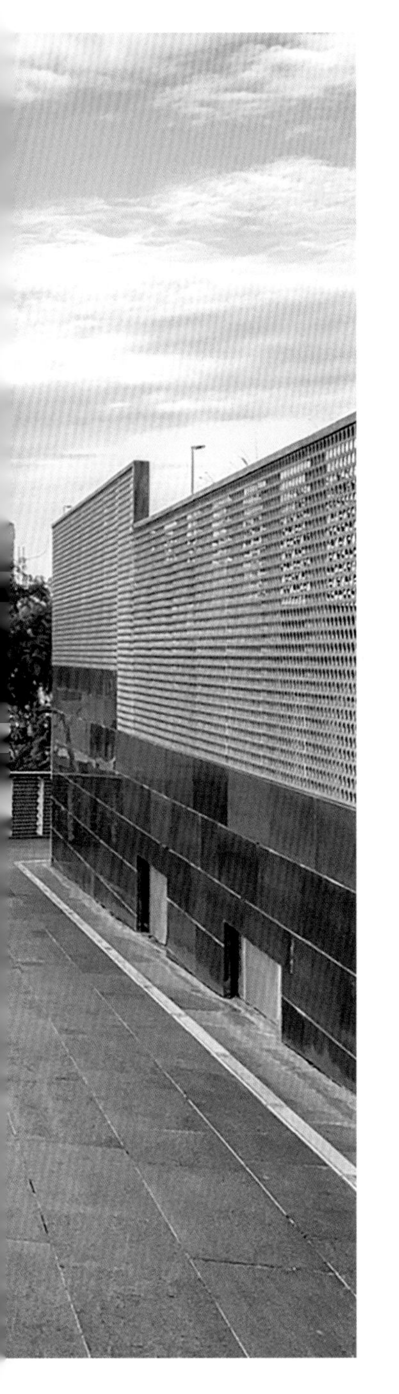

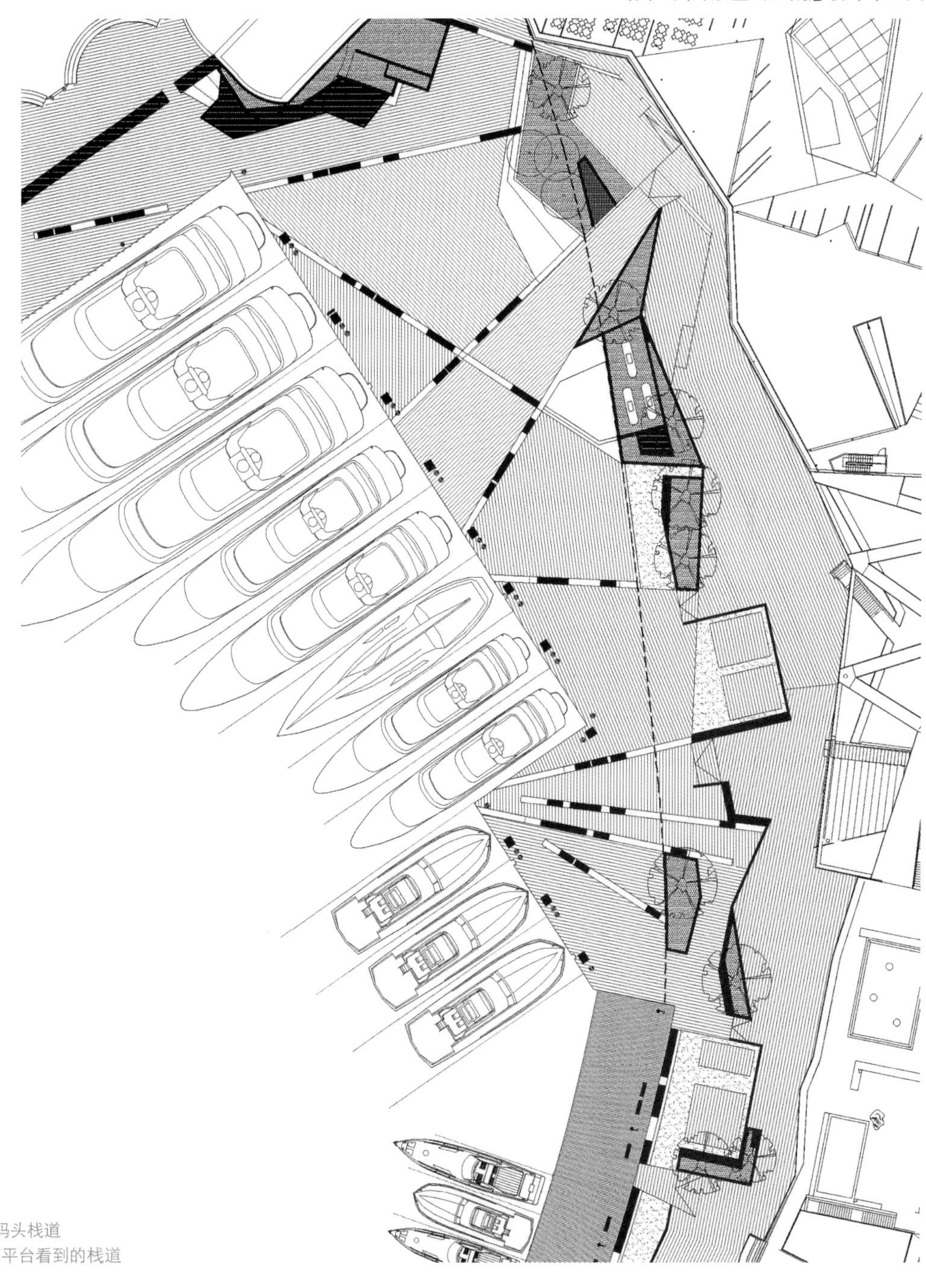

03| 贝鲁特西码头栈道
04–05| 从较高平台看到的栈道

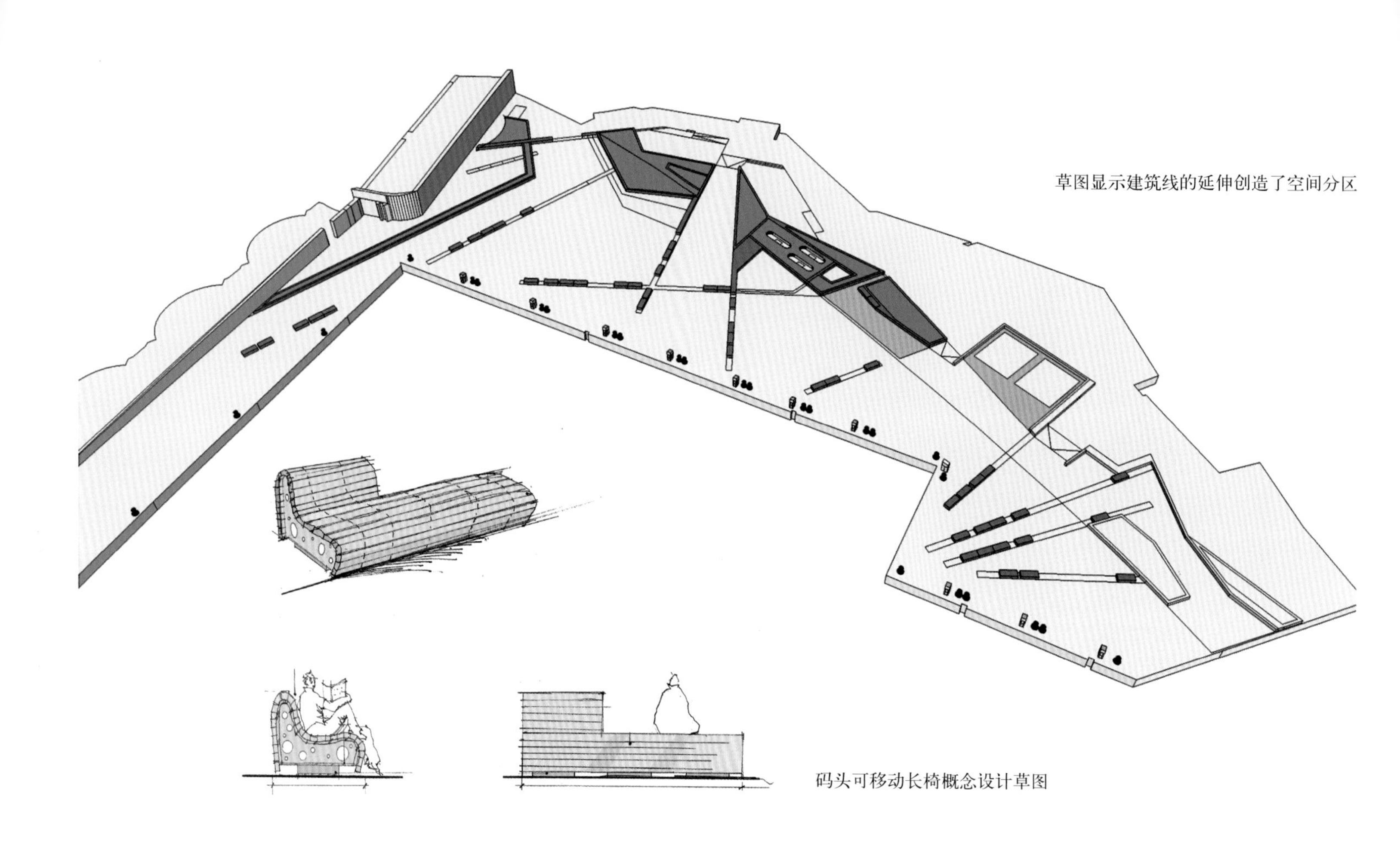

草图显示建筑线的延伸创造了空间分区

码头可移动长椅概念设计草图

06| 码头滨水区沿线的宽敞公共空间和隐蔽空间
07| 看向游艇俱乐部的码头景观

树坑的详细规划

① 薜荔
② 卷须铁线莲
③ 东方狼尾草
④ 海桐“黛粉叶”
⑤ 大花假虎刺
⑥ 白色三角梅
⑦ 商陆属植物

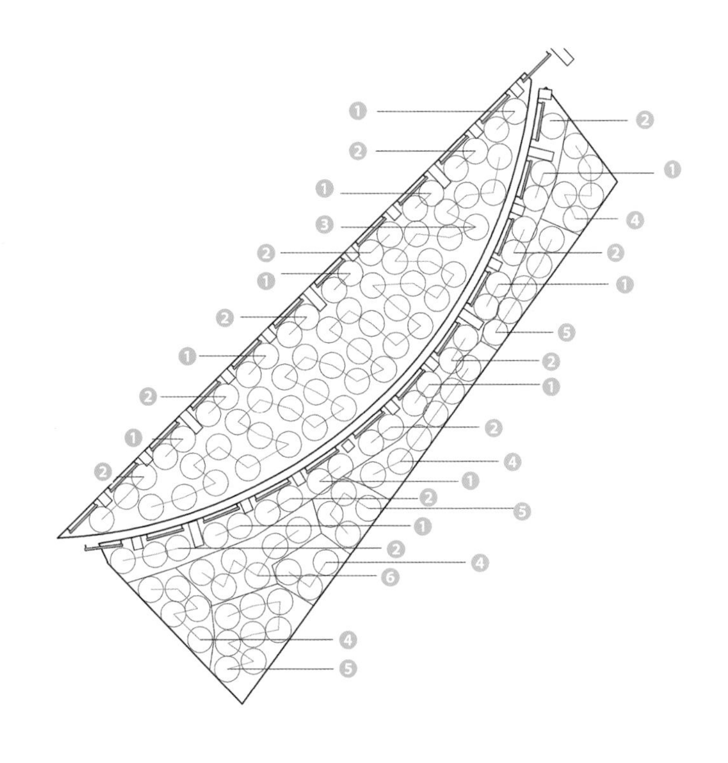

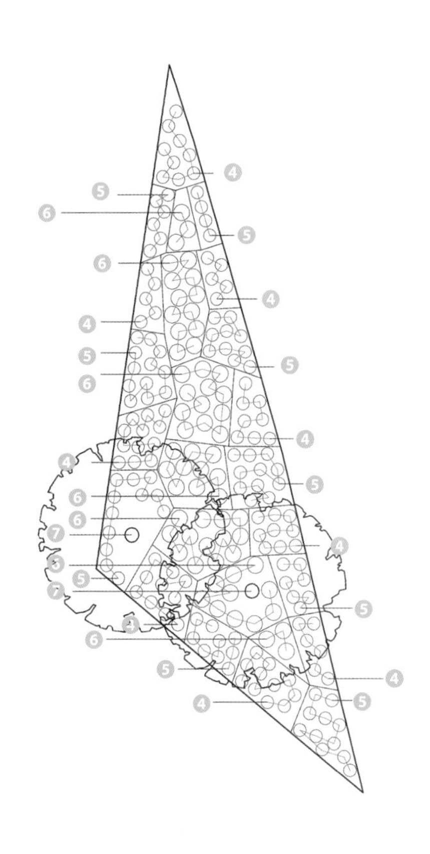

01

塞萨洛尼基新海滨区

项目地点 | 希腊，塞萨洛尼基
项目面积 | 23.88 公顷
完成时间 | 2014
景观设计 | Nikiforidis-Cuomo 建筑事务所
摄影 | 普罗德罗莫斯·尼凯福里迪斯、伯纳德·科莫、阿里斯·伊夫多斯、斯特凡诺斯·萨基里斯、邹查斯、艾瑞特·艾特里、伊欧基斯·耶罗里莫斯
业主 | 塞萨洛尼基市政府

塞萨洛尼基新海滨地区属于线形地貌，宽度有限但颇具长度，具有“前缘”的特征，是嵌入大陆和海洋之间的界线上的薄层。项目包括修建一条滨海步行道和打造 13 处绿化空间。

新滨海区具有两个主要特色区。这两个区为该项目的基本选择奠定了原则。其一是位于陆海界线正上方的步道，这里是散步的理想场所，不会受到中断和打扰。从白塔到音乐厅的滨海区段的路面采用相同材料，没有等级之分，宽度也保持不变。在整个滨海路沿线和横向宽度上，只要是硬地面，就采用浇筑方式。但在防波堤末端朝向大海的一面，地面铺设巴劳木木板，以区分于浇筑地面。

在防波堤的内侧还设计了一条阴凉步道。在树木之间，步行道上布设了可以坐下休息的地方，这在夏季极其必要。作为前海岸铺装区和植物区两个相互独立部分的中间过渡地带，步行道起到了绝妙的分区功能。

在线型通道的另一侧，靠陆地一面形成了 13 个绿色空间，就像一系列“绿色房间”。 这些“房间”不是什么大公园，而是能让人想起家庭花园的小型花园。这些花园都是内向型结构，形成保护性空间。每个花园都具有其与众不同的主题特征，或独特、或私密、或阴凉、或惊奇、或探索、或游戏、或柔软、或绿意盎然。设计师们采用不同的人工语言设计这些花园，既熟悉又私密，为人们提供新的聚会空间。这些花园的名称依次是亚历山大花园午后阳光花园、沙之园、影之园、四季花园、奥德修斯·霍卡思花园、地中海花园、雕塑花园、声律花园、玫瑰花园、记忆花园、水上花园和音乐花园。

该项目的主要目的是为市民提供一种新景观，从而为他们提供安全、规划良好、有趣、现代和多功能的具有高审美价值的公共空间，进而为所有人开发一个公共空间。在这里，可以体验到前所未有的服务、掌握更多的选择权，促使人们培养新的习惯。新滨海区的每个部分都面向所有市民开放。这里还提供满足特殊需求和能力的设施，如多个缓坡、标牌、适合所有儿童的游乐场、一条自行车道、一条盲人专用道灯。因此，新滨海区包括具有不同特征的多个区域，这些区域共同构成了一个多方面的形象。

01 | 塞萨洛尼基新滨海改建区的航拍图
02 | 塞萨洛尼基鸟瞰图——改建区位于红色边界内

02

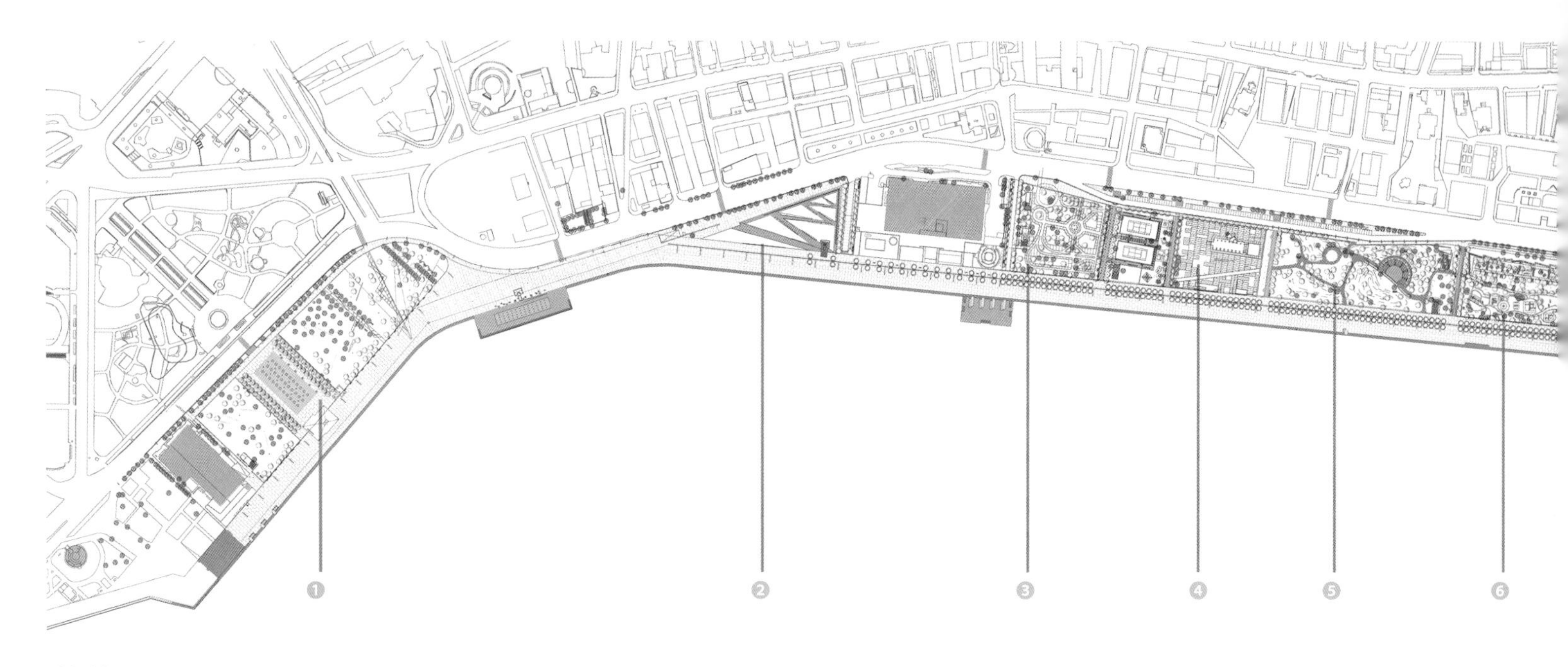

总规划图

① 亚历山大花园
② 午后阳光花园
③ 沙之园
④ 影之园
⑤ 四季花园
⑥ 奥德修斯·霍卡思花园
⑦ 地中海花园
⑧ 雕塑花园
⑨ 声律花园
⑩ 玫瑰花园
⑪ 记忆花园
⑫ 水上花园
⑬ 音乐花园

03| 陆海交界线正上方的长步道
04| 奥德修斯·霍卡思花园和地中海花园的鸟瞰图

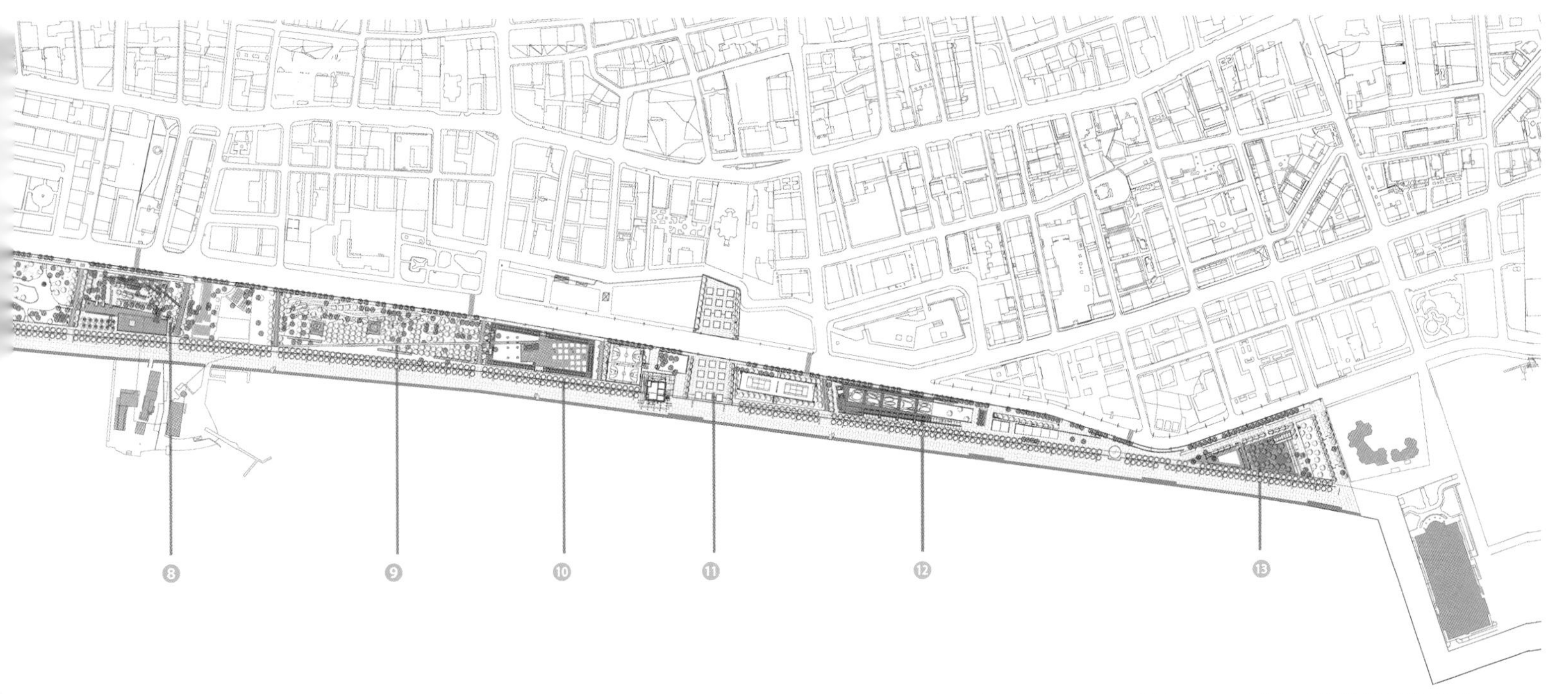
8
9
10
11
12
13

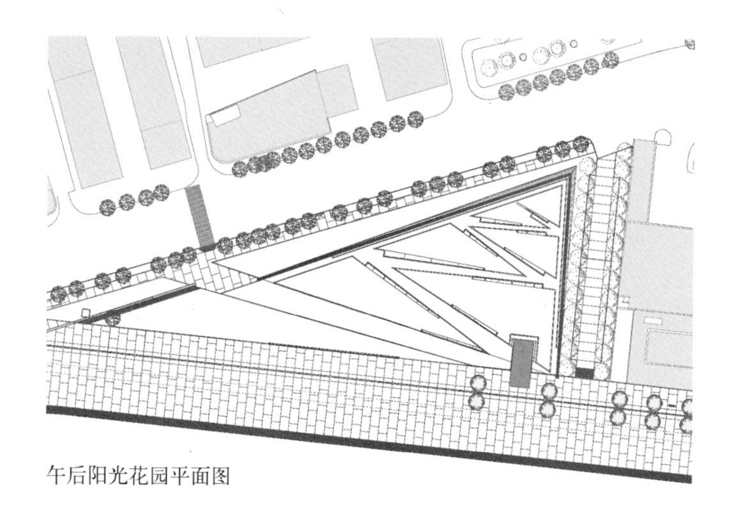

午后阳光花园平面图

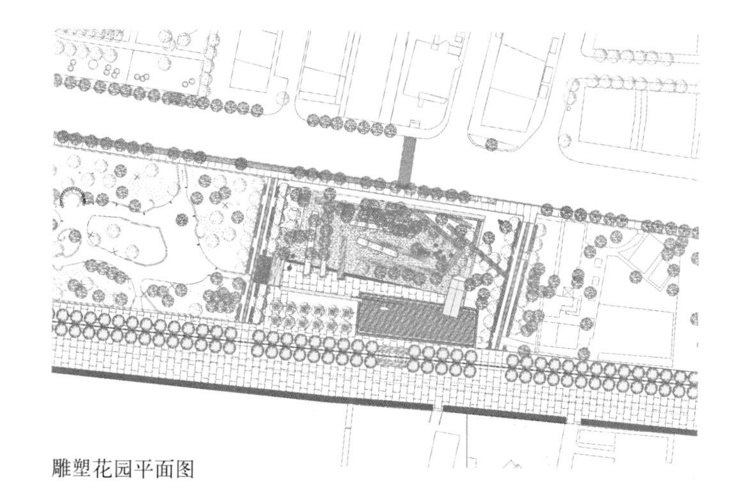

雕塑花园平面图

05| 午后阳光花园
06| 雕塑花园的水池
07| 雕塑花园水池中的倒影

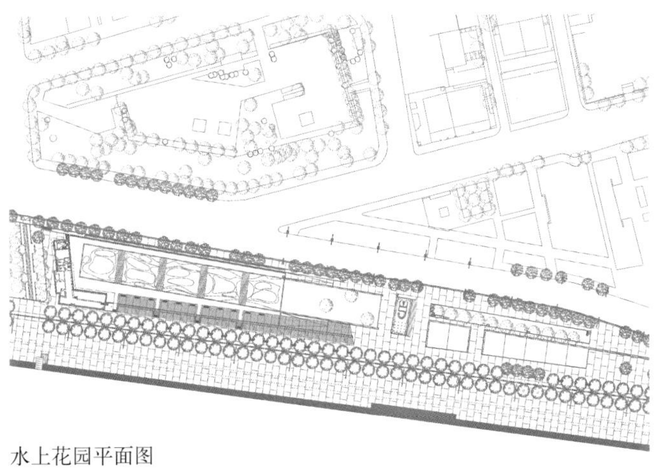
水上花园平面图

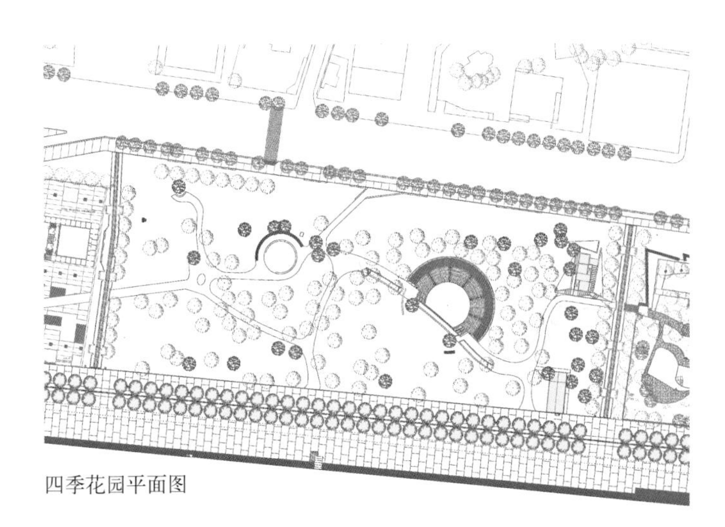
四季花园平面图

08| 水上花园的内部
09| 四季花园的鸟瞰图

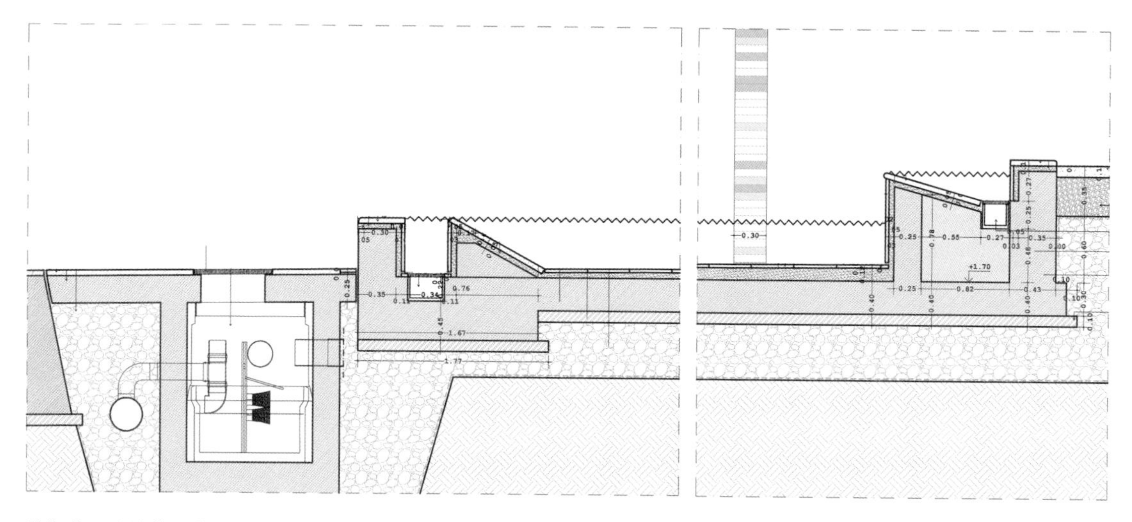

雕塑花园水池的细节平面图

10| 音乐花园
11| 亚历山大花园平台上的雕像
12| 记忆花园泵站建筑内部
13| 声律花园的内部
14| 玫瑰花园的内部

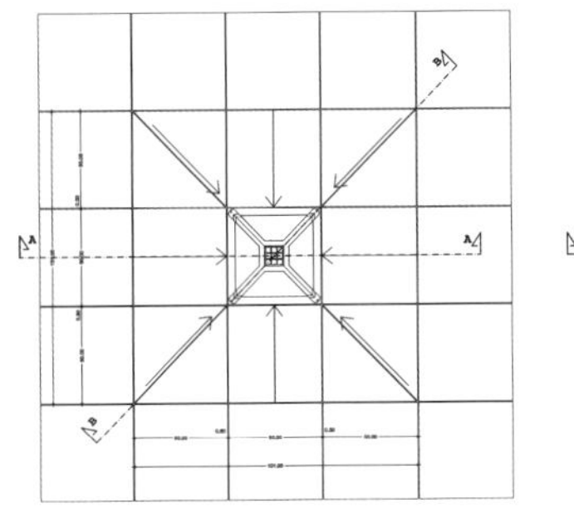

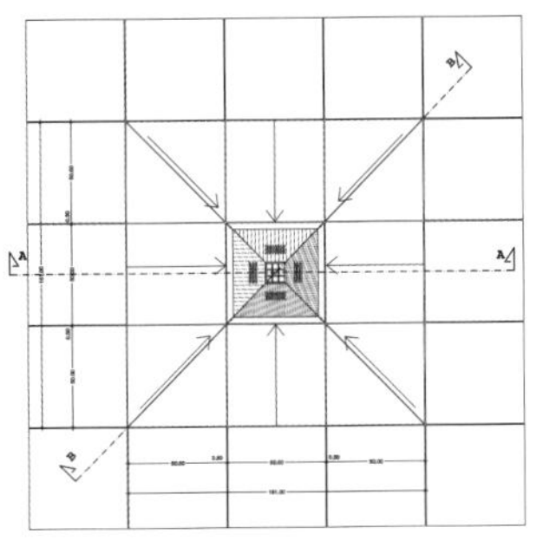

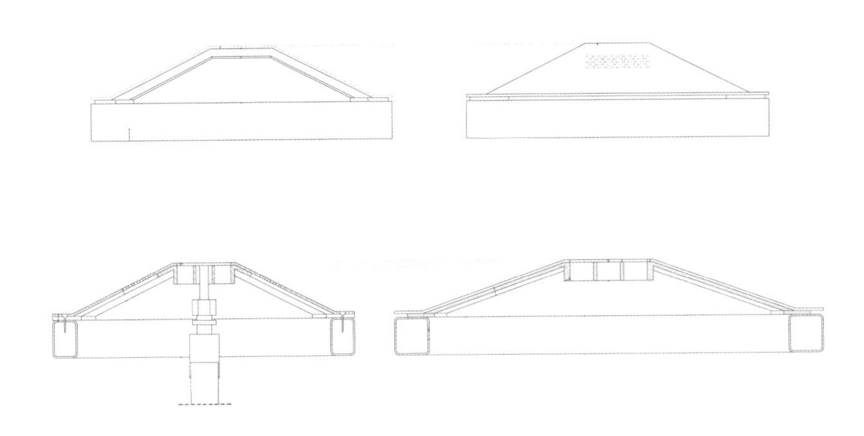

亚历山大花园平台上喷水柱金属结构的平面图、立面图和平面图

佩德雷拉坎普滨海步道

项目地点 | 葡萄牙，波尔图镇
项目面积 | 500 平方米
完成时间 | 2012
景观设计 | M-Arquitectos 建筑工作室、Resendes Sousa 建筑事务所、Lda 公司
摄影 | 阿图尔·席尔瓦
业主 | 环境与海洋区域秘书处

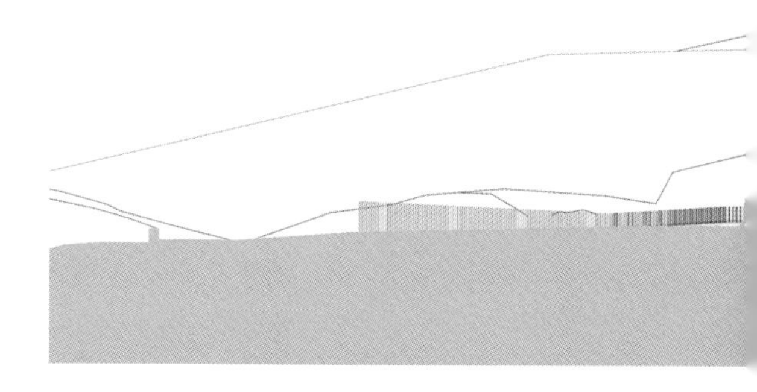

佩德雷拉坎普被视为该地区的一个自然纪念碑。除了无与伦比的美丽风景外，佩德雷拉坎普还坐拥亚速尔群岛这一特殊地质条件，在科学、地质进化和教学三方面具备毋庸置疑的重要性。基于这点考虑，建筑师打算在不影响场地现有特质的前提下，保存景观，发掘观赏潜力。

该项目规划了两条截然不同却互为补充的路线。一条是将覆盖佩德雷拉坎普的地质概貌，另外一条则并入穿越现场区域的现有步行道路。

第一条路线是一条用实木制作的高架路，跨越不规则的多石地形，实木路径在跌宕起伏的岩石地形上蜿蜒曲折，避免了人为建筑在自然景观中的突兀，又巧妙地与地形地貌融为一体。这一设计思路意在利用实木路径的轻盈和明亮制造一处兴趣点。在此，将实木的有机材质特性与景观的视觉刺激相结合，最终在南部，以面朝大海的景观收尾，令游客心旷神怡。

实木步行道的扶手也采用实木搭建，保证了游客的人身安全。除此之外，步行道扶手的间隔处，设有信息展板。根据具体的科学指导，信息展板介绍了佩德雷拉坎普景区的相关内容。

实木搭建的步行道使得项目与周围自然景观完美结合，不但避免了自然环境中突兀地出现一处人工搭建的建筑，而且成功地将其变成景观中的一大亮点。

01

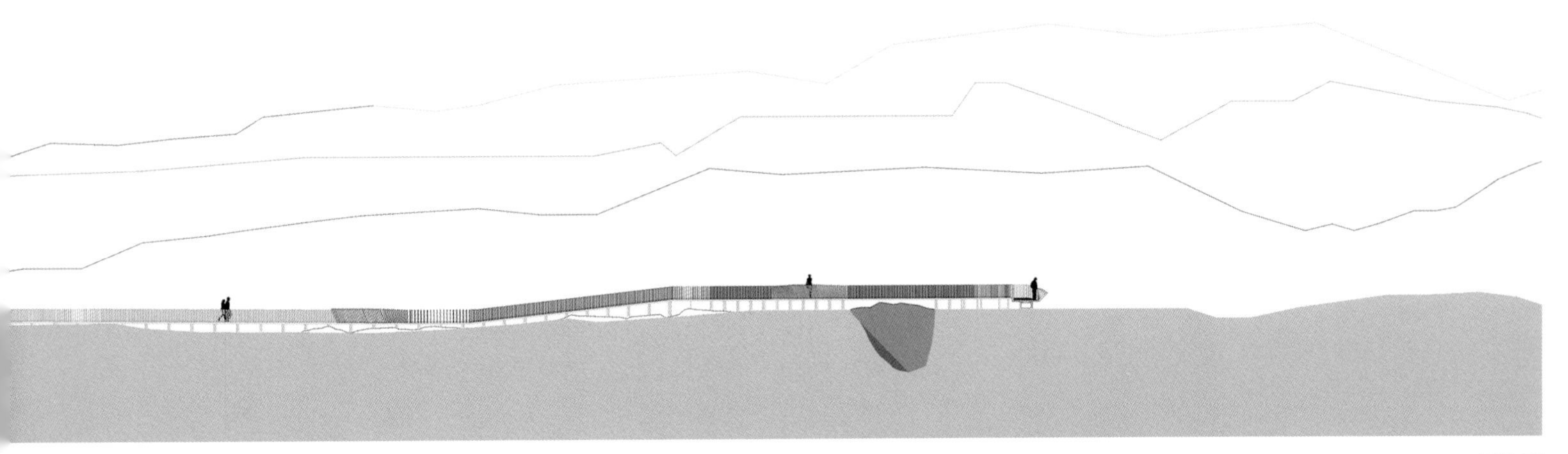

西立面

01| 全视图

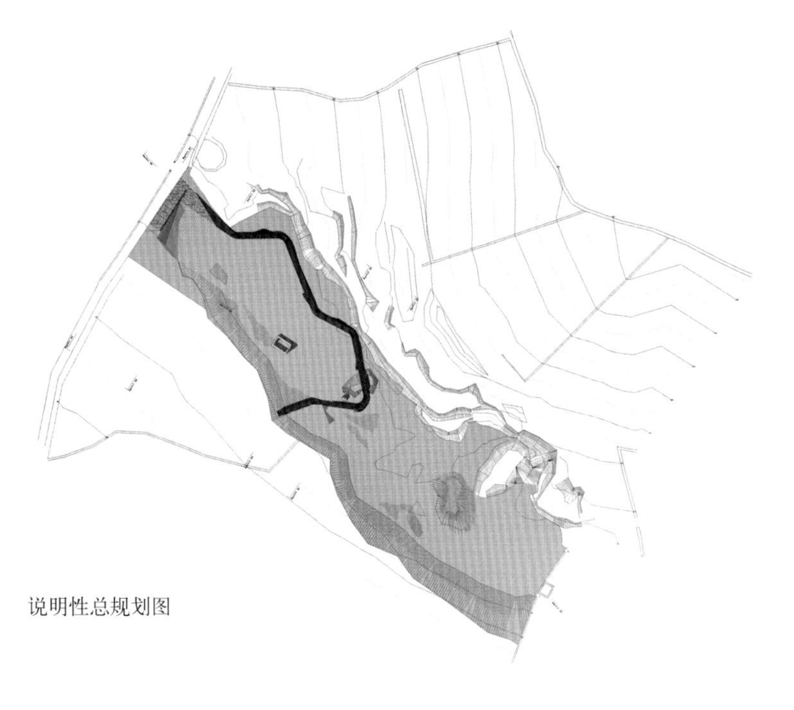

说明性总规划图

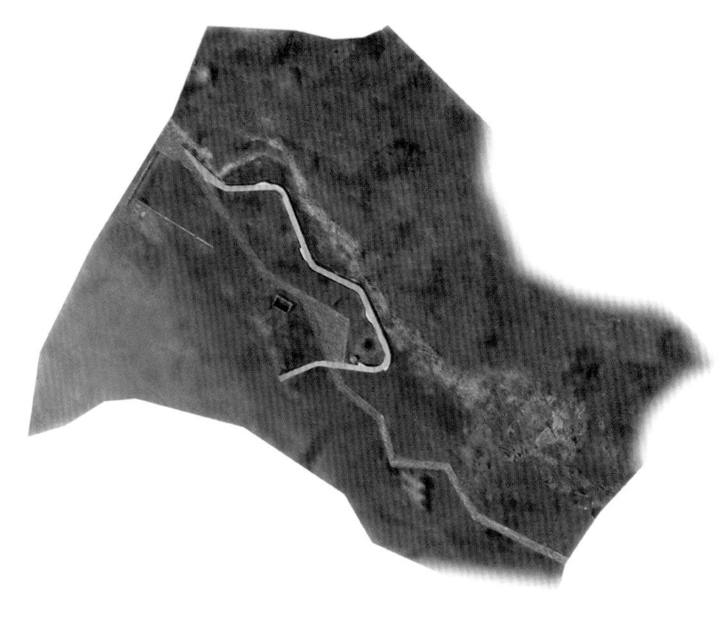

02| 路线鸟瞰图
03–04| 路线的细节
05| 整条道路安装木材侧栏杆

木散步道的施工细节图

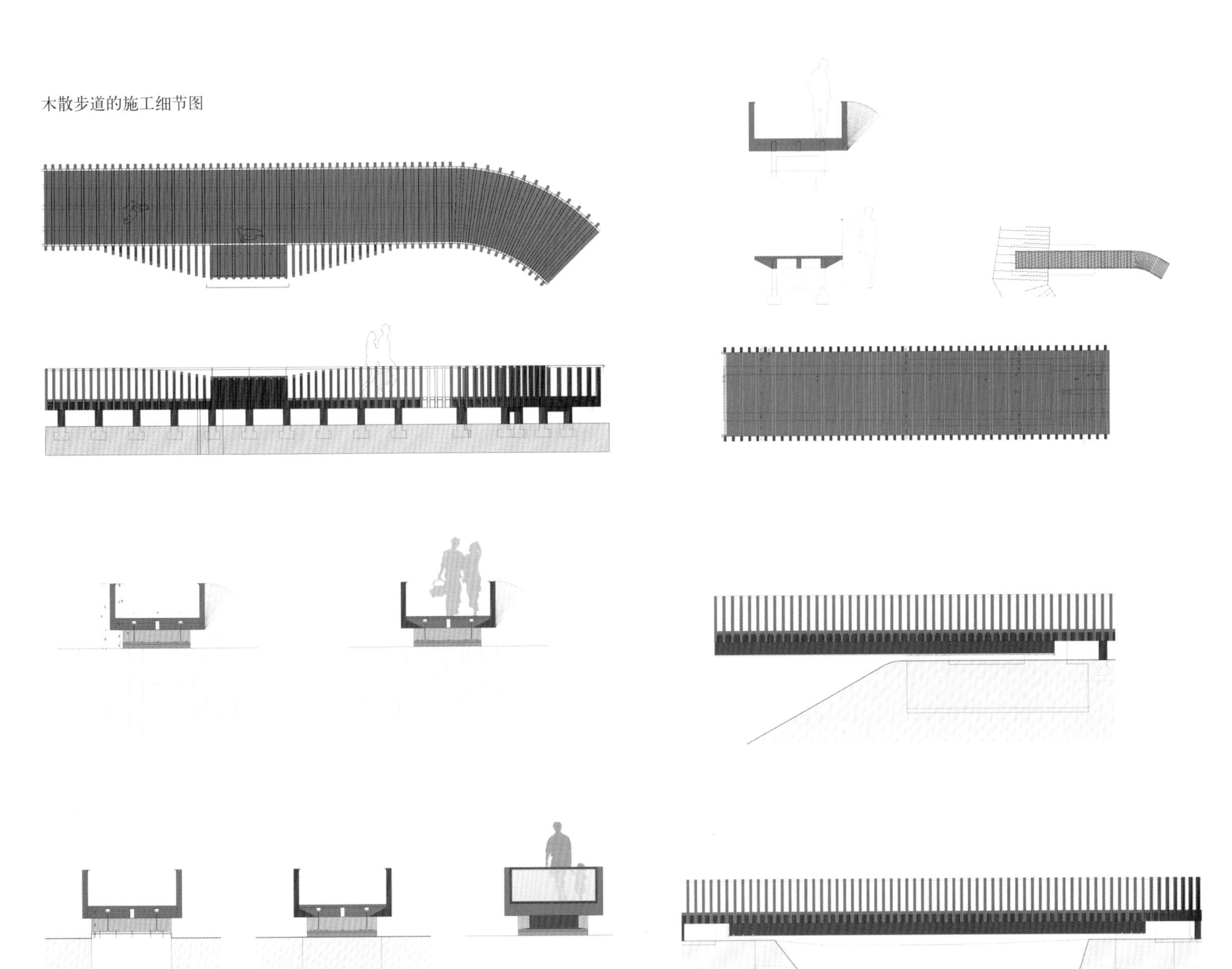

三向投影施工细节

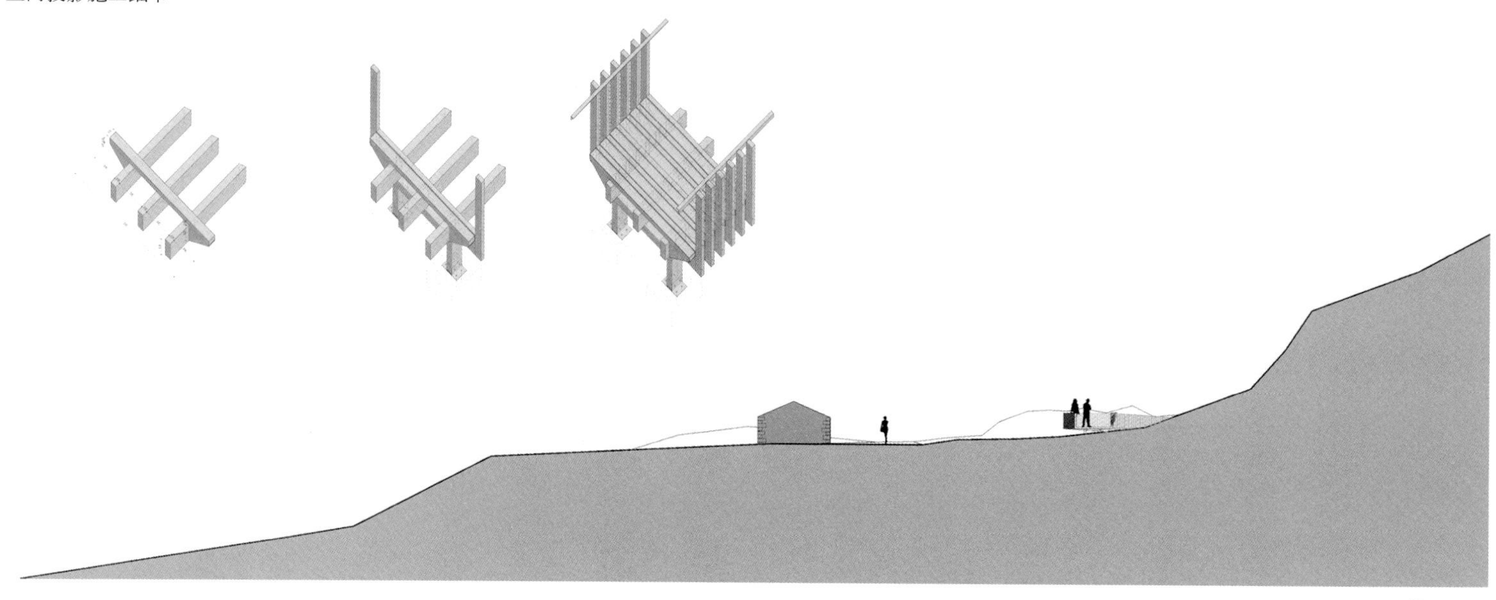

横剖面图

06| 观景台
07| 观景台内部
08| 一条高架道路，以避免对该区的强行占用
09| 实木确保项目很好地融入周边风景

06

07

08

三向投影施工细节

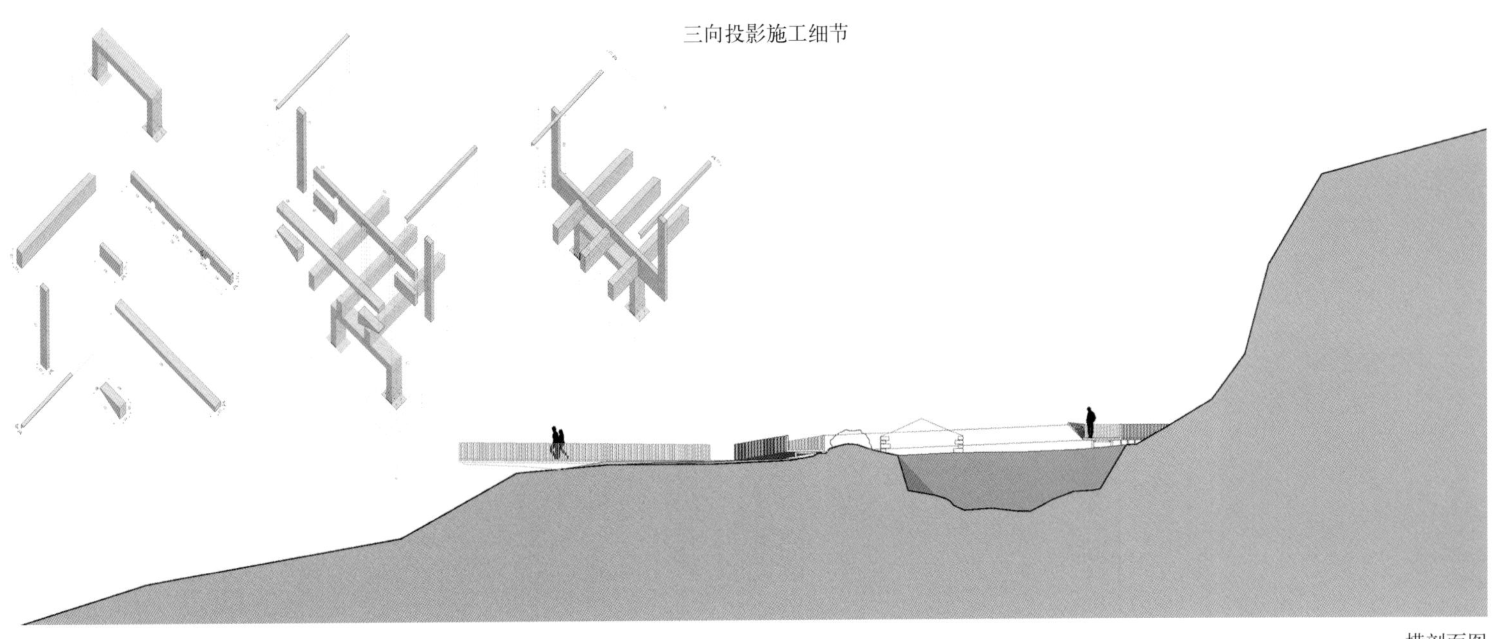

横剖面图

维特尔市斯普拉兹滨水空间

项目地点 | 德国，维特尔
项目面积 | 6750 平方米
完成时间 | 2011
景观设计 | scape 园林景观设计有限公司
摄影 | 马蒂亚斯·冯克
业主 | 威特市旅游规划局（鲁尔工业区）

斯博拉兹广场位于哈尔科特湖畔，是鲁尔维特尔市的中心公共空间。在这里，维特尔城留给当地居民和鲁尔谷游客的形象是一座坐落在湖畔的可爱城市。因为广场位于城市和湖泊之间，本案建议修建了一座多功能城市舞台，以便更好地利用滨湖区。

广场地面铺装与现有地形相协调。一条采用相同铺面的斜坡一直通向湖边，突出了广阔的湖面。滨湖步道是快干沥青道，非常适用于轮滑、骑行或步行。城市和湖泊之间的中心路线被改建成了一条散步道。

湖畔平台是一个与水岸平行的大型木平台，是广场的主要休息区。平台中心设置两条长座椅，看起来像是木平台上的两个突起结构，十分和谐。座椅的底座还嵌入了照明设施。木平台是这座城市的露台，让城市里的居民与湖面亲密地接触。人们可以前来散步或坐在长凳上观看人来人往，也可以举行各种活动。

现有树木构成了该项目规划的基础。通过选择性移植或砍伐树木，预期的空间效果会得到大幅度加强。此外，茂密的绿色植物为游客提供阴凉，同时也让滨湖区更加生动。

该项目成功地以最少的干预手段激活了一个重要的城市公共空间。这里已经成了最受居民喜欢的出游目的地之一。

01

01| 木平台
02| 湖边平台

总规划图

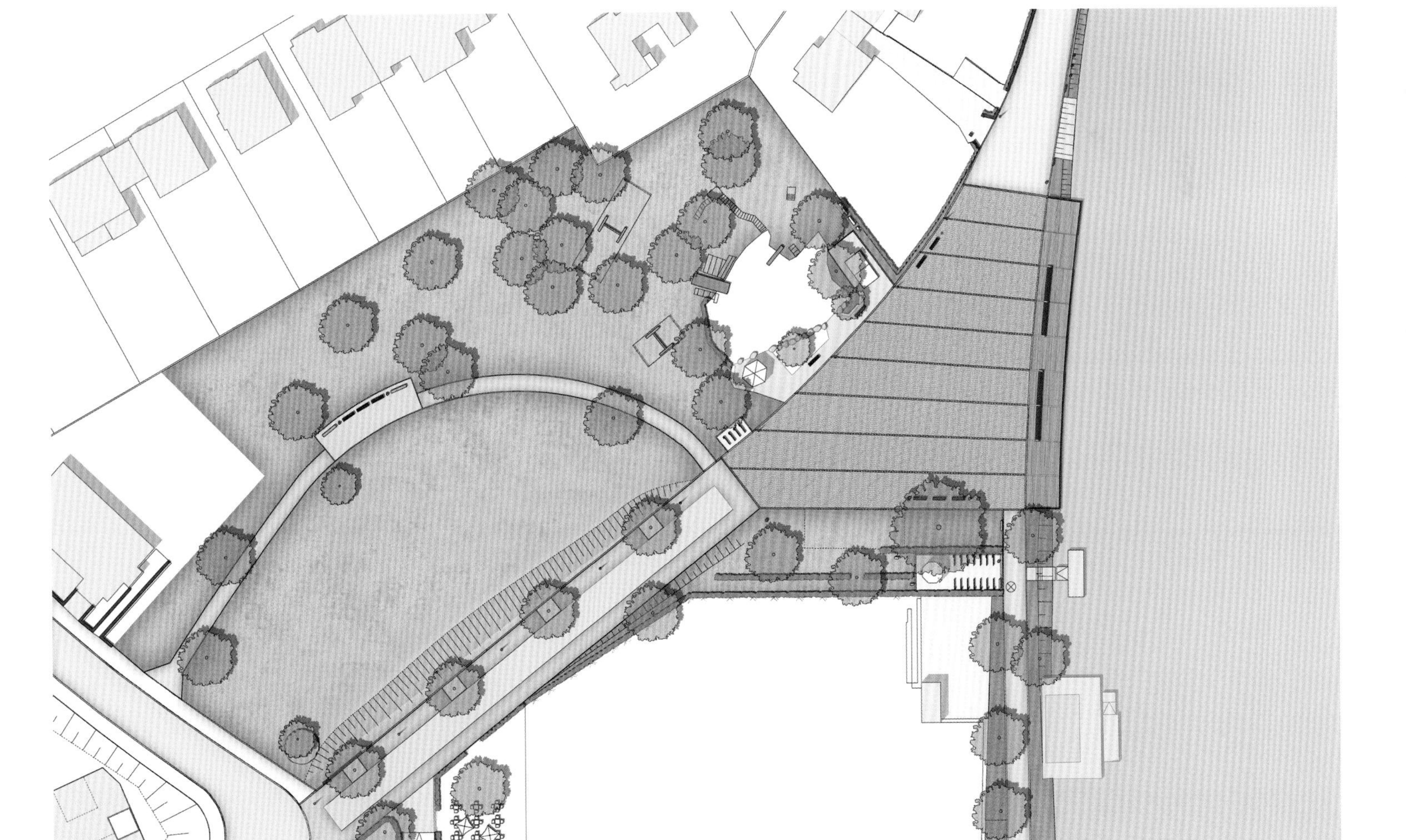

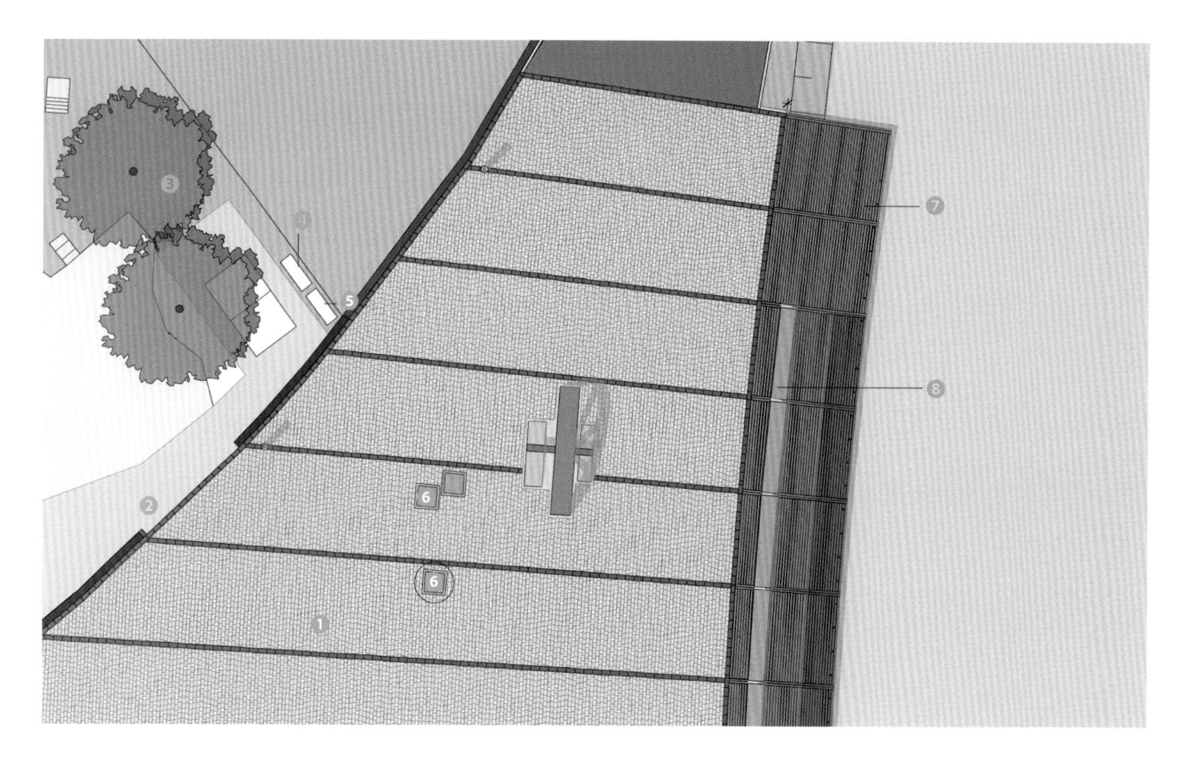

总规划图

① 铺面
② 自然石墙
③ 原树木
④ 配电箱
⑤ 开关泵
⑥ 原排水口
⑦ 木平台
⑧ 长椅

⑨ 原树木（枫树）
⑩ 新栽树木（枫树）
⑪ 原树木（美国梧桐）
⑫ 艺术品
⑬ 用餐选择空间
⑭ 自行车架
⑮ 卫生间

03| 哈克兹广场
04| 毗邻哈克兹广场的湖边平台
05| 中心步行大道
06| 从较高休息场所看向湖泊的视图

06

奥特霍伦滨水大道

项目地点 | 荷兰，奥特霍伦
项目面积 | 8300 平方米
完成时间 | 2015
景观设计 | MTD 景观与城市设计公司
摄影 | MTD 景观与城市设计公司
业主 | 奥特霍伦市政府、哈特阿姆斯特尔公司

奥特霍伦市政府和哈特阿姆斯特尔公司都胸怀改善阿姆斯特尔河奥特霍伦滨水区的空间质量的雄心。该项目的目的是加强位于阿姆斯特尔河、港口和奥特霍伦介于法院和教堂之间的公共空间之间的统一性，提升视觉形象，提高使用价值和整体质量。

设计规划的首要目标是在阿姆斯特尔河和客运港沿线修建一条绿色大道。设计师采用了分区计划，极大地缩减了交通空间，以提高在河流两岸休闲的质量。设计师们通过增加码头的高度而修建一条迷人的林荫大道，为搭建宽敞的平台提供了空间，还为位于阿姆斯特尔河上的一个作为指挥台的活动平台提供了便利。位置较低的车道和步行道位于正面设施沿线，为目的地交通、慢行交通、购物者和冬季露台提供了便利。整个项目都选用高质量、可持续的材料，如烧结砖和天然石材，从而创造了

01

一个引人入胜的海岸景色，并为众多泊位提供了空间。

在德斯堡的高处，即奥特霍伦最古老的部分，设计师修建了一个购物码头，人们可以把船只临时停泊在那里后去购物。这里之前有一座特色木桥，是阿姆斯特尔河上方的一条连接通道。因此，该项目在这里修建了一个仿原桥头的现代结构。新滨水区既能让人们欣赏河面风光，同时也能为游船停泊提供了场所。通过该项目，奥特霍伦市政府在历史市中心和阿姆斯特尔河之间重新建立了连接。有了新滨水区，奥特霍伦在地图上被放入了荷兰的“绿色心脏”，变成了周围地区的一个重要枢纽。

UITHOORN, — Brug over den Amstel.
Uitg. Nauta, Velsen. 10109.

01| 阿姆斯特尔河的码头
02| 旧邮票，上面显示的是跨越阿姆斯特尔河的木桥

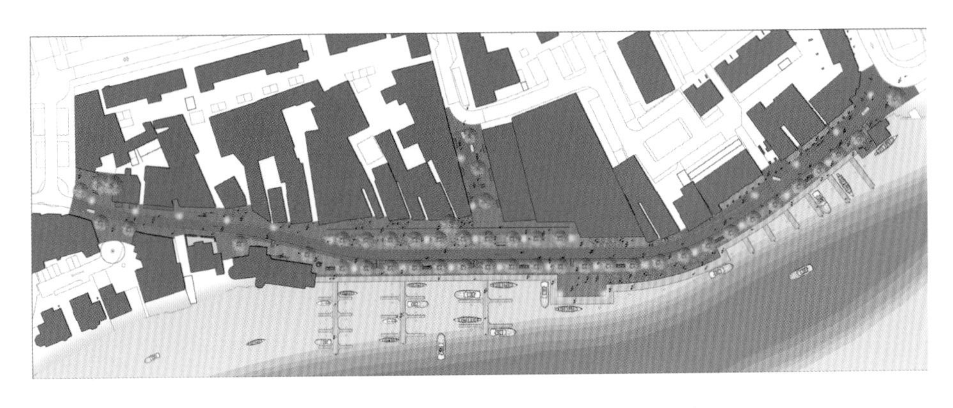

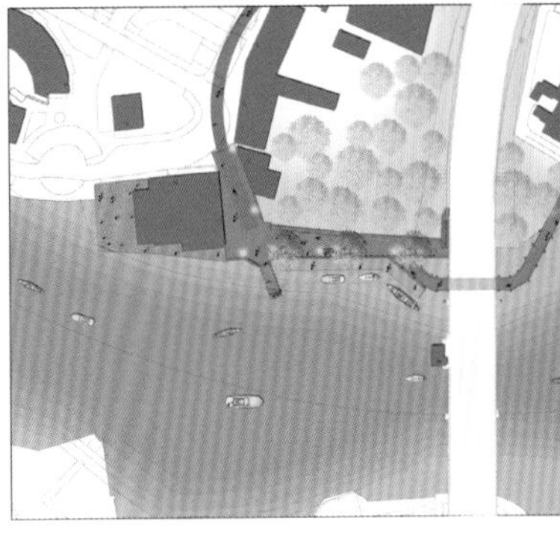

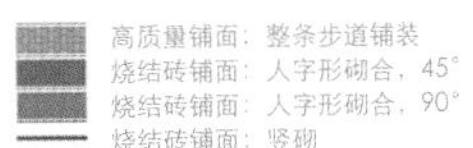

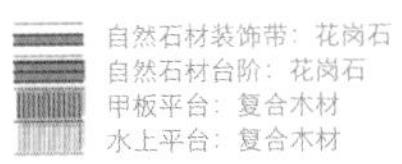

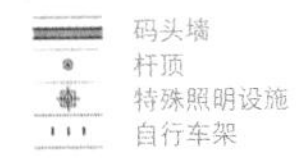

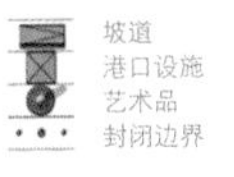

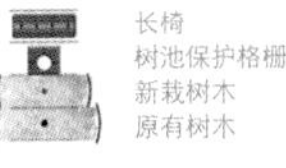

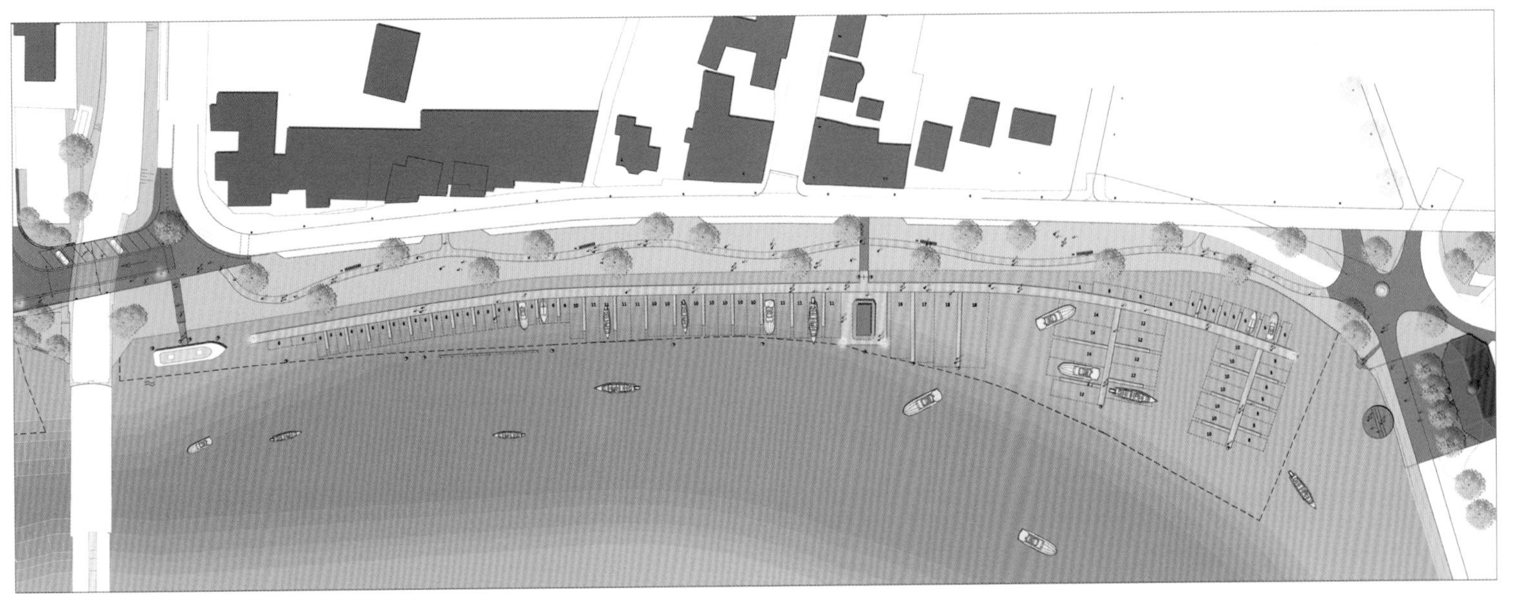

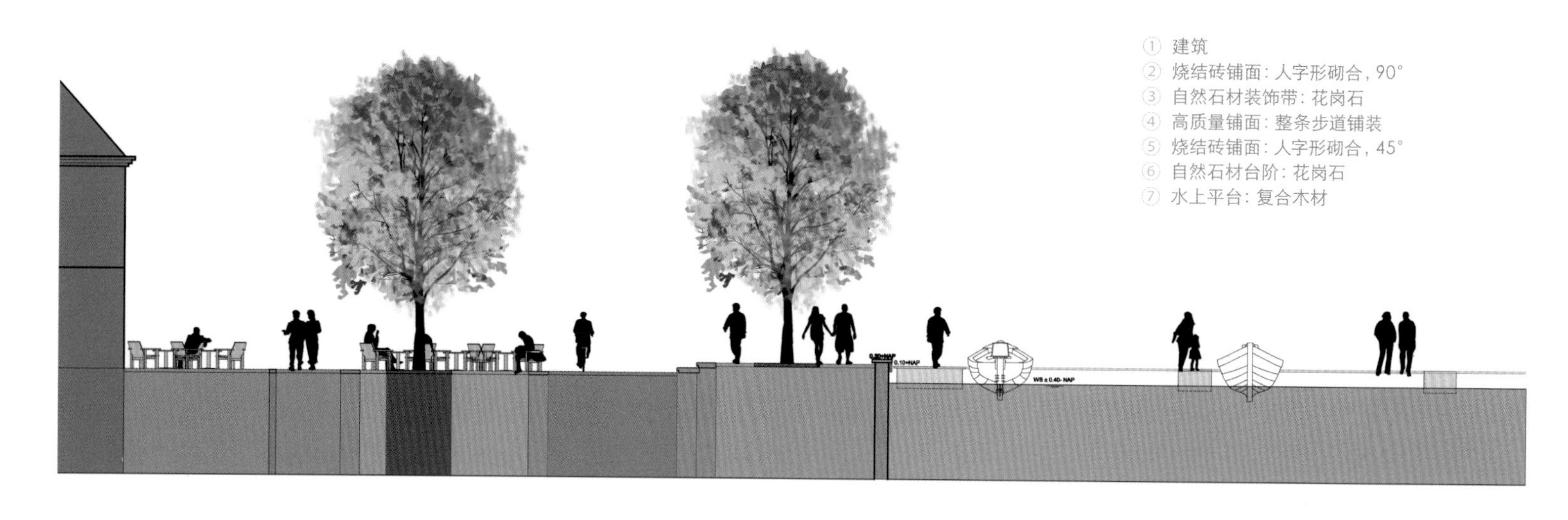

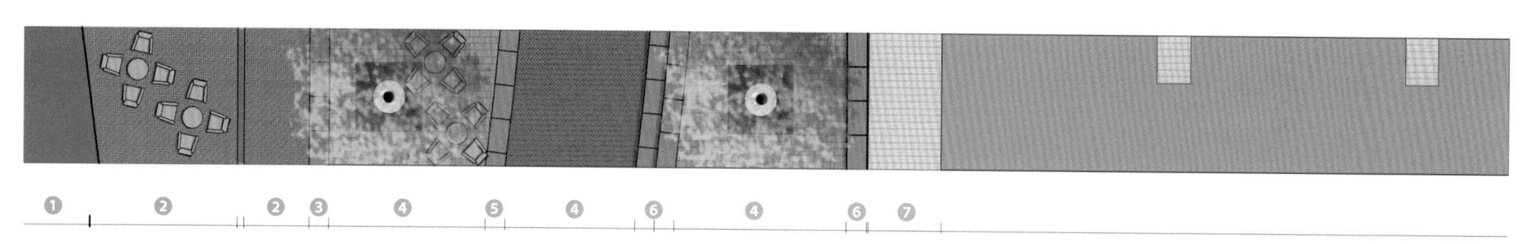

03| 阿姆斯特尔河的码头
04| 水边夏季平台
05–07| 阿姆斯特尔河沿岸步行大道

04

05

06

07

杰克埃文斯船港码头

项目地点 | 澳大利亚，特维德角
项目面积 | 4.9 公顷
完成时间 | 2011
景观设计 | 澳派景观设计工作室
摄影 | 西蒙·伍德
业主 | 特维德郡政府

01 | 设计的一部分是一条通向水面的“全能”坡道，这使已在利用港口的许多老年游泳者能够更安全地每天前往水面，特别是在低潮期
02 | 与水文和海洋工程师合作，为公众创建了一个新沙滩，沙滩边缘是一个将海滩延伸至绿地的木平台
03 | 散步道利用通向河口的风景，为杰克埃文斯港口绿地增添了一种全新的体验
04 | 故事墙为当地本土文化做出了重要贡献，四面“故事墙”均包括艺术品和说明性信息板

杰克埃文斯船港的设计展现了潮间带不断变换的独特之美，使之成了一个适宜居住的景观。这条新海岸线兼水上休闲区位于特维德河河口，介于新南威尔士和昆士兰之间，周围是 4.9 公顷的公共绿地。该项目的启动是为特维德角的经济复苏提供动力，并为镇中心创建一个多样化、活跃、富有文化的休闲和旅游中心。

整个项目的主要设计元素是一个简洁的阶梯式亲水平台，用预制混凝土打造，环抱整个船港。看似中规中矩的设计，却打造出了一片强力吸睛的景观，其别具匠心的思路协调了复杂的水文环境与潮汐、河水和沿海气候压之间的矛盾。该设计的成功之处在于打造了一个休闲场所，而且同时利用了河水潮汐的自然特性为公共绿地增添了独特又变化无穷的视觉体验。该地区正遭受着不断增长的沿海人口和城市致密化的压力，而正是这一简单设计方案确保了杰克埃文斯船港码头公园的使用寿命。

港口边缘沿线建立了一系列与水相关的不同联系——一个新海滩和海滩平台、一个新岩石岬角、一个“城市码头”、一条木栈道、一个水上剧院，多个游泳区、钓鱼点和乘船点，所有的设计都可以抵御频繁的潮汐和暴雨洪水的冲击对气候变化和海平面上升带来的影响，并保护周边公园在未来免受气候变化和海平面上升的影响。

在堤威特河与海水之间相互融合的过程中，台阶、坡路、海水中的岩石墙、潮汐池这些建筑结构会展现出另一番景象，让观者体验到时间和潮汐的变化莫测。此外，海岸线的重新规划使“全能”入口坡道直通入水，不受潮位影响的同时还为当地打造出独特的休憩娱乐项目。

貌似简单的景观构筑结构却蕴含了复杂的设计过程。不断变化的滨水地质条件意味着需要不断地返回到设计阶段，通过沉积转移建模确认沙的运动，再考虑潮汐和河流的变化，以便确认滨水元素，如水上平台和人工海滩的位置。为了减少沙滩的自然运动和保存沙滩的实用性，项目设计了混凝土亲水平台、崭新的岩石护堤和木栈道。

根据海岸带潮间带的含盐量变化和海风的长期影响，设计师做了相应的植物配置。设计保留了许多成功、重要的树种，这有助于使该项目融入环境。新建护堤的设计有利于红树林的生长。

文化公园是一面艺术“故事墙”，也是展示公共、社群和表演艺术的空间。它将展现该地区丰富的当地土著和欧洲遗产。该项目是进行大范围的本土和社群调查后的结果，创建了一个有利于增加当地居民和游客休闲的公共空间，同时也保护和宣扬了该区的自然之美和环境。

整个滨海已然成了一个非正式的“镇广场”，集聚会交流、周末集市、纪念馆、儿童游乐场和开阔的供人们休憩娱乐的绿色海岸于一体。各项公园体验通过一条动态的活动走廊相连，并与不断变化的水陆交汇线相连接。

概念景观规划图

02

03

04

剖面图 A

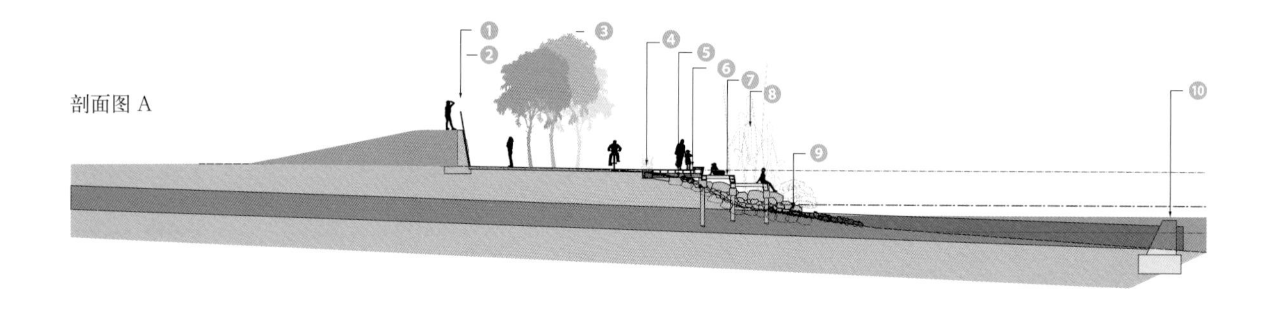

剖面图 B

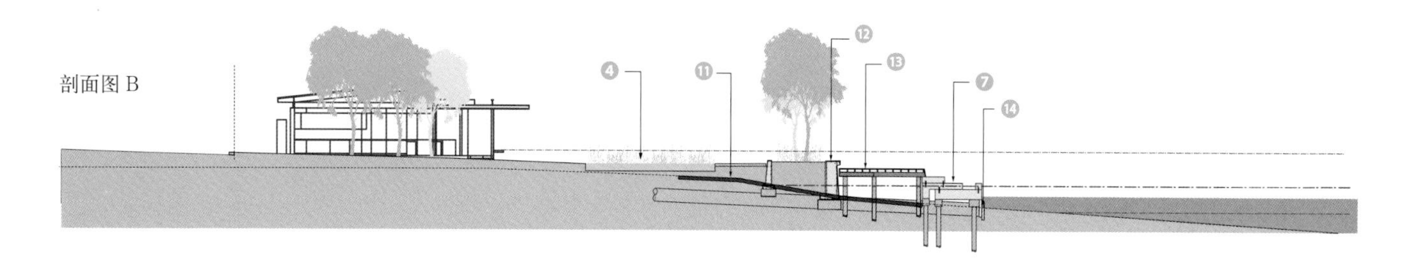

05| 北海角提供了一个吸引年轻人的重要景点。该块区域的大卵石也具有吸引力，且为繁殖鱼群和蟹类创造了栖息地

06| 新平台建在原树木周围，提供了退离沙滩的一处阴凉处

07| 墙体的外边为安装故事墙的标志提供了机会，这些标志正由委员会和土著社区合作设计

08| 水上平台的设计将减少新雨水出水口带来的影响。平台位于港内航道最深处的边缘，是受到人们普遍喜爱的钓鱼和观看水上活动的地点

铺面土 C

① 镶木面板故事墙
② 标志板
③ 花岗质砾石
④ 雨水花园
⑤ 原石材护岸
⑥ 硬木平台和座椅墙
⑦ 预制混凝土阶梯式平台
⑧ 雕塑艺术品
⑨ 石材护岸
⑩ 雨水排水口
⑪ 原海床
⑫ 混凝土座椅墙和花盆
⑬ 硬木平台
⑭ 预制混凝土面板和雨水排水口
⑮ 遮蔽式草坪区
⑯ 自行车道
⑰ 硬木平台和沙滩通道

09| 散步道利用通向河口的风景，为杰克埃文斯港口绿地增添了一种全新的体验。该区已经为街市档位在节日和举办活动期间成功地加以利用

01

博斯坦利步行桥及落日平台

项目地点 | 土耳其，伊兹密尔
项目面积 | 8800 平方米
完成时间 | 2016
景观设计 | Evren Başbuğ 建筑设计工作室
摄影 | ZM Yasa 建筑摄影工作室
业主 | 伊兹密尔市政府

02

博斯坦利步行桥及落日平台是伊兹密尔海岸改造项目方案的一部分。这两处景观建筑被安排在相邻的位置，彼此关联，创造了一个崭新而统一的海岸景观。此处海岸线拥有漂亮的几何形状，博斯坦利溪水从这里流入海湾，形成这个城市特有的记忆。该项目目前已成为伊兹密尔卡西亚卡地区最受欢迎的公共景点之一。自开放以来，受到全城居民的喜爱。

根据海岸改造项目的总体规划，博斯坦利步行桥将连接博斯坦利溪流两岸，弥补滨海散步道的缺失路段。步行桥有着略呈弓形的纵截面和特别的几何结构的梁，允许小型船只从其下通过，并为溪上的浮桥码头提供通道。这处新的城市基础设施有着独特的地理位置，建筑师设计了不对称的结构，使游人在步行桥的一侧可以看到整个海湾的景色，在另一侧则能看到城市的天际线。这个不对称的结构是由安装在钢框架上的阶梯式碳化木板构成的，游人可以在这里坐着或者躺着欣赏海湾风景。该步行桥已经超越了城市基础设施的范畴，不仅具有交通功能，并且重新定义了一个亲近自然的公共休闲空间。

博斯坦利落日平台位于卡西亚卡少数几个直接面向西面的位置之一，由阶梯式碳化木覆盖的平台组成。平台位于树荫遮蔽的人造斜坡和堤岸之间，形成了一个引人向往的城市界面。简单流畅的几何表面鼓励游人与夕阳和大海进行更加直接的接触。正如在步行桥上，宽白蜡木面板的自然纹理也让人感到舒适温暖。“日落休息室”帮助使用者重新发现深藏在城市记忆中的一种被长期遗忘的伊兹密尔仪式，吸引市民来到海边观看日落，共度一段美好的傍晚时光。

这两个城市设施在同一地点正面相对，响应了伊兹密尔海岸改造项目中卡西亚卡海岸线的总体规划。自然、独立、巧妙、包容——这两处设计都反映了昂希·列斐伏尔定义的真正的“对立空间”。步行桥和落日平台利用这里独特的社会、地理和历史背景，创造了一个体验不同形式的休闲方式的新城市空间。这些新的海岸干预措施也完全符合伊兹密尔海岸改造计划为其构想的“简单生活方式”的愿景。

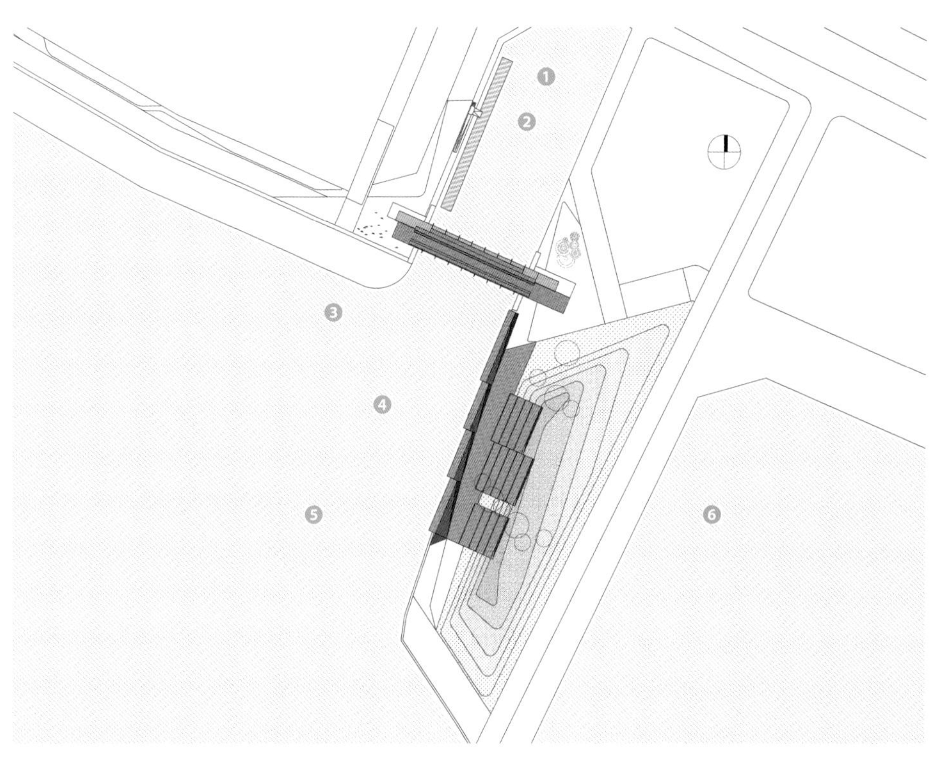

① 水上码头
② 博斯坦利溪
③ 博斯坦利步行桥
④ 爱琴海
⑤ 博斯坦利落日平台
⑥ 码头

总规划图

01| 海岸区全景
02| 步行桥构成了滨海散步道的缺失路段
03| 夕阳休息区的几何形状简单、流畅

04| 步行桥鸟瞰图
05| 步行桥允许小船从底下通过
06| 夕阳下的步行桥
07| 从散步道看到的步行桥
08| 散步道铺面
09| 大面积碳化木表面使得使用者可以坐下来伸展四肢并欣赏日落

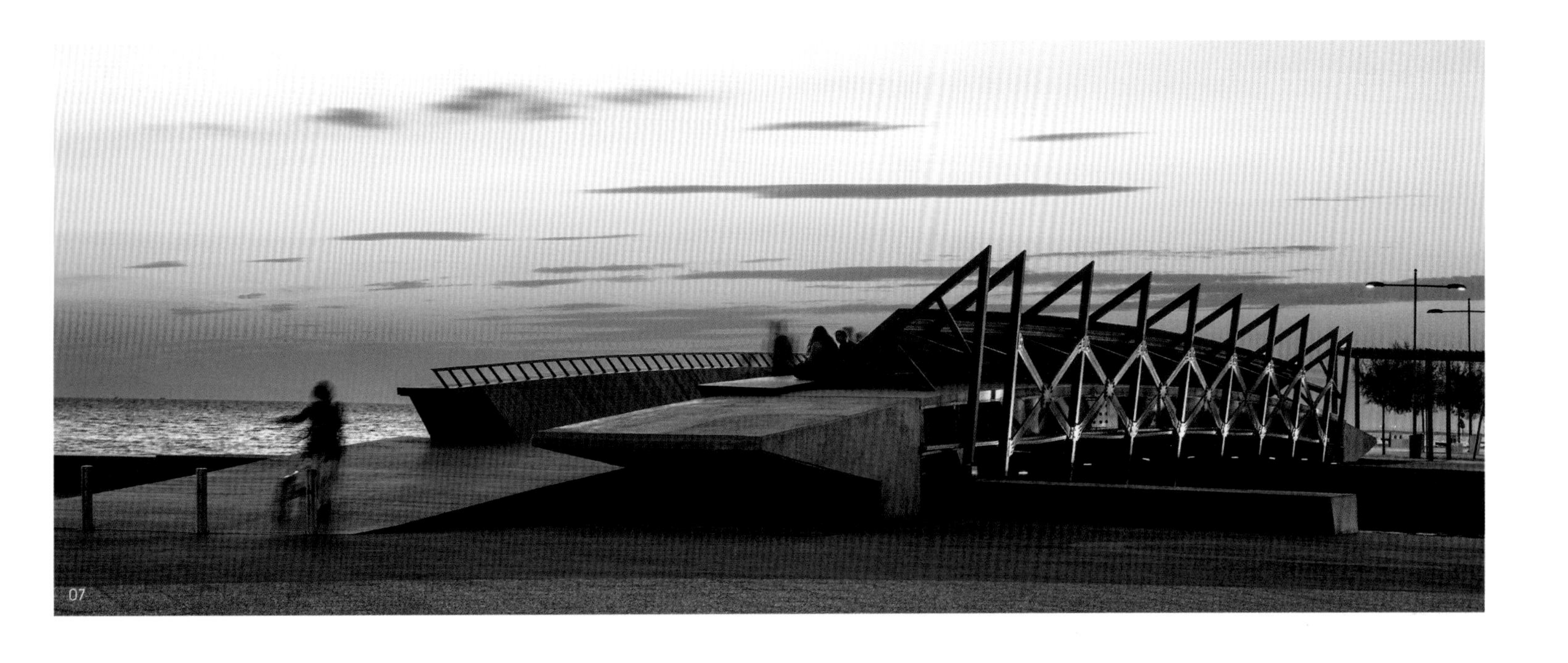
07

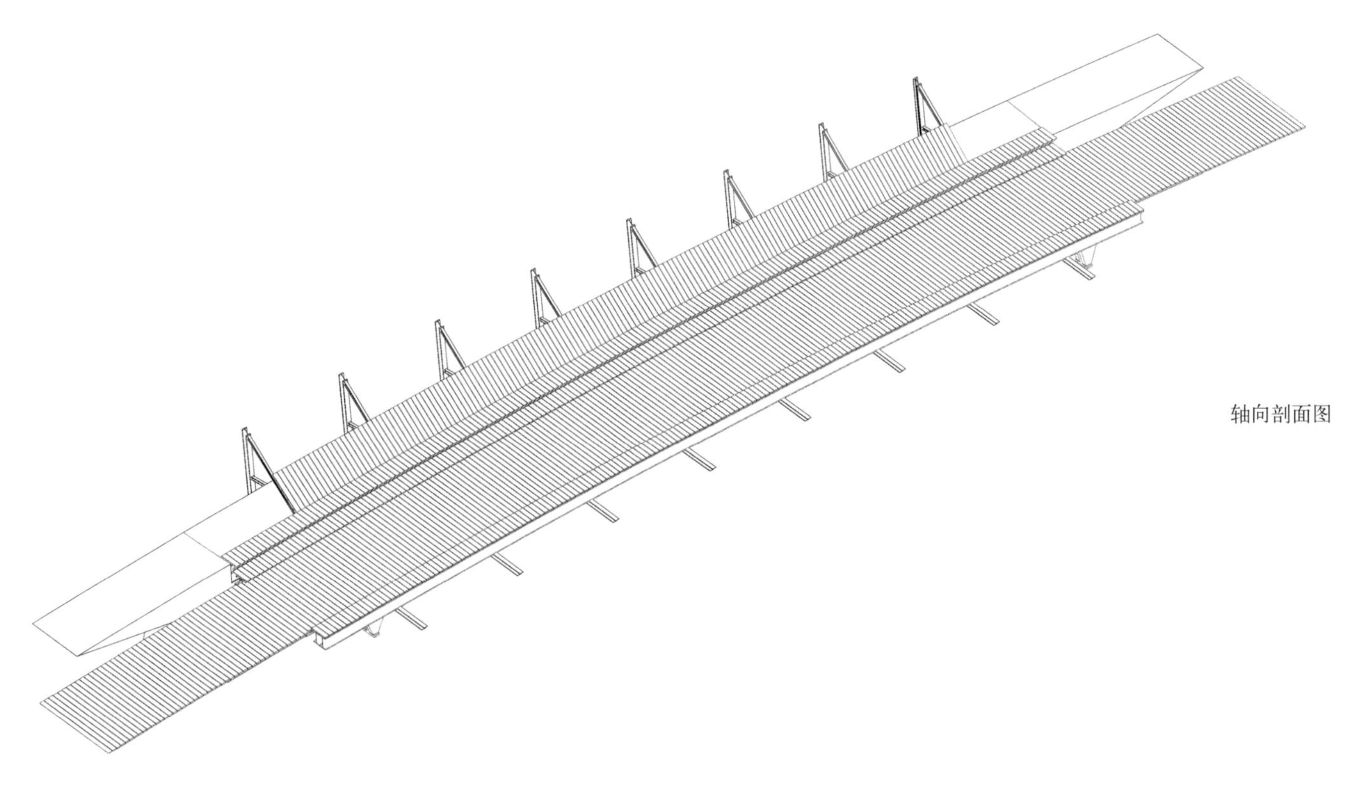
轴向剖面图

08

09

夕阳休息区的剖面图

10–12 | 夕阳休息区的细节
13–14 | 步行桥和夕阳休息区成了人们聚会和观看日落的新城市空间

吉达北部滨海大道

项目地点 | 沙特阿拉伯共和国，吉达
项目面积 | 250 公顷
完成时间 | 2014
景观设计 | Kamphans 景观建筑有限公司
业主 | 吉达市市政和乡村事务部

吉达北部滨海路项目改造了其红海滨海区，创造了一片与吉达的社区网络和自然环境相联系的宏伟景观。该项目长 12 公里，从南部的塔尔亚街一直延伸至法蒂玛·艾尔·铝扎赫拉的水上清真寺。

整个项目的占地面积约为 250 公顷，其中滨海路设计分为七个阶段，而法赫德·宾·费萨尔街则分为八个阶段。法赫德·宾·费萨尔街长 7.5 公里，与滨海路平行，通过步行天桥与纳瓦斯环岛连接起来，最后通往摩天轮。

滨海路一期也是该项目最狭窄的部分，于 2012 年对外开放。在查看总平面图时，人们会发现，整体改善文化和社会交际环境是该项目的主要动力之一。因此，新北部滨海路设计创造了众多新投资机会。项目包括一条散步道、多条小路和用于静思、游玩和休闲的众多绿色空间，而休闲活动也随之诞生了。

吉达北部滨海路的一个独特特征是位于道路和散步道之间的公园般的、带有众多不同元素的大型空间。该项目的目的是创造一个开放、平衡和良好界定的公共空间网络。

一流的可持续性植物，特别是棕榈树和其他树木，成了路牌之外的游客指路系统。散步道两边栽种棕榈树，维塔 - 派克路的两边也有着繁茂的树木，从而为人们提供了阴凉区。葱郁的绿化植物是根据它们对恶劣环境的可持续适应力来选择的。因为项目地点靠近海边，所以容易受到强烈海风、盐渍土条

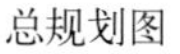
总规划图

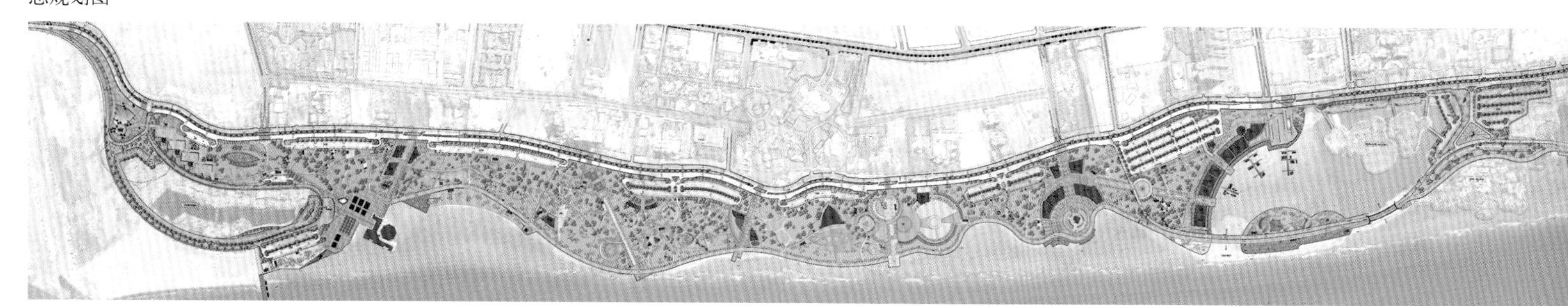

件和其他因素的影响。游乐场采用的植物属于能够提供大面积阴凉的无毒植物。

总体而言，照明设施的平面布局改善并改造了外部景观，强调了树木、灌木和步道，增加了额外的安全感，特别是停车场周围。每个区域都具有一个特别的特征，而且都辅以照明设施，如活动较多的地方则安装夸张的舞台灯具，以响应舞台上的动作和声音。而休息和放松区则采用暖光照明。桥梁、观景点、喷泉和艺术品都加以标示和指示，从而让它们从远处即可看到。散步道沿线的灯光流形成了一种视觉暗示，而游乐场和绿色空间则散发出多彩调皮的气质。

游乐场的设计鼓励运动和继续前行的自然欲望。改建的目的是为了提供探索、发现和想象的机会。为不同年龄阶段群体量身设计的各种游戏和游乐园为儿童体验不同的游戏提供了机会。游乐场采用橡胶、防滑、防震、无毒地面，以提高安全性能。运动站散布在维塔 - 派克路沿线，为成人提供了一座免费的天然露天健身房。

吉达北部滨海路选用高质量的当地花岗石铺面。花岗石的颜色有深灰色、浅灰色、绿色、棕色和米色以及不同色调的红色和粉色。深灰色花岗石被用来铺人行道，甚至包括该项目法赫德·宾·费萨尔街的人行道。散步道则铺浅灰色花岗石，而每个广场都采用特别设计的饰面，以更加符合广场的设计思想。

该项目的目的是修建一条成为吉达城市网络的重要部分、支持该城的社会、文化和经济发展的滨海路。设计的亮点在于独立的细节。这些细节拼在一起，共同构成了一个和谐、完整的最终结果。

01| 从纳瓦拉斯看向北面的完整鸟瞰图
02| 克里克清真寺公园的局部鸟瞰图，北部是水上码头，前景是缆车

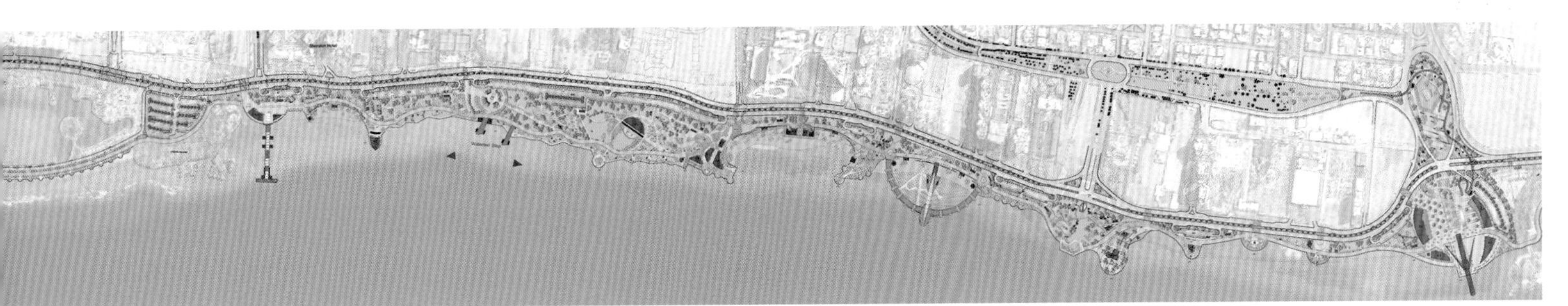

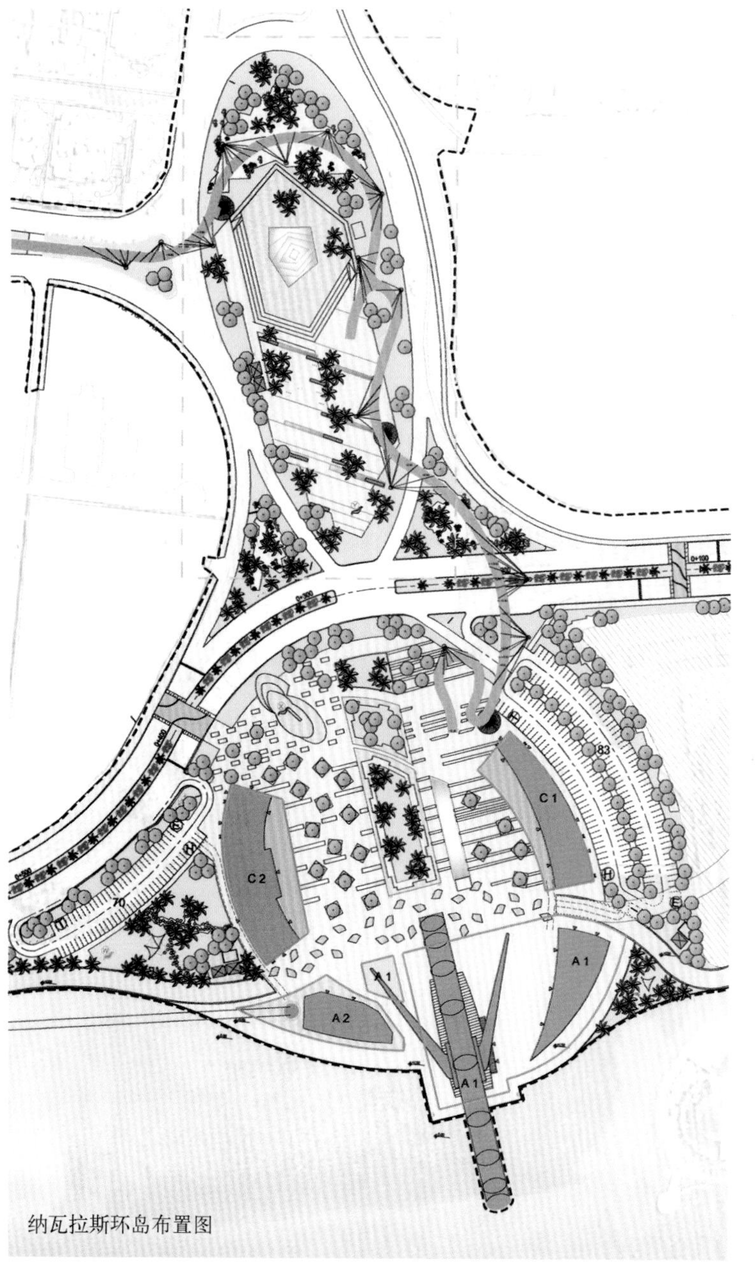

纳瓦拉斯环岛布置图

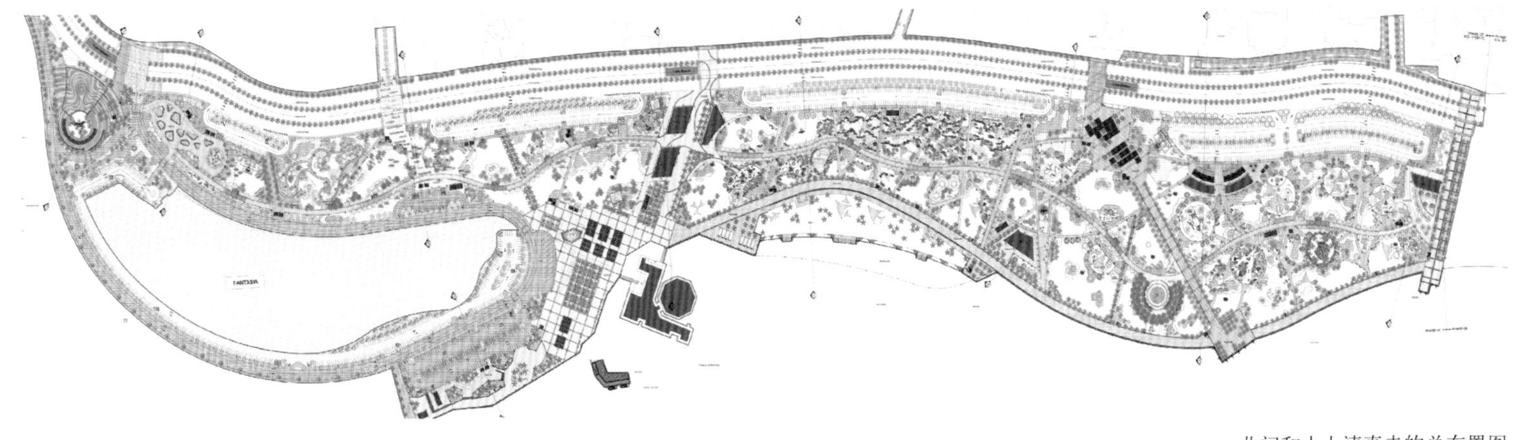

北门和水上清真寺的总布置图

03| 纳瓦拉斯环岛——步行和骑行天桥连接摩天轮广场和亲王法赫德·宾·费萨尔街
04| 北部鸟瞰图以及海面上方的缆车
05| 希尔顿酒店前的人造沙滩
06| 纳瓦拉斯广场的摩天轮

05

06

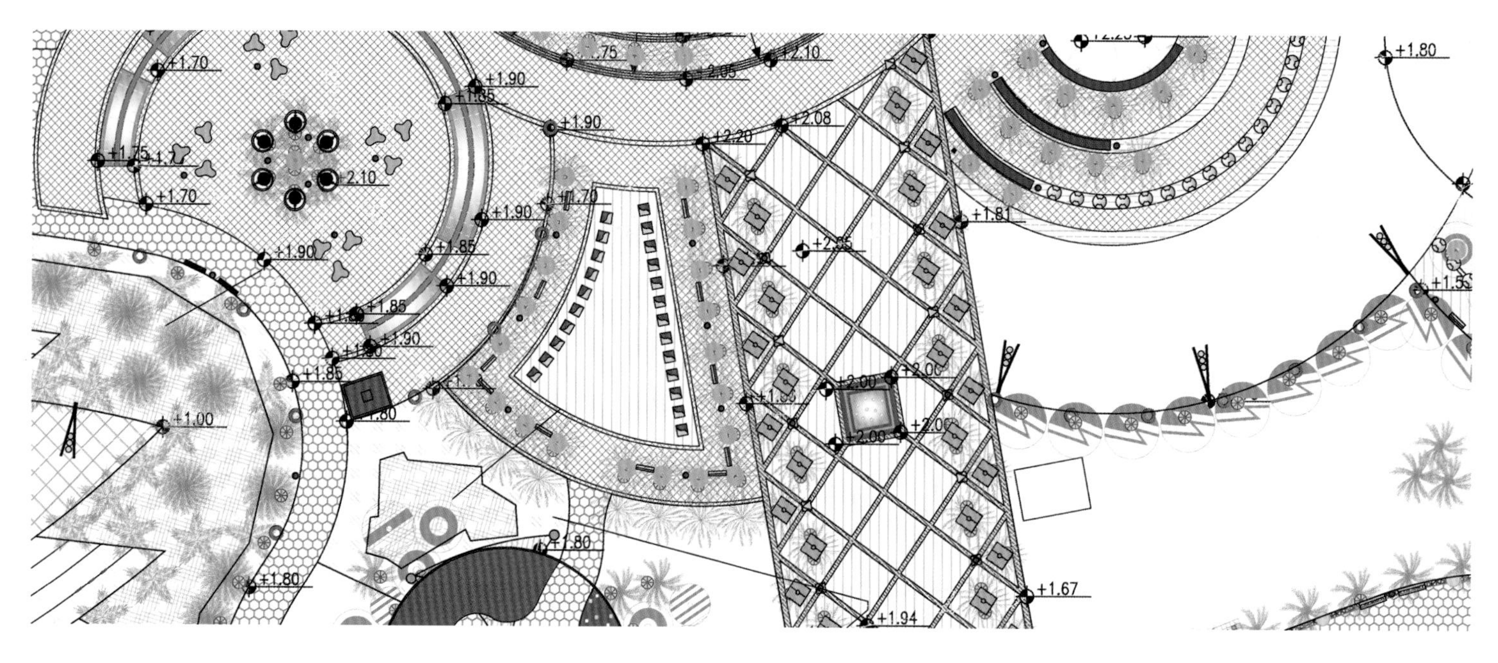

水景布置图

07| 北门、纪念碑和高喷泉
08| 散步道以及冒泡和冒蒸汽的水景
09| 活动区附近的跳舞喷泉

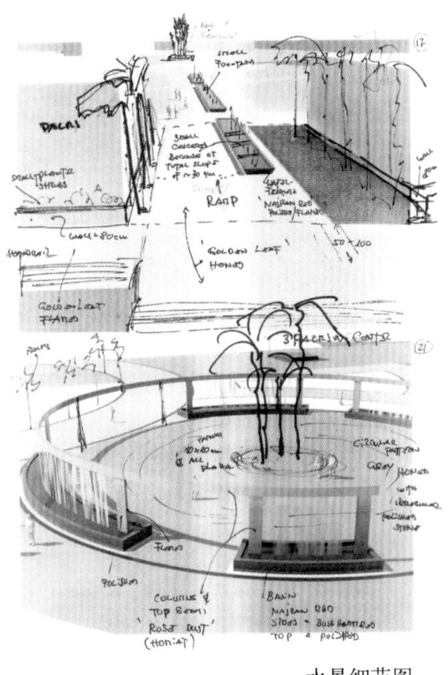

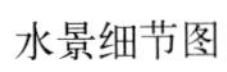

水景细节图

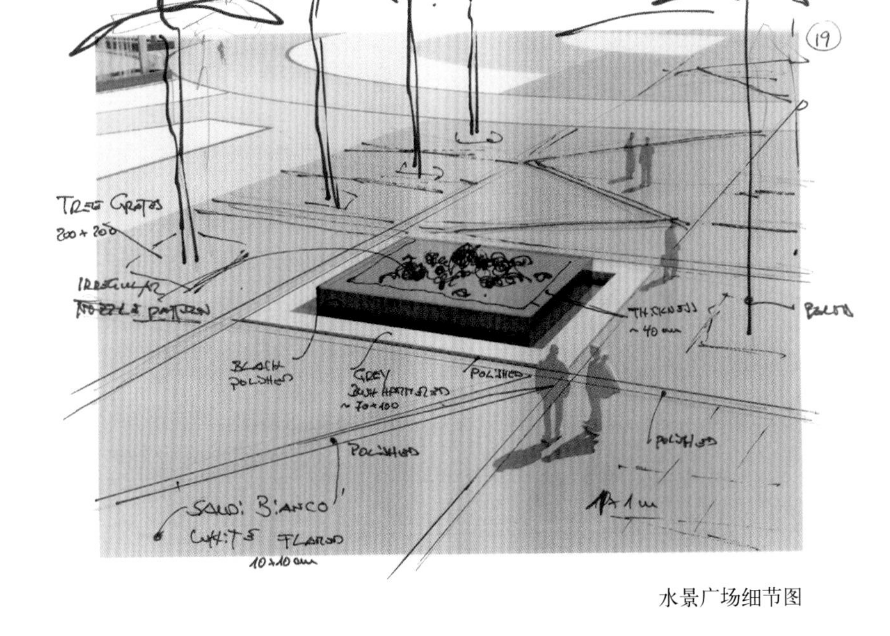

水景广场细节图

11

10| 码头散步道及连续水景
11| 运动区和活动区位于项目北部
12| 法蒂玛·本·萨拉清真寺广场

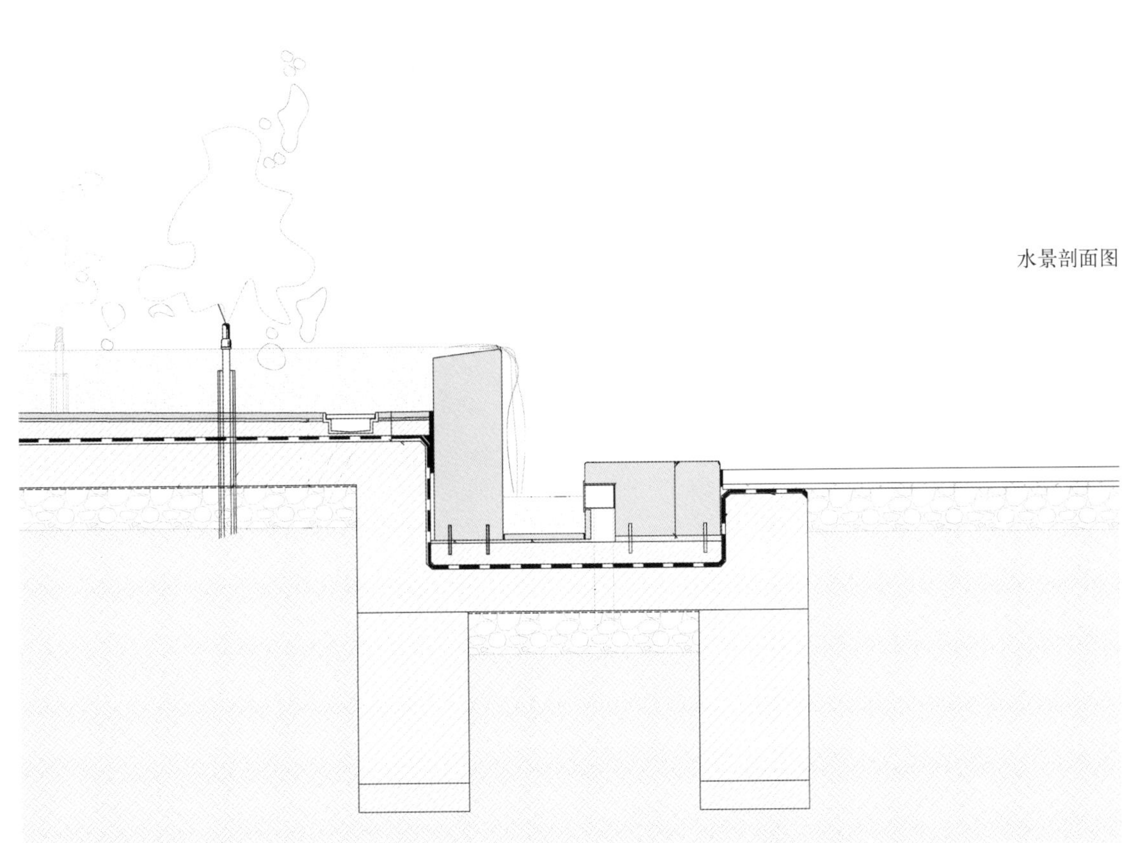

水景剖面图

索引

P196

LINK Landskap

Oslo, Norway
www.linklandskap.no
apm@linklandskap.no

P222

M-Arquitectos

Ponta Delgada, Portugal
www.m-arquitectos.pt
arquitectos@mail.telepac.pt

P88

MIA Design Studio

Ho Chi Minh City, Vietnam
www.miadesignstudio.com
marketing.01@miadesignstudio.com

P232

MTD Landscape Architects and Urban Designers

's-Hertogenbosch, the Netherlands
www.mtdls.nl
mtd@mtdls.nl

P214

Nikiforidis-Cuomo Architects

Thessaloniki, Greece
www.nikiforidis-cuomo.com
berma2@otenet.gr

P144

Ramboll Studio Dreiseitl Pte Ltd.

Singapore
www.dreiseitl.com
ueberlingen@dreiseitl.com

P94

Sasaki Associates

Watertown, United States
www.sasaki.com
info@sasaki.com

P228

scape Landschaftsarchitekten GmbH

Düsseldorf, Germany
www.scape-net.de
post@scape-net.de

P240

Studio Evren Başbuğ Architects

Izmir, Turkey
www.steb.co
info@steb.co

P112

SWA

Houston, USA
www.swagroup.com
info@swagroup.com

P106, P118

Thorbjörn Andersson with Sweco architects

Stockholm, Sweden
www.thorbjorn-andersson.com
thorbjorn.andersson@sweco.se

P124

Turenscape

Beijing, China
www.turenscape.com
turen@turenscape.com

P50

URBICUS Ltd.

Versailles, France
www.urbicus.fr
axp@urbicus.fr

P190

WXY architecture and urban design

New York, United States
www.wxystudio.com
office@wxystudio.com

图书在版编目(CIP)数据

滨水慢行系统/(瑞典)托尔比约恩·安德森编;贺艳飞,王丽伟译.—桂林:广西师范大学出版社,2017.8
ISBN 978-7-5495-9720-8

Ⅰ.①滨… Ⅱ.①托… ②贺… ③王… Ⅲ.①理水(园林)-景观设计 Ⅳ.①TU986.4

中国版本图书馆CIP数据核字(2017)第109947号

出 品 人:刘广汉
责任编辑:肖 莉
助理编辑:冯晓旭
版式设计:张 晴

广西师范大学出版社出版发行
(广西桂林市中华路22号 邮政编码:541001
网址:http://www.bbtpress.com)
出版人:张艺兵
全国新华书店经销
销售热线:021-31260822-882/883
恒美印务(广州)有限公司印刷
(广州市南沙区环市大道南路334号 邮政编码:511458)
开本:610mm×965mm 1/8
印张:32 字数:80千字
2017年8月第1版 2017年8月第1次印刷
定价:268.00元